金属尾矿全量资源化技术

潘爱芳　马昱昭　著

北　京
冶 金 工 业 出 版 社
2023

内 容 提 要

本书详细总结了当前矿山尾矿处置与资源化利用现状及存在的问题与不足。在此基础上，介绍了作者冶金地球化学新观点和"取沙留金"式的尾矿资源化利用思路，以及据此开发出的尾矿全量资源化利用新技术。针对秦岭陕西段的典型多金属尾矿，分析研究了其物质组成、矿物组成及微量元素等特征，选择典型尾矿开展了全量资源化利用技术的工艺适应性试验研究。该技术可成功地将尾矿中的主量元素和微量元素全部分离提取，同时转化为高附加值产品，实现尾矿的无害化、减量化、全量资源化利用，从源头上消除重金属污染，实现环境治理。

本书可为从事生态环境治理、绿色矿山建设、固废资源化处置与资源化利用，以及为解决国家关键矿产资源匮乏问题的科学工作者提供技术参考。

图书在版编目（CIP）数据

金属尾矿全量资源化技术/潘爱芳，马昱昭著 .—北京：冶金工业出版社，2023. 7

ISBN 978-7-5024-9469-8

Ⅰ. ①金… Ⅱ. ①潘… ②马… Ⅲ. ①金属矿—尾矿资源—资源利用 Ⅳ. ①TD926. 4

中国国家版本馆 CIP 数据核字（2023）第 062175 号

金属尾矿全量资源化技术

出版发行	冶金工业出版社	**电　话**	（010）64027926
地　址	北京市东城区嵩祝院北巷 39 号	**邮　编**	100009
网　址	www. mip1953. com	**电子信箱**	service@ mip1953. com

责任编辑　刘思岐　美术编辑　吕欣童　版式设计　郑小利
责任校对　郑　娟　责任印制　窦　唯
三河市双峰印刷装订有限公司印刷
2023 年 7 月第 1 版，2023 年 7 月第 1 次印刷
710mm×1000mm　1/16；18.25 印张；357 千字；277 页
定价 99. 00 元

投稿电话　（010）64027932　投稿信箱　tougao@cnmip. com. cn
营销中心电话　（010）64044283
冶金工业出版社天猫旗舰店　yjgycbs. tmall. com
（本书如有印装质量问题，本社营销中心负责退换）

前　言

　　尾矿是在矿产资源的开发利用过程中，在当时采选技术和设备条件下，将矿石开采，经粉碎、选取"有用组分"后，剩余的固体废料（宋书巧等，2001）。在我国目前堆存量超过700多亿吨的固废中，仅尾矿占比就高达45%以上（蔚美娇等，2022），其累积存量已高达240多亿吨，并以每年十数亿吨的体量持续增加。尾矿堆存不仅占用大量土地、安全隐患巨大，而且对环境的影响和危害远大于其他固废。因此，主要以筑坝形式封存管控。

　　国内外目前采用的复垦、回填、制备建材、二次选矿等尾矿处置利用方式，均存在生产成本高、减量化效果差、资源化率低、产品附加值低，以及工程费用高、二次排污量大、治理不彻底、经济效益低、安全隐患严重等一系列问题，导致尾矿的综合利用率不到20%，资源化率更是不到7%（邓文等，2012）。在我国的各类工业固体废弃物中，尾矿的利用率最低（王海军等，2017），尤其是尾矿中含有不少难以独立成矿的稀缺元素，无法得到有效回收，造成严重的资源浪费。因此，如何从根本上解决尾矿减量化、无害化、资源化问题，成为国内外亟待解决的重大技术难题。

　　近年来，基于关键金属矿产资源对国家战略安全和新兴产业发展的重大意义，美国、欧盟、俄罗斯、中国等先后制定了各自的关键矿产发展战略及应对措施（翟明国等，2021；毛景文等，2019；陈其慎等，2021）。尤其是随着世界地缘政治格局的日趋复杂，保障关键矿产资源的安全与可持续供应，已成为我国当前乃至今后相当长时间内，面临的紧迫任务。我国人均占有资源量低于世界平均水平的态势在短期内很难改变，加之铁、铝等部分矿产资源还存在富矿少、贫矿多，以及工业化、城市化和现代化的持续，金属矿产资源供需形势严峻。其中，有18种大宗和关键金属矿产对外依存度高，直接威胁国家的经济安全（王安建等，2002；翟明国等，2019；毛景文等，2019）。而影响国防、工业、现代科学技术和居民基本生活的一些关键矿产资源，更是非常匮乏，对外依存度极高。例如，铁、锰、钛、铜、铝、金、铼、钾盐的对外依存度为40%～70%，铬、镍、钴、铂族、铌、锆和钽等小品种矿产，对外依存度甚至超过70%（吕威，2021）。《找矿突破战略行动纲要（2011—2020)》的实施，虽然对战略性关键矿产资源的勘探开发发挥了积极作用，但资源储量的增长量远低于不断增加的消耗量。为寻求解决和突破关键矿产资源的短缺问题，国土资源系统的资深专家们提出"三深"（地球深部、海洋深部以及太空深处）找矿战略构想与蓝图（刘振国等，2016），但其实施难度大、耗时长、成本高，且难解燃眉之急。尤其是无法预估其对海洋、太空、地球深部产生的、影响全人类的安全与环境风险隐患。因此，在面临关键矿产资源战略保障严重不足，以及生态环境治理、恢复与保护的空前压力双重因素影响下，急需另辟蹊径，探寻、开辟新的战略矿产资源来源，以免除矿产资源不足对我国经济发展带来的影响。

　　陕西是矿产资源大省，矿产开发对陕西乃至国家经济发展的贡献十分突出，但也排放出巨量尾矿，累积堆存量高达数十亿吨，且每年以数千万吨的数量持续增加。大量的尾矿堆存给矿山的正常生产和当地环境安全带来严重威胁。尤其值得关注的是，一些制约航空航天、国防军工，以及新材料、新能源、信息技术等新兴产业，乃至对实现"双碳"目标具有不可替代或重大用途的以"四稀"（稀有、稀散、稀土和稀贵）元素为主体的战略性关键金属元素，大量存留在尾矿中。例如，秦岭金堆城钼尾矿含有大量的铼、铷等元素；陕西银尾矿中含有大量的金属钴；潼关金尾矿中的锆含量甚至接近矿床边界品位；白河硫铁矿渣含有丰富的钛、铷资源等。而尾矿中绝大多数微量元素的含量，从经济上考量，几乎都不具备单独分离利用的价值，这也是尾矿被视作固废，并造成资源浪费的根本原因。显然，如果这些元素不能够得到有效提取利用，不仅会造成资源的严重浪费，同时也会成为危害环境的主要源头。

本书第一作者带领的科研团队从 2006 年起，持续开展了尾矿等固废的资源化利用研究。从中发现，尾矿的物质组分特征与地壳具有很大的相似性，同样由主量元素与微量元素两大部分组成。其中，铝、硅、铁等主量元素的氧化物合量占比很大，而微量元素占比却非常小（例如，地壳中主量元素的氧化物合量占比达 98.86%，微量元素总量还不到 2%），且微量元素主要分散镶嵌、赋存于主量元素矿物之中，而其中，尤其是矿石矿物中，以 O、Si、Al 为主体构成的稳定的矿物结构特征，使这些微量组分很难从矿石矿物中分离出来。作者据此提出冶金地球化学这一新观点，并认为，只要解决了尾矿中 O、Si、Al 等元素化合物的活性，就可以解决物质组分的分离问题。而针对 Si-O、Al-O 结构开发的活化催化剂，恰恰可以破坏硅氧、铝氧四面体的化学键或金属离子配位键，进而破坏其化合物的稳定性，并由此提高离子活性，实现元素的溶出分离。基于此，团队打破以往对尾矿"沙里淘金"式利用的固有思维模式，提出"取沙留金"式资源化利用思路，并由此开发出以催化活化为核心的尾矿全量资源化利用新技术。该技术可在低能耗、低成本条件下，将尾矿中的主量元素（"沙"）、微量元素（"金"）全部分离、转化为高附加值产品，实现对尾矿"吃干榨净"式的高效利用。其中，主量元素分离后，产出的主要产品硅胶、水玻璃、净水剂，既可用于节水保水、固砂固土、污水净化等生态环境的治理与修复，也能作为工农业生产的基本原料；其余微量元素则会呈10倍乃至50倍以上的量级得到高度富集，其相对含量甚至高出工业可采品位数倍乃至十数倍。这样，就能使这些元素的分离提取成本大幅减少，则经济上的回收利用价值就大幅度提升。以陕西安康白河县硫铁矿废弃渣为例，利用该技术将主量元素分离之后，得到的稀贵金属矿粉中，锂、钪、钒、镓、铷、锆、铌、镉、铟、铯、镧、钽含量，均超过《矿产工业要求参考手册》中规定的工业品位要求。其中，镓是其综合利用品位的230倍；铌是工业品位的40倍；锆是工业品位的33倍；铷是工业品位的25倍；钪是工业品位的24倍；其余Cd、Li、La、Ta、V、In、Cs等元素，是工业品位的1~6倍。显然，在经济上具有分离提取这些微量元素的极高价值，完全能够作为一种全新的提取关键金属元素的基础原料，替代现有的相关元素矿产资源。因此，尾矿全量资源化高效利用新技术，既可从源头上消除重金属污染，消除尾矿堆存，实现生态环境治理，同时可使尾矿化害为利，成为获取战略矿产的新资源。

　　针对主量元素的分离提取，该项技术在实验室开展大量试验的基础上，又对包括金属尾矿、煤矸石、粉煤灰、水淬渣、赤泥、低品位铝土矿等 30 多种固废，以及低效矿、复杂矿在内，开展了大量中试试验，均获成功。尤其是 2016 年以来，还先后在中铝集团山西氧化铝厂、陕西有色集团汉中锌业的生产线上，针对低品位铝土矿、赤泥、硫铁矿废弃渣、锌冶炼水淬渣等，成功实施了工业化试验。结果表明，新技术可实现对尾矿"吃干榨尽"式的处置与资源化利用，产出的产品合格，在技术上实现了环保效益与经济效益的相统一，开辟了环保项目良性循环新路径。

　　本书是作者在考察、研究秦岭陕西段十处金属尾矿特征，以及资源化利用技术试验研究成果基础上，以洋县钒钛磁铁尾矿为例，根据提出的冶金地球化学理论和"取沙留金"研究思路，并基于尾矿全量资源化利用技术，以开展尾矿资源化利用技术的适应性试验研究取得的成果为基础编写的。以期抛砖引玉，为从事生态环境治理、绿色矿山建设、固废资源化处置与资源化利用，以及为解决国家关键矿产资源匮乏问题的科学工作者提供参考。全书共分 7 章，各章内容为：第 1 章，详细总结当前矿山尾矿处置与资源化利用现状及存在的问题与不足，并在此基础上，简要介绍了作者冶金地球化学新观点和"取沙留金"式的尾矿资源化利用思路，以及据此开发出的尾矿全量资源化利用新技术（由潘爱芳、马昱昭执笔）；第 2 章，对研究区所处位置交通、自然地理、地质条件，以及社会经济的基本情况进行了简要介绍，明确了研究内容，介绍了研究方法、技术路线，并对质量进行了评述（马昱昭执笔）；第 3 章，介绍了研究区内金属尾矿的基本情况，以及处置利用情况的调研结果，包括金属尾矿库的数量、分布位置、尾矿类型、污染和安全影响，以及处置利用的现状（潘爱芳、马昱昭执笔）；第4章，针对秦岭地区陕西段的17处金属尾矿，对其化学组成进行了分析测试，并分析研究了其物质组成、微量元素等特征，在此基础上，进一步筛选出10个金属尾矿样进行重点调研，并进行了粒度、矿物组成等基本特征的测定（马昱昭、潘爱芳执笔）；第5章，以洋县钒钛磁铁尾矿（洋县钒钛磁铁矿责任有限公司）为例，在分析该尾矿工艺矿物学特征的基础上，开展了该尾矿资源化利用技术的适应性试验（潘爱芳、马昱昭执笔）；第6章，参照洋县钒钛磁铁尾矿综合利用工艺流程，对实施的其他9处金属尾矿资源化利用技术的适应性试验结果进行分析总结（马昱昭执笔）；第7章，以洋县钒钛磁铁尾矿为例，对该尾矿的经济效益进行了估算，即利用该技术，每处理1t金属尾矿，主量元素的产品收益和微量元素的潜在价值，并总结了金属尾矿全量资源化利用后的生态与社会效益（马昱昭、潘爱芳执笔）。最后由潘爱芳做了统稿。全书约35万字，其中，马昱昭执笔撰写14万字，其他文字由潘爱芳完成。

该技术研究开发期间，先后得到西安建筑科技大学、北京蔚然欣科技有限公司、中国科学院地球环境研究所的大力支持；周卫建院士、安芷生院士、汤中立院士和中国铝业原总裁贺志辉，在该技术的后期工业化试验及推广应用过程中，给予了大力支持和帮助；长安大学成矿作用及其动力学实验室、有色金属西北矿产地质测试中心等单位，开展了所作的样品的分析测试工作；大量的野外采样、调研、试验及分析测试，离不开研究生胡神涛、李奎梦、畅捷、孙悦、张建武等的勤奋、努力。在本书整理过程中，长安大学马润勇教授做了大量通稿、校核工作。笔者在此，致以衷心的感谢。

　　著写过程中难免有欠妥与纰漏之处，敬请读者批评指正。

著　者

2022 年 8 月

目　　录

1 绪 论

本章总结了当前矿山尾矿处置、资源化利用与研究的技术现状，以及存在的问题与不足。在此基础上，介绍了作者提出的冶金地球化学新观点和"取沙留金"式的尾矿资源化利用新思路，同时介绍了据此开发出的尾矿全量资源化利用新技术及其基本特点。

1.1 研究背景及意义

1.1.1 尾矿排放带来的问题

尾矿主要成分是非金属矿物，并常含有黄铁矿、毒砂等非矿石矿物和选矿药剂（刘志强等，2016）。尾矿的大量排放和堆积会带来土地大量被占用、植被破坏、环境污染，以及尾矿坝渗漏、溃坝等严重的安全隐患等系列影响与危害，如图 1-1 和图 1-2 所示（何小龙，2006；KOLESNIKOV，2015；RICO et al.，2007；MATTHEW et al.，2006；HECTOR et al.，2006）。

彩色原图

图 1-1 金堆城一号尾矿坝坝高 180 余米，堆存尾矿近 6 亿吨

1.1.1.1 占用和破坏大量土地及植被

目前，除极少部分尾矿得到利用外，绝大多数尾矿被堆存。早在 2007 年底，世界上正在使用的各类尾矿库就已超过 2 万座（RICO et al.，2008），仅我国就有 1.2 万余座尾矿库（张力霆，2013）。据报道，美国蒙塔纳州西部的 Clark Fork 河盆地，由于受到连续 100 多年的铜及其他金属的采、选、冶影响，遭到直接破坏和污染的土地面积高达 $1600km^2$ 以上，成为目前世界上最大的矿山冶金有害废弃物聚集地之一。其尾矿中所含的 As、Cd、Cu、Pb、Zn 等金属元素，比正常岩

石要高出几百倍乃至上千倍，有害金属元素的污染影响范围甚至波及560km远的下游地区（HOCHELLA et al.，1990）。据悉，我国仅尾矿库直接占用和造成土地破坏的面积就高达2万平方千米，是北京市面积的1.2倍，而且目前正在以每年200~300km²的速度持续增加，尾矿在我国已成为土地占用的最主要因素之一（陈甲斌等，2012）。

彩色原图

图1-2 柞水陕西银矿尾矿坝

1.1.1.2 土壤、空气和水体环境遭受大面积污染

绝大部分金属尾矿中，部分有害元素含量远远超出地表土壤环境的背景值（景称心等，2020；梁雅雅等，2019；王文华等，2017），成为所在区域及周边水体、土壤乃至大气的环境污染源头。突出表现在植被破坏、土地退化、荒漠化以及粉尘污染、土壤污染、水体污染等。据统计，矿山的污染面积，占整个地球陆地面积的2%以上（黄铭洪等，2003），尤其是金属矿山的开采活动，已经成为重金属污染物的主要来源（DUDKA et al.，1997；SHOTYK，et al.，1998）。研究表明，水力侵蚀、风蚀和淋滤作用是废石和尾矿中的重金属元素和非金属元素迁入周边环境的三种主要途径（DAVID et al.，2001）。

（1）原矿携带的超标污染物质，如其中的硫化矿物等，一旦与空气接触，便会遭受强烈氧化，并释放出SO_2、CO_2、H_2S、NO、Hg等多种有害气体（陈永贵等，2005），甚至进一步引发酸雨、酸雾等自然环境危害。尤其是SO_2释放区，会使周围寸草不生，鱼虾绝迹，甚至使矿区周围上百平方千米范围内的农作物大幅度减产，并在矿山一带形成酸雨，造成森林及农作物的大面积损害、死亡，而且几十年难以恢复（邹知华，1994）。具有1000多年开采历史的瑞典法伦铜矿，自从有矿石开采活动以来，持续地向大气中排放大量的二氧化硫。尤其进入17世纪的矿石开采高峰期，每年排放出的二氧化硫高达约4万吨，高浓度的二氧化硫对周围的大气、湖泊、森林造成严重影响（ANNA，2001）。在墨西哥约有200年矿山开采史的某多金属矿带上，因矿石开采活动导致的土地污染面积达100km²，尤其是尾矿中残留有大量的Cu、As、Cd、Pb等元素，导致表层土壤中相应元素高度富集，使附近种植的蔬菜污染十分严重。其中，Cd和Pb等元素含量甚至超出正常水平的20~50倍（CASTRO-LARRGOITIA et al.，1997），严重威胁该地区涉及人群的健康。在巴西亚马孙河流域约 17 万平方千米范围内，因金矿开发所致的进入大气的汞释放量，占到其总释放量的 65%～83%，远远高于向河流和土壤中的释放量（SALOMONS，1995）。再如美国的多诺拉事件、英国伦敦烟雾事件等震惊世界的环境公害事件（孟浪，1999），都是由类似的工业烟雾排放所造成的严重大气污染事件。

我国是继欧洲、北美之后的世界第三大酸雨重发区。尤其是 20 世纪 80 年代，西南酸雨区曾经因此影响而出现大面积森林枯死、衰亡现象，如重庆奉节的华山松林，树木死亡率高达 96%（冯宗炜，2000）。

（2）金属矿选矿和冶炼过程中，通常会使用大量的选矿药剂，这些选矿药剂的绝大部分会集中进入尾矿中。目前所使用的矿山药剂主要有捕收剂、起泡剂、凝聚与絮凝剂、调整剂、抑制剂、活化剂、萃取剂七大类，总计 170 多种，且大多为高毒性有机类药剂（喻晗，2005），其进入环境之后，会对周围区域造成很大的污染。在选矿药剂的相互影响，或与重金属元素交互作用后，重金属元素通过吸附、配合、络合等作用被结合包裹，然后在这些有机污染物分解过程中，使重金属污染物暴露、活化，形成异位催化，造成更加严重的二次污染（吴大清等，2000；喻晗，2005；陈彩霞，2010；韩张雄等，2017），尤其是对矿山及其周边地区环境造成的污染和破坏会持续很长时间（尚锦燕，2020；艾光华等，2008）。例如，钼矿山所用的柴油、异丙苯焦油（XF-3）等油溶性选矿药剂，多为芳烃稠环化合物类药剂，不仅是持久性有机污染物，还能与尾矿中的重金属元素络合，形成络合物，进而对矿区周边的土壤和地下水环境造成持续性的复合污染危害（韩张雄等，2017）；铅锌矿选矿药剂主要有各种普通捕收剂、混合捕收剂、螯合捕收剂、抑制剂等，同样是周围环境污染的重大隐患（魏德洲等，2007；刘文刚等，2007；梁友伟，2008；何光深，2008；王仁东等，2008；邱允武等，2007；罗仙平等，2007；林美群等，2008；韩张雄等，2017）。

（3）金属尾矿（尤其是含金属硫化矿物的尾矿）发生风化后，伴随地表降水及流经尾矿场的水体产生相互作用，释放出大量的酸根离子，转化为酸性的溶液，进一步加速各金属矿物的溶解，使得有害元素以更快的方式进入水和土壤中，造成严重污染。此外，还会进一步对周边生态环境产生不良影响，造成土地酸化、植被破坏，最终导致生物多样性丧失，生态系统退化，乃至威胁到人体健康（蓝崇钰等，1996；GRIMALT et al.，1999；束文圣等，2000；SHARMA et al.，2001；KOVACS et al.，2006；RODRIGUEZ et al.，2009；NGOLEJEME et al.，2017；BIRD et al.，2003；HARTMAN et al.，2010；王少华等，2011）。

某些矿山尾矿常常直接排泄于湖泊、河流之中，不仅污染水体，还会导致河道堵塞，继而引发水患（杨保疆，2005）。例如，加拿大克拉布斯湖上游的卡里布老金尾矿的大量排放，导致附近湖水沉积物中，AS、Ps、Zn 严重超标

（AZCUE et al.，1995）；河北保定涞源县冯家庄村里的小河沟是拒马河的一条支流，由于大量矿山开发、选矿活动，沿小河沟的路边、河道旁堆积了大量尾矿，2012 年"7·21暴雨"期间，发生尾矿库滑坡而堵塞河道，导致泥石流冲入冯家庄村，对当地造成严重破坏与环境污染（中新网，2012）。具有 1500 多年开采历史的湖南石门县雄黄矿，是亚洲最大的单砷矿区。由于大量的尾矿排放，释放的砷污染导致河水中的砷含量高达 0.5～14.5mg/L，居民砷暴露水平甚至超过国内外重大慢性砷中毒案例的暴露水平，头发中砷含量高达 0.972～2.459μg/L（王振刚等，1999）。

此外，随着地表径流、雨水淋滤等自然水体侵蚀作用，重金属会不断离开尾矿堆积场所，向周围的环境中持续地迁移释放扩散，受其影响的土壤、水体可能需要很长时间才能恢复或者无法恢复，给区域环境保护与生态文明建设带来严重挑战（谷金锋，2014；郭小芳等，2015；王道芳，2013）。A. Concas 等（CONCAS et al.，2006）对意大利西南某个矿区研究发现，受长时间风化作用的尾矿，尤其是在其淋溶初期排出的渗滤流体中，重金属的浓度非常大；西班牙某铅锌尾矿库周围出现的土地中，出现铅、锌、镉、铜等重金属污染，就是尾矿淋溶水扩渗所致（RODRIGUEZ et al.，2009）；乌干达西部 Kilembe 地区的矿山矿井渗水，以及尾矿渗滤液的扩散，导致其周围地表及地下环境中，Co、Cu、Ni、As 等重金属严重超标（ABRAHAM et al.，2017）；广西大新铅锌矿山尾矿排出的渗滤液，导致周围土壤水体污染十分严重。其中，农田水稻含镉超标 11.3 倍，周边村民甚至发生手脚畸形等中毒症状（吕晶晶，2014）；2017 年 1 月、5 月先后发生的陕西汉中锌业尾矿库渗漏，导致嘉陵江发生重大铊污染等。尤其是含硫化矿物的尾矿堆存于地表开放体系后，在前期裸露风化与降水渗流联合作用下，极易产生酸性矿山排水，水流途径区域，很容易造成环境重金属及类金属（如As）污染（COMCAS et al.，2006；陈天虎等，2001；付善明等，2006；胡宏伟等，1999；蓝崇钰等，1996）。查建军等（2019）对铜陵一处长期受酸性矿山排水（AMD）污染影响的稻田土壤研究发现，AMD 的输入，会导致土壤重金属元素的不断积累，并通过植物根系，迁移富集到水稻中，由此通过食物链的传输，可能危害到人类身体健康。2020 年媒体披露的陕西白河硫铁矿渣污染区，就是由于过量硫酸根离子和铁离子，导致受污染河道水体发黄、鱼虾灭绝、两岸植被焦黄枯死（图 1-3，图 1-4），甚至危及南水北调工程重要水源之一的汉江的水质。金川铜镍矿尾矿及废渣堆中重金属含量较高，是当地重金属释放和形成 AMD 的主要来源，并成为导致周围环境污染的重要因素（李小虎，2007）。

陈甲斌等调研显示，我国尾矿库导致间接污染的土地面积高达 $67×10^4km^2$，是陕西省面积的 3 倍多（陈甲斌等，2012），污染范围巨大。

图 1-3 白河硫铁矿区流动的 "磺水"

图 1-4 白河泛霜的硫铁矿尾矿堆

（4）金属矿山排放的尾矿颗粒极细，加之长期堆存，使其粉砂化及尘化现象更为严重，由此产生的二次扬尘，会造成大范围的粉尘环境污染（张欣等，2014）。特别在干旱期、狂风季节，尾矿同时也成为所在地区及周围区域，产生沙尘暴的主要尘源之一。粉 〔彩色原图〕细粒尾矿砂粒在气流作用影响下，腾空而起，甚至会形成长达数千米的 "黄龙"，落尘后造成土壤的大范围污染，并严重影响居民的身体健康以及植物的正常生长发育（常前发，2010）。尤其是粒径极细（<10μm）颗粒的尾矿干燥后，会随风飘扬形成飘尘，造成范围更广的大气和环境污染。例如，一个大型的尾矿库扬出的粉尘，可以漂浮到 10~12km 之外的区域，降尘量达到 300t/hm^2，粉尘污染可使谷物收成损失达 27%~29%（代宏文等，1999）。例如，原冶金部有关部门曾对某九个重点选矿厂调查发现，粉尘不仅使选厂附近的 15 条河流均受到不同程度的污染，而且导致周围土地大面积沙化，造成 2.355km^2 的农田绝产，2.687km^2 的农田减产（常前发，2003）；1993 年 5 月 5 日，甘肃金昌市遭遇了 11 级大风的袭击，瞬时风速高达 32m/s 的大风，将金川集团公司所在尾矿库中的大量尾矿砂卷入空气中，导致金昌地区降尘量高达 24.5 万吨，空气中粉尘浓度甚至超出国家标准 1015 倍。此次粉尘污染造成的直接经济损失高达 1 亿元（杨根生，1996；网易新闻，2021）。山东省莱州市仓上金矿开发过程中，产生大量尾矿，堆存量近 600 万立方米，总占地面积约 0.6km^2。由于尾矿库靠近海岸，每到雨季来临，大量尾砂随着降水冲入渤海，使近海受到一定程度污染。由于该尾矿库地表寸草不生，遇风后尘土极易飞扬，导致沿海粉细砂、尾矿砂及顺风向形成的砂尘带达数千米之长，最远甚至影响到莱州市区，长度达 20 余千米。粤北地区有 10% 的耕地因当地矿业活动，导致不同程度的重金属污染（陈昌笃，1993）。矿业活动产生的固体废弃物的污染影响持续时间相当长，监测发现，一些尾矿库在关闭几十年、上百年甚至更长的时间内，尾矿排水对环境的影响仍然

存在（HOCHELLA et al. , 1990），表明尾矿对环境的影响具有长期性和持久性。此外，有关模型测算表明，废石堆的污染甚至会持续 500 年之久，未经处置的尾矿所形成的污染影响也长达 100 年以上（陈昌笃，1993）。

（5）尾矿库还可能是化学定时炸弹。尾矿中部分有害元素，含量远远超出地表土壤环境背景值（滕应等，2004；景称心等，2020），并会逐步累积与储存，在一定时期内可能不会表现出明显的危害性，但是当积累储存量超过土壤或沉积物的承受能力时，或者当地气候、土地利用方式等发生改变时，其污染性就会被突然激活，引起严重的环境灾害。排放出的污染物开始时可能只形成一些局部"热点"，然后逐步扩大到一定区域，乃至全球（谢学锦，1993）。化学定时炸弹的引爆过程或累积阶段，需经历数十年甚至数百年，但爆炸阶段，却仅需几年或几十年。例如，20 世纪 80 年代初期，美国纽约州大穆斯湖中的鱼类突然出现大面积死亡，欧洲中部森林短期内出现大面积死亡，以及 1956 年日本水俣病事件等，都是震惊世界的化学定时炸弹爆炸事件（严光生等，2001）。安徽铜陵铜尾矿含有铜等大量金属硫化物和其他有毒物质，尾矿库下游住有居民约 260 户，农田约 70km²，该区尾矿中重金属元素通过降雨排水和地表径流等方式，不断迁移至下游，持续对下游造成污染（李瑞娟等，2021），当超出土壤和沉积物的承受能力时，将进入化学定时炸弹的爆炸阶段。此外，陕西省白河县硫铁矿开发利用了几十年，虽然早在 2000 年就已经停止开发，但突然在 2020 年 8 月被媒体报道，因防渗膜破裂导致矿洞水集中渗漏，造成大面积污染（澎湃新闻，2020）。

也正是由于尾矿的环境污染，还具有隐蔽性、潜伏性、长期性、扩散性与突发性特征（陈怀满等，2010），因此成为污染周围环境的化学定时炸弹（谢学锦，1993；严光生等，2001；陈明等，2006）。显然，尾矿的污染如果不从源头根治，仅对其周边的水、土、大气污染进行治理，其效果只能是暂时的（刘志强等，2016）。例如，加拿大曾对早已关闭，甚至废弃达数百年以上的尾矿库的污染状况进行集中调查，截至 1988 年，系统调查了 108 个尾矿库和废弃矿山发现，其中有 21 个仍在不断排出大量酸性含重金属的废水，污染面积达 15000km²，治理费用高达 30 亿美元（王庆仁等，2002）。

1.1.1.3　安全隐患

虽然尾矿库坝的建设、运行管理与维护需要耗费大量资金，给企业造成严重的经济负担（唐汉贵等，2015），但为了减少污染，选矿厂通常将尾矿集中在某条沟谷中堆存，并由此形成尾矿库坝（印万忠，2016）。尾矿库是堆存流塑状物体的特殊构筑物，库坝的溃决、渗漏等安全风险很大。尾矿库下游一般多为江河水源等生态敏感区域或者人口高度密集的居民区，一旦发生溃坝事故，不仅会给工农业生产及下游人民生命财产造成严重损失，而且尾矿中包含的各种有毒有害物质，也会对生态环境造成严重的甚至是难以恢复的污染和破坏（束永保等，

2010；石娟华，2008），因而被国家安监部门列为重大危险源（常前发，2010）。对世界范围内 3500 个尾矿库的统计数据显示，每年平均有 2~5 个尾矿库发生溃坝，且尾矿库的溃坝事件发生的概率为水库溃坝 10 倍以上（张力霆，2013）。我国在 2001~2013 年期间，共发生尾矿库安全事故 85 起，平均每年 7 起（澎湃新闻，2020）。在全国运行的矿山尾矿库中，存在安全隐患的库坝占 30%（常前发，2010）。因此，尾矿库堆料超过库容、超龄服役，或遇山洪暴雨，或设计不合理，或安全措施不到位等原因，均可引起塌陷、滑坡，乃至造成尾矿库的溃坝，由此带来泥石流灾害（马波等，2021；刘雷等，2021；杜艳强等，2019）。与此同时，还会造成更大范围、更为严重的"爆发性"环境污染（蔡永兵等，2020）。

我国的矿山绝大多数在山区，因而就近的尾矿库以山谷型居多（赵怡晴，2016），且具有高势能特征，而其下游河道两侧常有居民区，一旦产生溃坝，不仅会冲毁、淹埋道路、房屋、人畜，还会产生严重污染，故有人说尾矿库是悬在村民头顶上的有毒"悬湖"（夏勇等，2008）。1996 年，玻利维亚的波尔科铅锌矿尾矿坝倒塌，导致约 23.5 万吨含砷化物、氰化物，以及铅和锌硫化物的有毒泥浆，排入该库坝下游的阿瓜卡斯蒂利亚河中，造成饮用该河水和食用该河水中鱼的 3 名儿童死亡，其毒性甚至扩散到下游 800km 之外的巴拉圭——阿根廷境内（GARCIA-GUINEA et al.，1998）。西班牙 Aznalcollar 尾矿坝 1998 年发生的溃坝事件，使其下游 4600 万平方米的区域受到污染（MEDERMOTT et al.，2000；KEMPER et al.，2002）；意大利 Stave 尾矿坝于 1985 年发生的溃坝事件，导致近 300 人死亡和巨大的财产损失（BLIGHT，1997；CHANDLER et al.，1995）；南非 1994 年的 Merriespruit 尾矿坝溃坝，导致 17 人死亡（FOURIE et al.，2001）。圭亚那 1995 年的 Omai 金矿尾矿坝垮塌事故，导致当地 900 人由于饮用有毒氰化物污染水而死亡（VICK，1996）。2015 年 11 月，巴西 Samarco 公司铁矿尾矿坝发生泄漏，大量的有毒泥浆沿着多斯河道蔓延，造成 20 人死亡，毒泥浆对河道的污染影响段长达数百千米，对当地生态环境造成难以逆转的灾难性破坏（GARCIA et al.，2016）。1960~2013 年，我国总计发生尾矿库安全事故 100 余起（王又武等，2009；梅国栋等，2010；柴建设等，2011），产生的影响与危害历历在目。例如，2000 年 10 月，广西南丹县尾矿库发生重大垮坝事故，造成 28 人死亡，56 人受伤，直接经济损失 340 万元。2006 年 4 月，河北省迁安市铁矿所属老尾矿库的副坝体突然溃决，造成 6 人死亡，直接经济损失 500 万元。1988 年，金堆城钼业公司栗西沟尾矿库隧洞塌落，造成栗裕沟、麻坪河、石门沟、洛河、伊洛河及黄河，沿线长达 440km 范围内的河道，受到严重污染。该次事故还造成 736 亩耕地被淹没，危及树木 235 万株、饮水井 118 眼，冲毁中小型桥梁 132 座、涵洞 14 个，公路 8.9km，受损河堤 18km，死亡牲畜及家禽 6885 头（只），并致沿河 8800 人饮水困难，经济损失近 3000 万元（郑唯等，1988；韩利民，1992）。
2015 年 11 月 23 日，陇南市西和县的陇星锑业尾矿库发生泄漏，造成跨甘肃、陕
西、四川三省的重大突发环境污染事件，约有长 346 千米的河道受到污染，10.8
万余人供水受到影响，共造成直接经济损失 6120.79 万元（张晓健，2016）。
2017 年 3 月 12 日，大冶有色金属有限责任公司所属铜绿山铜铁矿尾矿库的西北
坝段发生溃坝，下泄尾砂泥浆约 50 万立方米，造成 2 人死亡，1 人失踪，6 人受
伤，直接经济损失 4518.28 万元（郑昭炀等，2017）。2008 年 9 月，山西襄汾县
新塔矿业有限公司尾矿库发生的重大溃坝事故中，有 277 人死亡、4 人失踪，直
接经济损失高达 9000 多万元（魏勇等，2009）。统计表明，全世界 93 种公害、
事故的隐患排名中，尾矿库事故的危害仅次于核辐射、核爆炸等重大灾害，名列
第 18 位（祝玉学，1998）。

1.1.1.4 资源浪费

矿山开发中，受当时经济技术条件等因素制约，采出的矿石仅分离提取了个
别相对富集的元素或矿物，但还有更多没有被分离提取的元素或矿物仍弃留在尾
矿中，甚至包括我国严重短缺的许多重要大宗矿产资源，以及长期依赖进口的、
已严重危及我国基础原材料与产业链安全的一些关键矿产资源。以金堆城钼矿为
例（表 1-1），该企业堆存的一处 4.2 亿吨尾矿库中，仅存留的氧化铝、铁、铜、
锂资源，分别相当于一个矿石量 1.1 亿吨的超大型铝土矿、金属量千万吨的中型
铁与 4 万吨的小型铜矿、4.5 万吨氧化锂储量的中型硬岩型锂矿。此外，该尾矿
库中还有大量附加值更高的钪、铼、稀土等元素，尚未得到分离提取和高值利
用。陕西省矿产资源整体上贫矿多、富矿少；小矿多、大矿少；共生矿多、单一
矿少（陕西省国土资源公报，2008）。尤其是陕西省矿产资源开采利用加工水平
整体上比较落后，采强选弱、低用高排等问题极为突出，且多数中小型矿山企
业，以出售原矿和初级加工品为主（舒真，2011；巩敏焕，2016）。因此，大量
伴生、共生有用组分，伴随矿山固体废弃物一同被排放堆积，资源浪费极为严
重。例如，陕西潼关金尾矿，由于选矿技术方面的问题，选厂、冶炼厂在回收有
用元素的过程中，着眼于只"取金"的思路，导致金尾矿（尾渣）中存在的大
量可回收的其他有用元素，包括铁、铜、锌等未能被回收利用。再如，陕西铁矿
资源虽然丰富，产地众多，然而，由于原矿矿石组成较复杂以及嵌布粒度极细等
原因，目前尚无合适的选矿工艺使其中的铁、钛、钒等元素得到充分回收。因
此，在多年来作坊式的开采加工过程中，大量的钛、钒等元素流失在尾矿中（武
俊杰等，2018）。

因此，只要有好的新技术，实现从尾矿中分离提取这些元素，不仅能从根源
上消除环境污染源与安全隐患源、恢复生态、腾出占用的大量土地资源，而且还
可以有效解决对我国产业链、国防安全以及新能源等有重大影响的一些关键矿产

品的资源短缺问题。从这个意义上讲,堆积如山的一处处金属尾矿库及渣山,就是一座座有巨大潜在经济效益而待开发的金山银山。

表 1-1 秦岭十处金属尾矿中部分关键金属元素含量

尾矿库所在矿山	堆存量/百万吨	氧化铝/万吨	铁/万吨	铜	镓	锂	钪	稀土
金堆城钼矿	420	4637	1319	43981	7114	21028	6182	61114
白河铅锌矿	2.5	10.55	7	41	59	45	18	393
旬阳铅锌矿	0.3	3.93	0.6	24	5	6	2	48
柞水银矿	6	100.8	48	5604	96	166	78	1075
柞水铁矿	2	31.2	3.4	1839	29	25	23	325
山阳钒矿	2.7	7.53	1.9	205	18	21	8	258
潼关金矿	0.5	6.6	2.7	41	7	4	5	78
洋县钒钛磁铁矿	10	154	76	554	156	67	495	191
略阳铁矿	25	183.75	175	8023	414	362	374	2565
略阳嘉陵铁尾矿	21	197.4	174	535	167	298	210	1613

注:以上数据来自实验研究中的测试结果。

1.1.2 尾矿全量资源化利用的社会需求及相关政策

1.1.2.1 环境保护与治理的需求

2000 年以前,我国为了促进经济的发展,不仅过度开发矿产资源,甚至相对弱化了环境的保护,由此产生的一系列环境危害也很少有人顾及。2000 年以后,特别是 2008 年以来,人民生活的温饱问题初步得到解决、物质条件得到基本满足。伴随生活质量的提高,环境问题逐步引起大家的重视,尾矿等固废的环境问题日益凸显,并引起全社会广泛关注。特别是近年来,环境污染危害事件频出,表明尾矿的环境危害进入"化学定时炸弹"的引爆期,日益严重的环境污染问题的治理已经刻不容缓。事实上,早在 2006 年,习近平总书记在主持浙江工作期间,就已经形成了以绿色为基调的生态文明建设思想。然而当时我国仍处于经济大发展的阶段,虽然认识到了环境保护的重要性,但具体实施环境保护工作的力度还不够。而当环境污染危害事件越来越多,方才意识到环境保护已经是不得不做的紧迫工作。2012 年 12 月,习近平总书记在广东考察时指出:"我们在生态环境方面欠账太多了,如果不从现在起就把这项工作紧紧抓起来,将来会付出更大的代价。在这个问题上,我们没有别的选择。"因此,在当前我国工业快速发展的状态下,若不加强进行生态环境保护与治理,那我们的子孙后代将可能面临更加难以估量的严重风险。

1.1.2.2 矿产资源开发与经济发展的需求

据统计，全球 90%以上的工业品和 18%左右的消费品均由矿产品生产（王树新，2013）。我国目前的经济发展对矿产资源的依赖程度则更甚，工业生产所消耗的 95%以上的能源物质，和超过 80%的原材料均取自矿产资源，每年消耗的金属矿产资源总量已超过 30 亿吨（工业固废网，2019；冯安生等，2018）。矿产资源不仅不能再生，发现新矿床的几率也越来越小，资源危机已是一个普遍存在的世界性问题。因此，"21 世纪中国的环境与发展"研讨会上指出，影响中国长期发展的基本要素是人口、资源和环境（刘宗超，1995）。我国虽地大物博，但按人均计算，矿产资源占有量还不到世界平均值的 1/2（周毅等，2015）。例如，铝土矿仅为全球人均储量的 1/5，钾盐为全球人均储量的 1/2，金、镍和铜也仅为全球人均的 1/5（自然资源部，2021）。国家要建设、社会要发展，具备一定量的矿产资源是先决条件。矿山选矿厂从投产的第一天起，尾矿坝这副重担就压在了矿山头上，矿石一天天减少，而尾矿却一天天增加。然而前面已列举说明，尾矿就是一大批现成的非金属、金属矿产资源，开发利用潜力巨大。在找矿难度越来越大、找矿成本越来越高和地质队伍严重萎缩的今天，人们逐步认识到尾矿是可以开发利用的二次资源或再生资源。因此，在我国矿产资源日益枯竭、生态问题日益严重、环境保护意识逐渐增强的今天，加强对尾矿的资源化综合利用是必经之路。

1.1.2.3 绿色发展与建设美丽中国的需求

尾矿治理与资源化综合利用，是加快推动绿色低碳发展中的关键一环，是实现资源高效利用与矿山绿色发展的重要举措。就陕西而言，对促进秦岭生态环境保护和陕西省经济社会高质量发展具有重大战略意义。尤其是自党的十八大提出"建设美丽中国"以来，习近平总书记在多个场合对绿色发展理念作了一系列论述。"走向生态文明新时代，建设美丽中国，是实现中华民族伟大复兴的中国梦的重要内容""保护生态环境就是保护生产力，改善生态环境就是发展生产力"。在党的十八届五中全会上，习近平总书记提出了创新、协调、绿色、开放、共享的新发展理念，写进党的"十三五"规划《建议》中，并强调绿色是永续发展的必要条件和人民对美好生活追求的重要体现。为此，国务院制定的《"十三五"节能减排综合工作方案》［国发〔2016〕74 号］中明确指出，要大力发展循环经济，统筹推进和加强尾矿等大宗固体废弃物的综合利用，开展大宗产业废弃物综合利用示范基地建设。习近平总书记在党的十九大报告中，更是首次将"树立和践行绿水青山就是金山银山的理念"写入了中国共产党的党代会报告，并且在表述中与"坚持节约资源和保护环境的基本国策"一并，成为新时代中国特色社会主义生态文明建设的思想和基本方略。

2022 年 10 月 16 日，习近平总书记在二十大报告中提出，推动绿色发展，促进入与自然和谐共生。要推进美丽中国建设，坚持山水林田湖草沙一体化治理，统筹产业结构调整、污染治理、生态保护、应对气候变化，协同推进降碳、减污、扩绿、增长，推进生态优先、节约集约、绿色低碳发展。推进增强土壤污染源头防控，开展新污染物治理。

而针对影响生态环境主要因素之一的尾矿等固体废弃物，仅 2013~2020 年，党和全国人大对《固废法》就做了三次修正、一次修订。2013~2021 年，习近平总书记更是先后在中央政治局常委会、全国代表大会以及一些专门座谈会上多次指出，要重视固废的治理和资源化利用，提高矿产资源综合利用水平。2013 年 5 月 24 日，习近平总书记在中共中央政治局第六次集体学习时强调，"要正确处理好经济发展同生态环境保护的关系，牢固树立保护生态环境就是保护生产力、改善生态环境就是发展生产力的理念"；2016 年，在中共中央政治局常委会会议上指出，要坚决做好尾矿库等重点隐患的安全防范；2017 年，在中国共产党第十九次全国代表大会上强调，要加强固体废弃物和垃圾处置；2018 年，在深入推动长江经济带发展座谈会上指出，嘉陵江上游 200 余座尾矿库，给沿江生态带来巨大威胁；2019 年，在黄河流域生态保护和高质量发展座谈会上指出，黄河流域的工业、城镇生活和农业三方面污染，加之尾矿库污染，使得 2018 年黄河水质明显低于全国平均水平；2020 年，在扎实推进长三角一体化发展座谈会上提出，要加强尾矿库治理。

2022 年 9 月 6 日，习近平总书记主持召开的中央全面深化改革委员会第二十七次会议上指出，节约资源是我国的基本国策，是维护国家资源安全、推进生态文明建设、推动高质量发展的一项重大任务。

1.1.2.4 促进与鼓励尾矿等固废处置利用的相关措施与政策

事实上，我国在解决尾矿环境危害的同时，对尾矿的深度资源化利用也非常重视。早在 1985 年，国务院就颁布了《关于开展资源综合利用若干问题的暂行规定》，其中，将尾矿的处置管理及资源化示范工程，列入优先领域的重点项目计划，标志着我国已把矿山尾矿的综合利用和环境治理，提到了相当重要的战略意义的地位和高度。

2006 年，尾矿等固废物资源技术问题研究，被列入《国家中长期科学和技术发展规划纲要（2006—2020 年）》《国土资源部中长期科学和技术发展规划纲要（2006—2020 年）》的《"十三五"国家科技创新规划》中，以期通过"三废"综合利用等金属矿产资源高效开发技术，解决金属矿产资源选冶过程中环境污染严重、物耗高、资源综合利用率低等问题。

2008 年，国家颁布的《中华人民共和国环境保护税法循环经济促进法》中，第三十条明确指出，"企业应当按照国家规定，对生产过程中产生的粉煤灰、煤矸石、尾矿、废石、废料、废气等工业废物进行综合利用。"

2010 年，工信部、科技部、国土资源部等联合发布了《金属尾矿综合利用专项规划（2010—2015）》，要求到 2015 年全国尾矿综合利用率达到 20%，尾矿新增贮存量增幅逐年降低；原国土资源部发布的《矿产资源节约与综合利用专项工作管理办法》中，将尾矿资源综合利用包含在重点支持领域中，并把奖励资金划分为四个类别：一类 1000 万元，二类 800 万元，三类 500 万元，四类 200 万元。此外，对矿产资源节约与综合利用成效特别突出的，给予 2000 万元特殊奖励。

2011 年，国家发改委修订的《产业结构调整指导目录（2011 年本）》中的第三十八条，鼓励推广共生、伴生矿产资源中有价元素的分离及综合利用技术，以及尾矿、废渣等资源综合利用。

党的十八大以来，中央及政府有关部门制定的相关政策措施更加明确，实施力度更大。

2013 年，国务院发布的《循环经济发展战略及近期行动计划》中指出，"推进共伴生矿和尾矿综合开发利用。加强对低品位矿、共伴生矿、难选冶矿、尾矿等的综合利用。大力推进铜、钴、镍尾矿多元素与铅、锌、银多元素伴生矿的综合利用"；国务院《关于加快发展节能环保产业的意见》中要求，深化废弃物综合利用，推动资源综合利用示范基地建设，鼓励产业聚集，培育龙头企业，支持大宗固体废物综合利用，提高资源综合利用产品的技术含量和附加值。

2015 年，财政部、国家税务总局发布的《资源综合利用产品和劳务增值税优惠目录》中，废止了以前出台的所有关于资源综合利用增值税优惠政策，并将由省级发改委认定资源综合利用企业的工作环节去掉，由国税部门直接落实政策。其中，将共伴生矿产资源、"三废"、尾矿都列为重点支持范围，且即征即退 70%。

2016 年，《工业绿色发展规划（2016—2020 年）》和《大宗工业固体废物综合利用"十二五"规划》都提出，"要解决尾矿大宗整体利用的瓶颈问题，大力推进工业固体废物综合利用，围绕尾矿等工业固体废物，推广一批先进适用技术装备，推进深度资源化利用。"国务院制定的《"十三五"节能减排综合工作方案》中明确提出，"要大力发展循环经济，统筹推进和加强尾矿等大宗固体废弃物的综合利用，开展大宗产业废弃物综合利用示范基地建设"；《国民经济和社会发展"十三五"规划纲要》中也明确提出，"大力发展循环经济，实施循环发展引领计划，加快废弃物资源化利用。推进城市矿山开发利用，做好工业固废等大宗废弃物资源化利用。"

2017 年，根据党的十八届五中全会精神和"十三五"规划纲要，国家发改委会同科技部等十四个部委，专门制定了《循环发展引领行动》，其中明确提出：（1）要推进尾矿有价金属的高效分离提取和高值高效利用，开展尾矿多元素回收整体利用。支持利用尾矿和废石生产建筑材料和道路工程材料。（2）通过国家科技计划（专项、基金等），统筹支持符合条件的循环经济共性关键技术研发，加快减量化、再利用与再制造、废物资源化利用、产业共生与链接等领域的关键技术、工艺和设备的研发制造。支持资源循环利用企业与科研院所、高等院校组建产学研技术创新联盟；以企业和行业为载体，建设 50 个工业资源综合利用产业基地，开展工业资源综合利用重大示范工程建设，推动尾矿等大宗固废的综合利用，拓宽利用途径，提升利用水平。

2017 年，国土资源部、财政部、环境保护部等部门，联合印发了《关于加快建设绿色矿山的实施意见》，要求加大政策支持力度，加快绿色矿山建设进程。

2018 年，为了保护和改善环境，减少污染物排放，推进生态文明建设，国家就制定出台了《中华人民共和国环境保护税法》，并于 2018 年 1 月 1 日起施行。其中，尾矿税额为每吨 15 元。

2018 年以来，科学技术部每年都设定有"固废资源化"重点专项资金，支持尾矿等大宗固废的资源化利用技术及装备的研发。

2019 年，国家发改委、工信部联合印发的《关于推进大宗固体废弃物综合利用产业集聚发展的通知》中，明确提出"开展尾矿等固废有用组分高效分离提取和高值化利用"的任务。

2020 年，应急管理部、国家发改委、工信部等八个部委联合印发了《防范化解尾矿库安全风险工作方案》，要求"全国尾矿库数量原则上只减不增，鼓励尾矿库企业通过尾矿综合利用减少尾矿堆存量乃至消除尾矿库"；与此同时，新修订的《固体废物污染环境防治法》明确指出，固体废物污染环境防治坚持减量化、资源化和无害化原则，并强化了资源综合利用评价等制度。

2021 年，国家发改委员等九个部门联合印发的《关于"十四五"大宗固体废弃物综合利用的指导意见》中提出，"到 2025 年尾矿（共伴生矿）等大宗固废的综合利用能力显著提升，新增大宗固废综合利用率达到 60%"的要求；与此同时，国家发改委发布《开展大宗固体废弃物综合利用示范》中提出，"到 2025 年，建设 50 个大宗固废综合利用示范基地，示范基地大宗固废综合利用率达到75% 以上"。

2022 年 1 月 4 日，国家发改委印发的《关于加快推进大宗固体废弃物综合利用示范建设的通知》，旨在加快推进基地建设和骨干企业培育，确保如期完成建设目标任务，进一步提升大宗固体废弃物综合利用水平，推动资源综合利用产业节能降碳，助力实现碳达峰碳中和。

2022 年 1 月 27 日，工信部、国家发改委等八部门联合印发的《关于加快推动工业资源综合利用的实施方案》中提出，要在 2025 年，实现大宗工业固废综合利用率达到 57%，主要再生资源品种利用量超过 4.8 亿吨的总体目标。

习近平总书记在二十大报告中提出，要综合运用好市场化、法治化手段，加快建立体现资源稀缺程度、生态损害成本、环境污染代价的资源价格形成机制，不断完善和逐步提高重点产业、重点产品的能耗、水耗、物耗标准，促进资源科学配置和节约高效利用。

陕西省的金属尾矿库绝大部分堆弃在素有中央水塔、中华民族祖脉和生态安全屏障意义的大秦岭山脉（包括地理意义上的秦岭与秦巴山脉）中，同时也是南水北调水源保护区。因此，近年来围绕秦岭生态环境保护、汉江丹江污染防治、矿山开发等，制定了一系列条例、规划和工作方案，编制并修订了《陕西省秦岭生态环境保护条例》，属国内首次出台涉及一山一水环境保护的地方性法规；发布了《陕西省矿产资源开发保发展、治粗放，保安全、治隐患，保生态、治污染行动计划（2016—2020 年）》《陕西省矿产资源开发 "保生态治污染" 行动方案（2016—2020 年）》《陕西省秦岭生态环境保护总体规划》等政策文件，编制了《秦岭生态环境保护行动方案》《陕西省历史遗留废弃矿山生态修复项目管理办法》《陕南硫铁矿污染治理项目专项资金管理办法》等指导文件，这些政策的发布和实施，将持续加大生态环境保护力度，全面推进矿山企业的绿色发展，长期利好尾矿综合利用产业。

上述分析不难看出，金属尾矿综合利用新技术的开发和推广应用，不仅是金属矿山及相关企业可持续发展的需要，也是国家战略发展的需要，是中国共产党在新的历史时期，带领广大群众建设美丽家园、实现中国梦的需要。根据国家现有规定、政策以及制定出的一些长远规划，决定了在金属矿开发过程中，在不久的将来，必然会全面实施金属尾矿的资源化综合利用，并通过循环经济实现废弃物的零排放这一目标。

1.1.3　金属尾矿全量资源化利用的意义

对金属尾矿进行综合利用与资源化开发，就是将这些尾矿变废为宝，化害为利。不但可以解决环境污染，改善生态环境、整治国土、提升土地利用率与使用价值，而且可以使原来资源枯竭或资源不足的矿山，借助尾矿的利用，转化成为新的矿产资源基地并借此恢复或扩展生产。因此，尾矿的全量资源化利用具有巨大的环境、安全、资源、经济和社会意义。

（1）环保和安全意义。只有实现尾矿的高值高效资源化利用，才能从源头上消除重金属、酸性水等的污染；才能减少扬尘污染；才能提高土地利用率、绿化率。通过尾矿综合利用和资源化，实现矿山的无尾排放，促进绿色矿山建设，并从根本上消除因尾矿库带来的溃坝、漫顶、泄漏等重大安全事故，保护尾矿库下游群众的生命财产安全与环境安全。

（2）资源保障意义。我国处在工业化、城市化加速发展阶段，矿产资源消耗量大，对外依存度较高。尾矿中大都含有各种金属和非金属矿物等有价组分，特别是一些稀有、稀贵关键矿产，例如镓（Ga）、铷（Rb）等，自然界中基本不形成独立矿物，找矿难以发现，但却大量蕴含在金属尾矿中。例如，调查、研究发现，陕西白河硫铁矿渣中的 Rb（铷）含量高达 108g/t，280 万吨矿渣中含有超过 300 吨的金属铷，是目前全球金属铷年消费量（立木信息咨询，2022）的 20 倍。金堆城 4.2 亿吨的钼尾矿中，蕴含有 2.1 万吨金属锂，相当于一个 Li_2O 储量 4.5 万吨的中型（中型锂矿床：$Li_2O = 1$ 万 ~10 万吨）硬岩型锂矿（矿产资源工业要求手册，2014）。因此，尾矿的资源化利用，对保障国家关键矿产资源战略安全意义重大。

（3）经济效益。目前金属矿尾矿中大量的伴生元素回收极少，甚至没有回收，致使主成矿元素以外的其他有益组分流失于尾矿中。由于矿山企业成本在日益增加，通过开发或引进新技术，将这些大量流失于尾矿中的伴生元素回收利用，是企业挖掘资源潜力、提高经济效益、实现可持续发展的有效途径之一。

（4）社会效益。如何提高矿产资源的利用率，是减少矿产资源浪费、延长矿山开发利用寿命、保障矿山企业可持续发展的一个关键问题。有效开发利用尾矿资源，不仅能最大限度提高矿产资源的利用率，还可以节省大量的矿产资源，以为我们的后代生存与可持续发展提供保障，尤其是还能大大减少前期勘探风险与勘探成本，减少新开矿山，乃至减少废弃物排放，减少环境破坏。此外，我国有部分影响国防、工业、现代科学技术和民生等的铝、铜、镍、铬等关键矿产资源极度匮乏，但这些元素却大量分散蕴含在尾矿中。因此，尾矿全量资源化利用也是有效解决国家战略矿产资源，以及更高经济价值微量元素资源匮乏问题的新途径。此外，尾矿全量资源化利用也是促进绿色矿山建设的强有力技术支撑，并能够有效解决当前矿山企业因尾矿排放限制而被迫停工停产的重大现实问题。

因此，伴随国家环保力度、产业结构调整力度的加大，以及相关政策及法律制度的不断出台与完善，寻求和开发新的尾矿综合利用新工艺，已成为我国当前保持经济可持续发展和建设环境友好型、资源节约型社会必须解决的关键问题。尾矿资源化利用，是实现环境效益、资源效益、经济效益和社会效益的有效统一的基本条件。

1.2 国内外金属尾矿资源化利用技术现状

1.2.1 金属尾矿的基本类型和特征

1.2.1.1 金属尾矿的基本类型

根据选矿冶金学和矿物学，金属尾矿按照矿石种类，可以分为黑色金属（铁锰铬）尾矿、有色金属（铜铅锌等）尾矿、轻金属（铝镁）尾矿和稀贵金属尾矿（黄金、稀有稀土等）（图 1-5）。

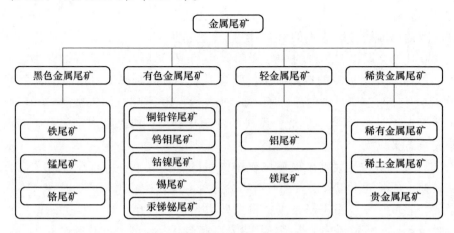

图 1-5　金属尾矿的基本类型

1.2.1.2　金属尾矿的基本特征

金属尾矿普遍具有粒度细、体量大、毒性强，并同时残留有大量非金属矿物和微量金属矿物的特点（蔡嗣经等，2000）。

（1）粒度细。尾矿的粒级组成取决于有用矿物在矿石中晶体嵌布粒度的大小以及其选矿工艺，金属尾矿的粒度通常小于 0.074mm。黑色金属尾矿，如白云鄂博选铁尾矿，小于 0.074mm 的占 83.67%（秦玉芳等，2021）；有色金属如德兴铜尾矿，小于 0.074mm 的占比大于 90%（郭彪华，2017）；稀贵金属尾矿粒度更细，如某黄金尾矿，小于 0.074mm 的占 95.98%（邓元良等，2020）。

（2）体量大。大规模矿山的开采，导致我国尾矿排放堆弃量逐年增长。黑色金属中，我国铁矿石平均品位为 30%（张招崇等，2021），按现有选矿后精矿粉的标准要求，经选矿后会有 70% 以上组分变成尾矿；有色金属中，例如铜矿，我国铜矿石也是贫矿居多，铜的平均品位约 0.87%（陈建平等，2013），经选矿之后有 96% 以上的组分转化为尾矿；而黄金、钼、钨、钽、铌等稀贵、稀有金属矿山，开采品位更低，仅为几克/吨（矿产资源工业要求手册，2014），矿石经选矿后几乎 100% 转化为尾矿（表 1-2、图 1-6）。

表 1-2　不同矿种尾矿产率　　　　　　　　　（%）

矿种	钼	钨	锡	稀土	金	铜	铅	锑	锌	镍	铁
尾矿产率	99.8	99.6	99.2	97.7	97.4	96.4	94.6	91.6	89.7	88.1	68.4

数据来源：王雪峰等，2018；冯安生等，2018。

资料显示，近十多年来，我国尾矿年产生量先增后减，呈倒"U"形趋势（表 1-3、图 1-7）。先是从 2009 年的排放量 12 亿吨（孟跃辉等，2010），增加到

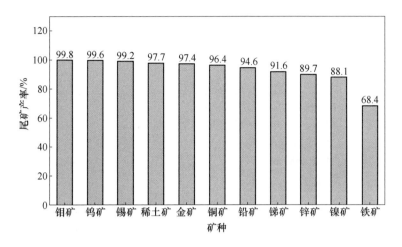

图 1-6 不同矿种尾矿产率

2013 年的排放量 16.49 亿吨。2014 年，尾矿年产生量达到峰值 18.57 亿吨（王海军等，2016）。而后受经济因素及限排放因素影响，尾矿年产生量逐年下降，尤其是近几年，党中央国务院高度重视资源及环境保护工作，不仅发布了多项政策法规，要求对固体废物进行综合治理与利用（杜艳强等，2021），而且对违规矿山加大了处罚力度，并限制部分中小型矿山开采，使尾矿排放量逐年降低。仅以陕西为例，全省登记在册的 312 座尾矿库中，就有 130 余座停用，停用率高达43.91%，同时表明相应矿山也处于停产状态（陕西省应急管理厅，2021）。

表 1-3 2007~2019 年我国主要尾矿产生情况　　　　　　　　　　（亿吨）

年份	铁尾矿	金尾矿	铜尾矿	其他有色金属尾矿	非金属尾矿	合计
2007	4.31	1.5	2.41	1.06	0.95	10.23
2008	4.92	1.57	2.46	1.08	0.97	11
2009	5.36	1.74	2.56	1.12	1.14	11.92
2010	6.34	1.89	3.05	1.33	1.32	13.93
2011	8.06	2.01	3.07	1.34	1.33	15.81
2012	8.21	2.12	3.17	1.36	1.35	16.21
2013	8.39	2.14	3.19	1.38	1.39	16.49
2014	10.08	2.17	3.59	1.55	1.18	18.57
2015	8.66	2.16	3.41	1.47	1.88	17.68
2016	7.98	2.18	3.4	1.18	1.56	16.46
2017	7.65	2.29	3.31	1.45	1.46	16.16

续表 1-3

年份	铁尾矿	金尾矿	铜尾矿	其他有色金属尾矿	非金属尾矿	合计
2018	4.76	2.16	3.02	1.14	1.03	12.11
2019	5.2	2.05	3.25	1.11	1.1	12.72

注：2014 年、2015 年各尾矿数据均计算得出。

计算方法：以铜尾矿为例，铜尾矿产量$_{2014}$ =（铜精矿产量$_{2014}$/铜精矿产量$_{2013}$）×铜尾矿产量$_{2013}$。

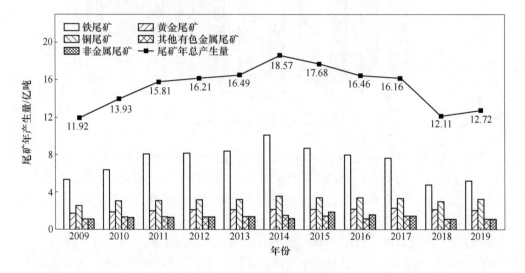

图 1-7　2009~2019 年我国尾矿产生情况

（数据来源：中国资源综合利用年度报告（国家发展和改革委员会）（2012、2014）；全国矿产资
源节约与综合利用报告（2014—2020）；中国环境统计年鉴（国家统计局，环境保护
部）（2010—2020）；中国大宗工业固体废弃物综合利用产业发展报告（2018—2019））

截至 2019 年，我国尾矿年产生量虽然下降至 12.72 亿吨，但尾矿累积堆存
量却在持续增长，并达到 242.82 亿吨（王海军等，2020）。按此排放量估计，
2022 年底我国尾矿堆积量将达到约 270 亿吨，成为我国目前排放量最大，堆积量
最多的固体废弃物。

（3）毒性强。许多金属尾矿中，有毒元素的相对含量非常高，甚至大大超
过土壤背景值，如砷、镉、钴、铬、锌、铜、汞和铅等元素（JIANG et al.，
2021；BARCELOS et al.，2020），它们可在多种因素影响下进入水体，并通过渗
漏作用向外不断排放扩散，对矿区及周边地下水和地表水环境造成严重污染。

此外，金属矿的选矿过程中，由于使用大量选矿药剂，而这些药剂大多为有
机类，多数具有致癌、致畸和持久性、生物积累性等特征，且大部分留存于尾矿
当中（喻晗，2005；陈彩霞等，2016），危害当地生态环境。例如，药剂 0145 对
藻类细胞有致畸作用（况琪军等，1992）；当水体中黄药浓度达 5.0mL/g 时，便

可导致大部分鱼类的死亡（郝艳等，2012）；选矿药剂还可能导致尾矿中重金属的释放（林海等，2015），从而对矿山周边环境产生二次危害。尾矿的多种危害与影响，前面已多有述及，此处不再赘述。

（4）物质组成复杂。通常，金属尾矿物质组成比较复杂，除含有大量非金属矿物外，同时残留有多种微量金属矿物（蔡嗣经等，2000），其化学成分以 O、Si、Al、K、Na、Ca、Fe、Mg 等元素为主，并含有少量的 Cu、Pb、Zn、Mo、W、S 等微量元素。当然，矿床矿石类型不同，这些微量元素在其中的含量特征也大不相同（表 1-4、表 1-5）（李章大等，1992；张锦瑞，2002）。

金属矿山尾矿的矿物组成，主要取决于原矿石的矿石矿物、脉石矿物、赋矿围岩。其中，金属矿物通常以硫化物为主，其次为氧化物（孙燕等，2009）；非金属矿物则由围岩矿物及蚀变矿物等共同构成（李章大等，1992），具体组成也与矿床类型、赋矿围岩关系密切。例如，常见的斑岩型矿床，其尾矿中非金属矿物成分主要为造岩矿物和热液蚀变矿物，包括石英、钾长石、钠长石及绢云母类、碳酸盐类、黏土类矿物；矽卡岩型矿床的尾矿内，多含有硅灰石、石榴子石、透辉石、阳起石等；热液石英脉型矿床的尾矿成分，主要以石英为主。金属尾矿的化学成分也主要取决于赋矿围岩和蚀变矿物成分，围岩为石英砂岩时，尾矿成分主要为 SiO_2；围岩为火成岩、长石砂岩时，尾矿成分以硅酸盐类矿物为主，主要为 SiO_2、Al_2O_3；围岩为碳酸岩时，尾矿以碳酸盐类为主，富含 CaO、MgO（刘恋等，2013）。通常不同产地的尾矿，受地质背景及成矿条件、成矿特征等因素影响，其化学成分、矿物组成区别很大。事实上，也正是由于尾矿矿物组成、化学组分的复杂性，如果基于通常的资源化利用思路，很难做到全量资源化利用。

1.2.2 国内外现有金属尾矿处置利用主要途径与不足

1.2.2.1 二次选矿

从尾矿中选出附加值较高的金属元素组分，是尾矿资源化的重要方式。早在20 世纪 70 年代，美国、俄罗斯、加拿大、澳大利亚、日本、德国、英国、南非等国，就着手对长期堆存的尾矿进行矿物的再选研究与实际应用（戴自希，2010）。例如，美国明尼苏达州的安尼斯山二次选矿厂，每年可处理 100 万吨尾矿，产出 20 万吨铁品位 60%的铁精矿（戴自希，2010）；俄罗斯某选矿公司采用"磁选—中矿再磨—再选"的二次选矿工艺处理尾矿，可获得产率约 20%、铁品位 63.5%的铁精矿（李颖等，2014）；巴西北部某铜尾矿中，铁的品位高达31.73%，对其进行铁的再选回收，获得的铁精矿品位 68.4%，产率为 9.5%（SILVA et al.，2021）；土耳其 Sivas-Divrigi 选矿厂铁尾矿中，富含铜、钴、镍，对其进行再选后，可获得含铜 0.393%、钴 0.384%、镍 0.687%的粗精矿，回收

表 1-4 主要类型尾矿的化学成分

序号	尾矿类型	化学成分/%											
		SiO_2	Al_2O_3	Fe_2O_3	TiO_2	MgO	CaO	Na_2O	K_2O	SO_2	P_2O_5	MnO	烧失
1	鞍山式铁矿	73.3	4.07	11.60	0.16	4.22	3.04	0.41	0.95	0.25	0.19	0.14	2.18
2	岩浆型铁矿	37.2	10.35	19.16	7.94	8.50	11.10	1.60	0.10	0.56	0.03	0.24	2.74
3	火山型铁矿	34.9	7.42	29.51	0.64	3.68	8.51	2.15	0.37	12.46	4.58	0.13	5.52
4	矽卡岩型铁矿	33.1	4.67	12.22	0.16	7.39	23.0	1.44	0.40	1.88	0.09	0.08	13.50
5	矽卡岩型铜矿	47.5	8.04	8.57	0.55	4.71	19.80	0.55	2.10	1.55	0.10	0.65	6.46
6	矽卡岩型金矿	47.9	5.78	5.74	0.24	7.97	20.2	0.90	1.78		0.17	6.42	
7	斑岩型钼矿	65.3	12.13	5.98	0.84	2.34	3.35	0.60	4.62	1.1	0.28	0.17	2.83
8	斑岩型铜钼矿	72.2	11.19	1.86	0.38	1.14	2.33	2.14	4.65	2.07	0.11	0.03	2.34
9	斑岩型铜矿	62.0	17.89	4.48	0.74	1.71	1.48	0.13	4.88				5.94
10	岩浆型镍矿	36.8	3.64	13.83		26.90	4.30			1.65			11.30
11	细脉型钨锡矿	61.2	8.50	4.38	0.34	2.01	7.85	0.02	1.98	2.88	0.14	0.26	6.87
12	石英脉型稀有矿	81.1	8.79	1.73	0.12	0.01	0.12	0.21	3.62	0.16	0.02	0.02	
13	碱性岩型稀土矿	41.4	15.25	13.22	0.94	6.70	13.4	2.58	2.98				1.73

表 1-5 铅锌尾矿的化学成分

（%）

尾矿来源	Pb	Cu	Zn	S	$Ag/g \cdot t^{-1}$	Fe	Fe_2O_3	Al_2O_3	CaF_2	CaO	MgO	SiO_2
龙泉铅锌矿	0.26	0.04	0.26	4.42		16.28		8.50		9.93	3.29	40.88
云南某铅锌矿	0.28		0.10	0.15	10.7			5.45	45.49	3.32	1.17	19.84
包德温铅锌矿	4.03		11.38	7.17	165	3.88		4.18		2.93	1.48	59.92
乐昌锌矿							8.75	7.21		4.85	3.96	45.48
桥口铅锌矿							11.90	11.60		14.57	3.04	49.18
丙村铅锌矿							11.56	6.94		11.05	2.10	54.24
银山铅锌矿							9.22	12.00		1.46	1.64	65.36

率分别达到 94.7%、84.6%、76.8%，粗精矿产率为 29.1%（SIRKECI et al.，2006）；伊朗西北部丹迪选矿厂铅尾矿中，含有 20.2% 的氧化锌，采用浮选工艺进行再选后，可获得锌品位 40.7%、回收率 70% 的锌精矿（NAVIDI et al.，2008）；澳大利亚南部的富铁硅酸盐尾矿中，稀土元素总量高达 4718ppm/t，采用磁选-浮选联合工艺再选后，可获得稀土元素氧化物品位 1.67%、回收率达72% 的精矿（ABAKA-WOOD et al.，2019）。

国内也有许多选矿厂，开展了尾矿再选的试验研究与生产实践。例如，云南大红山铁矿对铁品位 20%～30% 的尾矿进行了再选生产实践，获得了产率约5.8%、铁品位约 52% 的铁精矿（沈立义，2008）；河北研山铁矿，对铁品位9.14% 的尾矿进行再选后，可获得产率 0.54% 的优质铁精矿，铁品位 69.84%，年产量约 5.5 万吨（周咏等，2019）；甘肃某铅锌选矿厂，对含铅 0.2%～0.3%、锌 1.1%～2%、硫 3%～5% 的尾矿，采用重选-浮选联合工艺进行再选后，获得的铅精矿产率 0.34%，铅品位 40%，产率 2.65% 的锌精矿，锌品位 45%，产率7.75% 的硫精矿，硫品位 35.3%，铅锌硫回收率分别为 43%、62.5%、60%（牟联胜，2011）；金川集团曾开展了尾矿再选回收铜镍的工业试验，将含镍 0.23%、铜 0.16% 的尾矿再选后，获得了镍品位 2.78%、铜品位 0.76% 的精矿，产率为2.5%（宋永胜等，2009）；金堆城钼业股份有限公司开展了从钼尾矿中再选回收钼和铜的工业试验，当尾矿中钼、铜的平均品位分别为 0.61%、1.457% 时，经过旋流—静态微泡浮选柱分选，可获得平均钼品位为 34.32%、回收率为 73.97%的钼精矿，平均铜品位为 16.83%、回收率 67.48% 的铜精矿，钼、铜精矿的产率分别约为 1.31%、5.84%（刘建平等，2015）；云南大屯锡矿再选回收尾矿中的锡，每年可产出品位 3.2% 的粗锡精矿 1450t，产率为 1.85%（吴杰等，2020）；山东焦家金矿每天排放 2670t 的尾矿中，其中的 400t 粗粒级尾矿再磨再选后，可获得约 2.5t 品位 40g/t 以上的金精矿，剩余 2270t 的细粒级尾矿再选后，可获得约 22.7t 品位 5g/t 的金精矿（牛桂强，2009）；新疆哈图金矿选矿厂开展的尾矿再选工业试验中，将含金 0.96g/t 的尾矿再选后，获得产率 1.99%、品位 38.5g/t的金精矿，随后建成投产了年处理 30 万吨尾矿的二次选矿生产线（潘瑞桃等，2013）；包钢稀土尾矿中的稀土氧化物总含量高达 5.97%，对其进行浮选再选后，可获得稀土氧化物品位 45.08%、回收率 75.27% 的稀土精矿，精矿产率 9.97%（张悦等，2016）。

尾矿中除了金属元素组分外，部分非金属矿物也具备一定的再选价值。例如，湖南柿竹园钨多金属矿是一个以钨为主，兼有锡、铋、钼、萤石、石榴子石等多种资源的矿床，该矿山早期主要回收金属矿物及萤石，后来对尾矿进行了二次选矿，回收磁铁矿、黑钨矿的同时，还回收利用了部分石榴子石（申少华等，2005）；广西盘龙铅锌矿开展了从尾矿中再选回收重晶石的工业试验，铅锌尾矿

中的 $BaSO_4$ 含量为 18.47%，经再选可获得产率 11.99%、$BaSO_4$ 品位 96.7%的重晶石精矿（肖骏，2019）；钼尾矿中含有大量碳酸盐和硅酸盐等，通过再选可以回收其中的方解石、白云石、云母、长石、石英等非金属矿物（崔永琦等，2021）；张乾伟等（2013）以辽宁某钼矿尾矿为对象，采用浮选方法再选回收其中的金云母，获得了产率为 8.44%、K_2O 品位为 9.5%的金云母精矿 I，以及产率为 4.03%、K_2O 品位为 7.1%的金云母精矿 II。秦传明等（2016）针对陕西某钼尾矿中的长石和石英，开展了再选试验，并获得产率为 23.2%、SiO_2 品位 96.63%的石英精矿，以及产率为 8.2%、K_2O 品位 7.87%的钾长石精矿。

由上可见，尾矿再选回收主成矿元素相应矿物组分，虽然能够获得附加值较高的精矿产品，但是仅仅回收利用了其中少量甚至极少量的一部分。因此，仍然存在大量的二次固废物的排放，实际上对尾矿的资源化和减量化程度很小。从上文列举的一系列实例中可以清楚地看出：针对铁等主量金属元素的再选，精矿产率要稍高一些，但最高也仅能达到 20%左右，其余 80%以上的尾矿则未能得到利用而再次以固废形式被排放；针对铅、锌、铜、金等微量金属元素的再选利用，精矿产率更低，基本处于 10%以下，大多数不超过 3%，个别甚至不足 1%，几乎没有实现尾矿的减量化。据此有人认为，与回收有价金属相比，从尾矿中再选回收附加值较低的非金属矿物是实现减量化的根本，这是由于非金属矿物在尾矿中的占比极高，只有把它们利用了，才更有利于实现尾矿的减量化（敖顺福，2021），但目前相关研究与应用报道极少，且大多数处于实验室阶段（崔永琦等，2021）。

1.2.2.2 制备建筑材料

大量研究与实验表明，尾矿可以整体被用来制备建筑材料。国外利用尾矿制备建筑材料始于 20 世纪 60 年代，历经几十年发展，已有大量研究成果与应用报道（刘文博等，2020）。例如，Çelik 等（2006）研究了利用金矿尾矿作为硅酸盐水泥添加剂的可行性，结果表明，金尾矿添加量为 25%时，水泥抗压强度较好；S. Roy 等（2007）研究了利用金矿尾矿制砖的可行性；Ahmari S 等（2015）将铜矿尾矿通过地质聚合方法，制备环保砖，所得产品满足美国材料试验学会指定的相关指标要求；Janković 等（2015）利用铅锌尾矿，替代 10%和 20%的混凝土骨料，制备出了自密实混凝土；Kuranchie 等（2015）的研究表明，铁尾矿可以完全替代混凝土中的常规骨料；Fontes 等（2016）以铁尾矿为原料，取代天然骨料和石灰，制备出用于铺设和涂层的砂浆；Oluwasola 等（2015）采用铜尾矿和电弧炉钢渣，取代常规路基骨料后，可以显著改善路面沥青混合料的性能；Ju 等（2017）将金矿尾矿、赤泥和石灰石的混合物，在 1150℃下烧结制成一种可用于道路建设的轻质骨料；Kiventerä 等（2016）将金尾矿作为地质聚合原料，通过氢氧化钠溶液的活化，制备出具有足够抗压强度的黏结剂；Cetin 等（2015）将尾矿烧结后，制备出了轻质微晶玻璃陶瓷；俄罗斯约有60%的铁尾矿用于建筑材料，主要制备建筑微晶玻璃和耐腐蚀玻璃（陈虎等，2012）；美国的绝大多数尾矿被用作制备混凝土的填料和铺路材料（戴自希，2010）；印度利用铁尾矿制备具有高强度和硬度的陶瓷砖（DAS et al.，2000）。

我国利用尾矿作建筑材料的研究要晚于国外，始于20世纪80年代。历经四十年发展，也取得了很多成果（颜学军，2005；陈家珑，2005；袁剑雄等，2005；金家康，2008）。目前，国内利用尾矿制备的建材类型与国外基本一致，不仅包括水泥、混凝土、建筑用砖、砂浆、筑路材料等传统建材，也包括玻璃、陶瓷、饰面砖、陶粒、地聚物等新型建材（孙旭东等，2020；路畅等，2021）。

A　用于制备水泥、建筑用砖等材料

（1）用于烧制水泥熟料。金属尾矿可替代黏土质原料、石灰石或校正材料，用于生产水泥（张小永等，2021），其中的微量成分甚至对水泥熟料烧成具有矿化作用和助熔作用，可降低烧成能耗、提高熟料强度（敖顺福，2021）。马钢集团桃冲铁矿，利用尾矿部分替代黏土和铁粉烧制水泥，并建成一座年产20万吨的水泥厂；由于内蒙古包头矿场和湖南铅锌矿的尾矿中都含有CaF_2。因此，其可作为烧制水泥的矿化剂，并能够将水泥熟料的烧成温度降低到150℃左右，有助于节能增产（王金龙，2003）。山东省昌乐县特种水泥厂在产品中加入5.32%的铜尾矿作为配料，可提高熟料质量，满足高标号水泥标准，而且吨熟料耗煤比原指标降低15.7%，代替复合矿化剂可使生产成本降低12%（靳建平等，2011）。陕西商洛尧柏秀山水泥有限公司，综合利用铅锌尾矿等生产硅酸盐水泥，使单位产品煤耗明显下降，每年节约用煤3700余吨，节约成本300余万元，产品已在襄渝复线、西康高速、西安地铁、汉江水电梯级开发等国家大型重点工程上使用（唐宇等，2012）。山西潞城市卓越水泥有限公司，利用铁尾矿砂取代砂岩及部分钢渣生产水泥熟料，降低生产成本的同时，改善了产品质量（赵武魁等，2021）。

（2）用于制作建筑用砖。利用尾矿制备建筑砖是尾矿利用的途径之一，且早在20世纪70年代，人们就利用尾矿做黏土砖、地板砖等，有些地方已有成功的经验（颜学军，2005）。在传统烧结黏土砖逐渐被禁用、淘汰情况下，尾矿制砖显示出了较大的活力。目前市场上采用金属尾矿为原料研发出的产品有免烧砖、透水砖、蒸压砖等。其中，免烧砖是以密度较小的细粒石英砂尾矿为主料（掺入量80%以上），经钙化处理而获得的一种新型建筑制品（郭春丽，2006）；高硅尾矿掺入量80%左右，外加一些煤矸石、黏土，采用合适的颗粒级配，经过烧结成型，即可制得透水砖（李国昌等，2006）。尾矿制砖选用的原料，主要包括石英脉型金矿尾矿（徐惠忠，1996）、磁铁石英岩尾矿（曹耀华等，2009）等高硅尾矿，还有少部分是SiO_2不足35%的铜尾矿（方永浩等，2010）。2004年，焦家金矿投资 1600 万元筹建建材公司，于 2005 年正式投产，每年可利用尾砂生产 15 万立方米砌块砖（牛桂强等，2008）。2006 年，鞍钢集团建成了年产量达 8000 万块标砖的实心砖、多孔砖和砌块生产线，填补了鞍山市在全面禁止生产和使用实心黏土砖之后，出现的建筑墙体材料市场供应缺口（雷力等，2008）。山东金洲矿业集团、济南钢铁集团等公司，也先后建成了利用尾矿生产建筑用砖的生产线（常前发，2010）。

（3）用于制作混凝土。一些高硅型尾矿可作为混凝土的掺和料，用于生产混凝土制品（罗立群等，2014）。北京东方建宇混凝土技术研究院在尾矿砂中加入少量激发剂，研制成的混凝土矿物掺和料，可替代 25%～35% 的水泥。此类产品可以用作保温、防震等方面的功能性建筑材料；江西万铜环保材料有限公司以城门山铜尾矿为主要原料，建设年产 30 万立方米加气混凝土砌块生产线和年产 70 万吨混凝土掺和料生产线（刘海营等，2020）。尾矿砂也可替代天然河砂、人工砂，用作混凝土的粗、细骨料。2002 年 11 月，首钢迁安矿在某挡墙工程中，全部使用尾矿人工砂作骨料，科学配置泵送混凝土。制备每方混凝土不仅节省了近 2t 外购天然砂石，而且还节约了 150kg 水泥，创造经济效益 40 元/立方米（陈家珑，2005）。姑山铁矿选矿厂制作的混凝土空心楼板，使用了块状及粗粒尾矿作为粗骨料（夏平等，2006）。锦丰金矿以尾砂取代人工砂制备湿喷混凝土，解决了因人工砂质量差、混凝土性能不能满足井巷支护要求的问题（章海象，2018）。

（4）用于制作干混砂浆。利用尾矿砂、尾矿泥可配置各种砂浆。北京金隅集团股份有限公司，建设尾矿生产干混砂浆生产示范线，年产砂浆 40 万吨，消纳尾矿等工业固废逾 30 万吨（国家工业和信息化部，2020）。桐乡正昶新型材料有限公司以尾矿砂和天然细砂全部取代天然中砂，用于制备干混砌筑砂浆，在充分保证砂浆性能的同时，还明显降低了生产成本（武双磊等，2017）。

B 用于道路工程

国外将尾矿应用于道路等基础工程建设已有大量报道。据粗略统计，仅美国就有近 20 个州将尾矿应用于实际道路工程建设中，最具代表性的是明尼苏达州，铁尾矿在该区道路工程中的应用已有 50 年的历史（ARUNA，2012；AHMARI et al.，2012），尤其是明尼苏达州的梅萨比铁矿区对铁尾矿的再利用是一个典型的案例（ORESKOVICH，2007）。早在 20 世纪 60 年代，该矿区就将铁尾矿用于城市路面的底基层铺筑；20 世纪 80～90 年代，铁尾矿就被广泛应用于梅萨比地区和德鲁斯市的公路基层、底基层的铺筑和沥青混合料中；21 世纪以来，该州各大城市的绝大多数新建和改扩建工程更是都采用铁尾矿作为沥青混合料的制备（王晶，2014）。

与国外相比，我国在尾矿路用性能方面的研究开展得虽然相对较晚，但也有不少成果。如河北野兴公路为平原微丘区二级公路施工中，设置了尾矿渣工程应用试验段（郭晓华，2011）。试验结果表明，试验段施工中结构成型过程正常，且无松散，无沉降现象，而后经过几年的通车检验和现场勘察，铁尾矿渣基层路面整体状况亦良好，路面无车辙、拥包等病害，只是部分路段出现少许裂缝，但并未影响整体质量。大连理工大学杨青等（2009）研究了铁尾矿渣在公路基层中的应用，结果表明合理的材料配合比，可满足公路基层的要求。刘炳华等对尾矿渣填筑公路路基的物理力学性质及参数进行了试验研究，结果发现尾矿渣适宜作为路基材料（刘炳华等，2012）。已全部完成的鹤大 ZT16 标项目利用尾矿渣填筑路基工程，对施工过程中和施工后的路基进行观测发现，有关指标均达到预期效果，且具有足够的稳定性（王彪等，2016）。

C 用于制备玻璃和陶瓷以及饰面砖等

（1）制备陶瓷。首钢某铁矿场的尾砂，经中国地质科学院尾矿利用中试基地的试验开发，烧制出了外观优美、经久耐用的黑棕色工业陶瓷和日用陶瓷，并已投入大规模生产（郭建文等，2009）；从宜春钽铌矿尾矿的锂云母中，提取的 Li_2CO_3 广泛用于陶瓷低温釉料的生产（罗仙平等，2005）；江西德兴铜矿利用尾矿烧制出紫砂美术陶瓷和酒具、砂锅等日用陶瓷（雷力等，2008）。中条山有色金属集团已将尾矿制备建筑陶瓷技术产业化应用，每年消纳铜尾矿 20 万吨，产出各类附加值较高的建筑陶瓷产品 2145 万平方米（吴熙群等，2019）。

（2）制备玻璃。硅质、铝硅质、碱铝硅质的尾矿，可用于制备多种瓶罐玻璃、彩色玻璃、平板玻璃以及光敏玻璃等（程琳琳等，2005）。例如，江西宜春 414 铌钽矿尾矿，用于生产瓶罐玻璃、玻璃马赛克等，使得该矿山基本实现无尾矿排放（罗仙平等，2005）。

（3）制备微晶玻璃。20 世纪 70 年代以来，苏联、日本、美国等国家先后利用尾矿制备微晶玻璃，并投入工业化生产（戴自希，2010）。目前，尾矿微晶玻璃在国外已有 2000 多种的商品上市，广泛用于建材、电子、化工、核工业、国防军工、生命医学及家庭生活、矿山、水利、海洋各个领域。

20 世纪 90 年代，中国地质科学院尾矿利用技术中心在国内首先提出并开始进行尾矿微晶玻璃生产技术的研究，先后开发出 300 余个花色品种，并在河北、天津、广东、新疆等地实现了技术成果产业化（张金青，2007；常前发，2010）。2007 年，新疆建成投产了年产量达 20 万平方米的尾矿微晶玻璃生产线，标志着尾矿制备微晶玻璃技术成果的产业化（雷力等，2008）；2013 年，吉林延边州汪清县华鑫矿业有限公司，启动了 180 万平方米生产规模的尾矿微晶玻璃材料项目的建设（北极星固废网，2015）。截至 2017 年 3 月，我国已有 6 家企业先后投资建厂，利用铁尾矿、钼尾矿、金尾矿、铅锌尾矿、锂辉石尾矿生产微晶玻璃，有关矿山选厂的尾矿利用率达到 30%~60%（张金青，2017）。

（4）制备装饰面砖。江苏梅山铁矿利用尾矿砂作原料，烧制无釉装饰面砖，每年处理尾矿 4000t，生产规模超过 10 万平方米（雷力等，2008）。马鞍山矿山研究院利用齐大山和歪头山铁矿的细粒尾矿，加入少量的胶凝材料，采用二层（基层、面层）做法，加工成装饰面砖（西安矿源有色冶金研究院，2020）。

（5）制备陶粒。利用尾矿配合其他辅料混合搅拌成球烧结制备的陶粒，可应用于建材、绿化材料等（孙旭东等，2020）。例如，段美学等（2014）以黄金尾矿和粉煤灰为原料制备陶粒，相关指标符合建筑陶粒要求。张其勇等（2018）以火山灰和金尾矿为原料制备轻质陶粒，相关指标满足人工轻集料的要求《轻集料及其试验方法》（GB/T 17431.1—2010）。目前，尾矿制备陶粒大多处于试验阶段，距离其产业化应用尚有一段时间。

（6）制备地聚物。利用各类尾矿制备地聚物，国内外已有大量学者做了相关研究。例如 Tian 等（2020）将铜尾矿与粉煤灰、水玻璃粉末、氢氧化钠按质量比 9：1：1.82：0.46 进行混合后，加水制备地聚物，养护后的最大抗压强度可达 36MPa。Lemougna 等（2020）将锂尾矿作为主要原材料，加入一定量偏高岭土作为铝质校正材料，再混入固体硅酸钠粉末搅拌均匀，得到地聚物反应前驱体，养护后抗压强度可达到 45MPa。虽然尾矿制备地聚物的试验研究取得了一定的进展，但其实际应用目前报道较少（佟志芳等，2021）。

整体而言，利用金属尾矿制备建筑材料，可以实现金属尾矿的整体利用，虽然部分已经得到产业化应用，但是还存在以下问题：

1）传统建材产品普遍存在附加值低的问题，加之运输成本高、销售半径有限，且大多数尾矿库位于偏远山区，严重限制了尾矿制备传统建材的大规模应用（敖顺福，2021；孙旭东等，2020）；制作新型建材虽然附加值相对较高，但生产成本一般也会相应升高，而且工程化应用技术要求高，因而实际应用目前还相对较少（敖顺福，2021；潘德安等，2021）。

2）金属尾矿的化学成分相对复杂且差异较大，对所制备建材的强度、耐腐蚀性及寿命等有着不同程度的影响，因而限制了金属尾矿的掺入量，甚至直接否定了某些尾矿制备建材的可能性。例如，《用于水泥和混凝土中的铁尾矿粉》（YB/T 4561—2016）、《加气混凝土用铁尾矿》（YB/T 4774—2019）、《路面砖用铁尾矿》（YB/T 4775—2019）、《免烧砖用铁尾矿》（YB/T 4776—2019）等行业标准（舒敏等，2021），对用于建材原料的铁尾矿中的 SiO_2、全铁、氧化钾+氧化钠、硫化物与硫酸盐、氯化物、放射性元素等化学成分的含量，以及颗粒级配、压碎指标等物理指标，均给出了明确要求。若尾矿达不到这些指标要求，则通常需要添加其他原料来调节整体成分，由此使得尾矿的建材化生产工艺不具有普适性，同时也限制了尾矿的减量化利用程度（路畅等，2021）。例如，以某低硅铁尾矿制备高强度烧结砖时，需添加 50%～65%的黏土和煤矸石，才能确保产品符合国家标准（GUO et al.，2012）；将帕加马金尾矿用作砂浆骨料制备水泥砂浆，仅仅当金尾矿掺量为5%时，产品的抗压和抗折强度才能达到比较好的效果（KUNT et al.，2015）。

3）金属尾矿中普遍含有丰富的重金属元素、放射性元素、选矿药剂等有害组分，在烧制建材过程中，一部分硫、砷、汞等元素会形成有害气体化合物随尾气排出，污染空气；不易挥发的其他有害组分则会进入建材产品中，并随之从人口稀疏区迁移进入人口密集区，扩大潜在污染危害范围与影响程度。例如，建材产品在使用期间，经长期风化或与水接触，可能会释放这些有害组分（BANDOW et al.，2018；PARK et al.，2019）。有研究表明，城市下水道系统中高达50%~80%的重金属来自屋顶和街道的径流（BOLLER，1997）。再如，利用某尾矿代替建筑用砂制作水泥砂浆和砼建房后，居住在该类房屋中的人都会患有同一种疾病而无法解释（颜学军，2005）。目前已经有很多专家在研究利用尾矿制备建材时，考虑到了重金属的迁移固化问题（何哲祥等，2015；周伟伦等，2021），但固化条件大多处于碱性条件。一旦长期处于酸性条件下，大多数重金属元素的溶解度会增大，形成易溶性化合物（李晓艳等，2020），进而迁移进入周边水土造成污染。此外，实验室条件下的重金属浸出条件，与实际情况根本没有可比性（BANDOW et al.，2018），在复杂多变的自然大气条件及其他因素的影响下，即便酸性条件不存在，建材中的有害组分最终也会浸出（ALMEIDA et al.，2020）。更为可怕的是，如果按建材指标，有些尾矿可以用于制备建筑材料，然而有害元素对人体的影响具有累积作用效应，短期间虽然影响不大，但长期影响是无法预估的。尤其是有多个有害元素同时出现时，其综合影响作用，目前几乎没有研究过。

1.2.2.3 采空区回填

将尾矿用作矿井充填材料，也是其减量化利用的有效途径之一。充填采矿法可分为干式充填法、水砂充填法、胶结充填法三类（王湘桂等，2008），但本质上总的目的是一致的。早在1930年，霍恩矿山公司首次采用磁黄铁矿尾砂和炼铜炉渣干式充填取得成功；20世纪50年代，国外开始采用水力充填法；1962年，加拿大Frood矿首次采用尾砂和水泥胶结充填法；20世纪70年代，尾砂胶结充填工艺开始逐渐在世界各国矿山推广应用（万海涛等，2009）。例如，苏联阿齐赛公司在20世纪90年代便已建成充填能力30万立方米的尾矿胶结充填系统，其每立方充填料的组成为：尾矿1550~1660kg、400号水泥100~120kg、水400~420kg，料浆浓度80%~83%（胡际平，1990）。

20世纪70年代末，德国普鲁赛格金属公司创造了全尾砂膏体泵送充填的新工艺，并在德国、奥地利、南非、加拿大、美国和澳大利亚的一些矿山得到推广应用（刘同有，2001；谢本贤等，2000）。例如，加拿大Doyon金矿将60%的尾矿用于制备膏体充填材料回填采空区，其余 40% 的尾矿则排放堆存在尾矿库中（BENZAAZOUA et al.，2008）；赞比亚谦比希铜矿于 2015 年 6 月开启了膏体充填系统建设工作，并于 2019 年 12 月成功投入使用，实现了在充填浓度 70% ～72%，实际灰砂比 1∶8.6 的情况下，28 天充填体强度大于 1MPa（张兵等，2021）。

我国矿山充填也大致经历了干式填充、水力填充、胶结填充以及膏体填充四个阶段（阳京平，2021）。目前，我国矿山主要采用低浓度分级尾砂胶结充填、全尾砂高浓度胶结充填以及膏体、似膏体充填等充填工艺（王贤来等，2011）。如山东三山岛金矿浮选尾矿经过旋流器分级后，细粒级进入尾矿库，粗粒级进入充填砂仓，用于井下充填，可利用消纳尾矿约 25 万吨/年（刘志远等，2014）；福建西朝钼矿投入尾砂胶结充填系统后，尾砂利用率达到 40% 左右（邓代强等，2016）。福建悦洋银多金属矿采用全尾砂胶结充填坑洞，每年可消纳尾砂约 28.4万吨，占年产尾砂总量的 45%（吴连贵等，2019）；青海锡铁山铅锌矿选厂尾砂年产量约 80 万吨，应用全尾矿砂胶结充填坑洞每年可消纳尾矿砂 43.7 万吨，占比约 55%（朱明等，2021）。广东凡口铅锌矿和长沙矿冶研究总院合作，共同开发的高浓度全尾矿胶结充填工艺，使尾矿的利用率高达 95% 以上（张保义等，2009）。金川集团在我国率先开展了尾砂膏体充填技术的引进、研究、建设和工业化应用，历经多年的技术攻关和系统改造，实现了正常生产（杨志强等，2014）。会泽铅锌矿、白音查干多金属矿、武山铜矿等矿山，也相继将尾砂膏体充填技术投入生产应用（敖顺福等，2016；郭雷等，2017；刘海营等，2020）。

利用尾矿充填采空区既可以解决矿山充填骨料来源，又能够帮助解决尾矿排放问题，且具有就地取材、原料丰富的特点（陈宇峰等，2004）。然而由于现阶段大多数矿山采用尾矿与其他辅助材料按比例混合后进行充填（张小永等，2021），致使尾矿用作充填材料的减量化程度有限。从以上实例可以看出，将尾矿用作充填材料的利用率一般在 40%～60%，其他一半左右的尾矿仍旧无法利用而排放堆存；个别矿山虽然能达到更高的利用水准，但是未必能减少尾砂的排出流量。例如，西藏甲玛铜多金属矿选厂尾砂的浓度为 20% 左右，排放量为 1443m³/h，全尾砂高浓度充填系统工艺方案，可将其中 320m³/h 流量的尾砂浓缩至浓度为 64%～66%，用于制备充填浆料，尾矿利用率约 72%，但是其余 1123m³/h 流量的低浓度尾砂则仍需排放到尾矿库（许文远等，2015）。除此之外，由于地下采空区的空间有限，用于回填尾矿、废石等矿山固体废弃物的体量实际是一定的，回填了尾矿，也就意味着等量的废石将无法回填利用而在地表排放堆存，他们的组分与尾矿除了其中没有选矿药剂外，基本没有差别。

由于尾矿是随采矿过程迁移到表生环境，再经选矿过程破碎成极细颗粒，其中的重金属硫化物极易在此过程中氧化转变为硫酸盐，因而溶解度急剧提高。即便将尾矿制备成充填体材料，其中的硫化物矿物也能很快被氧化，致使某些污染性组分的溶解度增大（BENZAAZOUA et al.，2008）。当尾矿充填材料回填到采空区后，其中富含的重金属元素、放射性元素、选矿药剂等有害成分，在长期淋滤和浸泡下，必然会溶解进入地下水，污染地下水土环境（张彪等，2015；杨昌志，2020），由于下渗影响范围隐蔽性极强，甚至无法预知其危害影响程度及范围。例如，印度某铀尾矿制备为充填材料回填采空区后，会使得氡的析出率明显升高（MISHRA et al.，2014）；楚敬龙等（2020）针对岩溶区某锰矿尾矿回填区渗漏污染地下水问题进行了数值模拟预测，在 30 年模拟期内，将有 9 个分散式居民饮用水井及泉水受到污染。此外，将尾矿用作坑洞充填材料成本也很高，建一座中型尾矿回填装置，动辄几千万元甚至上亿元的建设费用，尾矿回填过程中还要增加大量的成本，很多矿山企业根本承受不了如此高昂的成本投入（赵晖，2019）。除此之外，尾矿用作充填材料附加值非常低。因此，这种尾矿利用方式毫无经济效益可言，只有投入没有产出。尾矿用作充填材料实质上是将尾矿由地面堆存转化为地下堆存，其中残留的有价组分基本不可能再得到回收利用，将造成资源的永久性损失（敖顺福，2021）。

1.2.2.4　复垦

复垦技术是尾矿资源化综合利用与环境治理的一个重要途径，包括尾矿覆盖、排水系统建立和植被恢复（JORDAN，2009）。一般情况下，利用尾砂很难完全代替农田土壤，但在充分掌握尾砂的组分特征基础上，依据当地高产农用地的土壤实测组分及理化性能指标，加以适当的改造，可以取得成功。例如，Roy 等（2012）研究了印度 Kolar 金矿尾矿、周边农用土壤及二者不同比例混合物的物化性质，并提出了适宜该尾矿库复垦与环境治理的物种；Luna 等（2018）通过对复垦土壤基质施加城市污泥、堆肥等改良剂和砾石、木屑等地表覆盖物，来提高复垦土壤的有机质含量和增加地表粗糙度。从 1990 年起，美国矿业总署联合一些矿业公司，对明尼苏达州东北部矿区尾矿的营养结构，进行科学系统的调整，通过加入含水率高、富含有机质的农家堆肥物、纸浆等以改善其成分与结构后，将其作为复垦土来种植紫花苜蓿、草木樨和各种牧草（程琳琳等，2005）；目前，德国、俄罗斯、美国、加拿大和澳大利亚等国的矿山土地，复垦率均在 80% 以上（刘玉林等，2018）。

我国矿山在尾矿库复垦方面也取得一些实践成果。例如，迁安铁矿和遵化县铁矿所在公司，先利用尾矿直接在滦河荒滩上排放，然后在其表面覆盖 25~30cm 的亚粒土，如此方式造田数十亩（夏平等，2006）。截至 2019 年 5 月，云南磷化集团累计恢复治理面积 4.91 万亩，投入资金 10.02 亿元，可复垦土地植被率 96%（杨进平等，2020）。西石门铁选厂在利用尾矿进行沟壑局部充填基础上，进行人工造田达 1000 余亩（李江等，2005）；浙江省遂昌金矿有限公司对尾矿库进行了复垦处理，办法是在其表面覆盖了 30cm 以上的耕土，最终形成了 40 余亩耕地，并种上了金银花、金针菜等中药材和农作物（王陈颐，2012）。

复垦可以在一定程度上修复个别尾矿库的生态环境，但由于绝大多数位于山区，而山区土源十分缺乏，所需的复垦土往往需远距离运输，成本很高。例如，我国贵州省素有"天无三日晴，地无三尺平""八山一水一分田"之说，其高原丘陵居多，占全省地貌面积的 92.5%；显然，该省份的尾矿库若要复垦，土源难寻就是一大问题。

其次，复垦并不能改变尾矿库作为生态环境"化学炸弹"的本质，尤其是在水的循环作用下，尾矿中的重金属元素会反渗进入上覆土壤中，导致重金属元素通过尾矿—覆土—作物后进入食物链，危害人体健康乃至生态系统。例如，陕西凤县河口镇铅锌尾矿复垦区的农作物中 Pb、Cd 等重金属元素含量均严重超标，且超标倍数与尾矿库复垦的时长是正相关（马红艳，2007）；大脚岭铅锌尾矿库复垦后，复垦土中的重金属含量严重超出国家土壤环境质量标准，尤其在复垦土层与尾砂层交界面处，重金属含量最高（邓红卫等，2015）；安徽某有色金属公司复垦尾矿库的复垦区及其下游耕地土壤中，铜含量均超出农用地的筛选值标准（左正贵等，2019）。

此外，尾矿库复垦后仍旧面临坝体稳定和渗流两个关键的安全隐患问题（RYKAART et al.，2002），且尾矿中的有价资源在复垦过程中也没有得到回收利用，仍然存在资源浪费问题。

1.2.2.5　其他利用途径

（1）制作肥料及土壤改良剂。尾矿中通常含有多种农作物生产所需的有益元素，如铁、锌、钾、钙、镁、锰、钼、钒、硼、铁、磷等，因此可将尾矿加工制作成农业用肥料（王运敏等，1999；敖顺福，2021）。此外，钙元素含量较高的尾矿可作土壤改良剂（曹健等，2009），用于缺少有关元素的土壤中，改善其质量。例如，在对河北宣化地区铁矿尾矿、含钾页岩、膨润土矿尾矿及炼铁炉渣的化验检测基础上，结合逐鹿实验农场的试验发现，这些工业固体废料，在矿物组分（如石英、长石、蒙脱石、伊利石、绿泥石、方解石铁矿物等）、化学成分，乃至农用微量元素方面上，都可作为本地土壤改土造田辅料。马鞍山矿山研究院利用磁选尾矿生产磁性复合肥料，用来改善土壤的质地、孔隙状况和透气性（典助，2016）。河南栾川投资 3 亿元用于钼尾矿无害化处理农用技术，年生产缓释肥 60 万吨、土壤调理剂 40 万吨，综合效益达 6 亿~7 亿元（刘玉林等，2018）。

尾矿制备肥料、土壤改良剂，通常生产工艺较为复杂，且成本较高，产品需求量也普遍较小，因而实际生产应用量并不多（敖顺福，2021）。此外，尾矿中富含选矿药剂、重金属元素和放射性元素，制备成这些产品改善土壤的同时，也极易造成新的污染。例如，孙蓟锋等（2017）在研究不同原料制备的土壤改良剂中的重金属元素含量及不合格率时发现，在 8 个钼尾矿制备的土壤改良剂中，竟然有 4 个样品出现重金属超标情况；将某钼矿渣制备的肥料添加到种植小白菜的土壤中，当添加量大于 5% 时，小白菜幼苗中的砷、铅、镉积累量明显提高（CHEN et al.，2019）。以上种种原因及问题，导致尾矿无法大量用于制作肥料及土壤改良剂，而且有明确的选择性。

（2）制备水处理材料。一些尾矿具有吸附、络合、交换等性能，因而可将其直接或适当加工后，作为吸附剂应用于废水处理。例如，尾矿可吸附废水中的 Cr^{4+}（刘倩等，2016；WANG et al.，2008）、Pb^{2+}（XIONG et al.，2020）、Zn^{2+}（檀竹红等，2007）、Cr^{3+}（檀竹红等，2008）、Cu^{2+}（陈俊涛等，2009；CHERO-OSORIO et al.，2021）、U^{4+}（范燕青等，2016）、Cd^{2+}（JIANG et al.，2015）、Co^{2+}（胡春联等，2015）等重金属和放射性核素（胡春联等，2018）以及碱性品绿（戴琦等，2012）、亚甲基蓝（胡春联等，2015；MENG et al.，2022）。一些富含石灰石、白云石、方解石和大理石等碱性矿物的尾矿，可用作中和剂来中和酸性废水。例如，菱镁矿的尾矿可用于治理金矿开采过程产生的酸性矿山废水（MASINDI，2016）；国内某难处理金矿加压氧化厂排放的酸性废液可以利用尾矿资源替代石灰石进行两段中和，尾矿用量为 1200kg/t 金精矿，单吨矿的中和成本可降低 46.9 元，年节支 700 多万元（蔡创开等，2018）。此外，一些富含铝、铁的尾矿，也可用于制备聚合氯化铝、聚合氯化铝铁、聚合硫酸铝铁等类型的絮凝剂（纪丁愈等，2021；ALMEIDA et al.，2020；刘三军等，2020；李智等，2004）。

尾矿制备水处理材料是一种以废治废的手段，效果也不错。但由于尾矿中富含选矿药剂、重金属元素和放射性元素等有害组分，制备水处理剂时必须考虑其不能超标，否则，在进行水处理时极易引起新的污染，这也从另一个方面说明，不是所有的尾矿都可以用作水处理剂。例如，使用尾矿吸附废水中的 Cu 离子时，尾矿中的 Pb、Zn 等重金属离子，会有部分溶解到水中（CHERO-OSORIO et al.，2021）。因此，尾矿制备水处理材料的实际应用并不多。

1.2.2.6 尾矿处置利用中存在的不足

综上所述，虽然近几年我国尾矿综合利用的发展势头强劲，取得了一定成绩，但国内外现有的尾矿治理措施和资源化途径方面，主要存在以下问题或不足。

（1）方法技术缺陷明显，尾矿资源化利用率低。国内外现有的金属尾矿治理和资源化技术，仍然是筑坝封存、矿山坑洞回填、封库复垦（种植、养殖）、二次选矿、制备肥料和土壤改良、制备建材（水泥及建筑用砖参料，建筑骨料、人造石材和砂料、微晶玻璃和陶瓷等）等方法。这些技术存在对尾矿组分有各种要求或限制、资源化利用率极低、二次固废排放量大、减量化效果差、资源化价值不能充分发挥、治理不彻底、潜在安全隐患大等各种缺陷，导致尾矿资源化率还不足 8%。

（2）既不能从根本上消除污染，也无法取得经济效益。例如，用于制备建材或用于采空区的坑洞充填，是目前尾矿综合利用的主要方向，消化、利用量也最大，但经济效益极低，甚至只有投入没有产出。其中，制备建材，不仅产品附加值低，因其远离作为主要消费市场的城镇地区，仅就产品运输半径过大、运输成本高这一因素，导致生产效益低下而削弱了其市场竞争力；将尾矿用作坑洞充填材料，不仅处置成本高，而且没有创造任何经济效益，更是严重的资源浪费。影响企业发展和生存的技术，必然缺乏生命力，更无从谈及社会效益的发挥。

1.2.3 我国金属尾矿资源化利用现状及存在的问题

1.2.3.1 金属尾矿资源化利用现状

我国金属尾矿资源化利用情况如表 1-6、图 1-8 所示。从尾矿的利用率来看，2009 年，我国尾矿总的利用率仅为 13.34%，而到 2015 年时，总利用率已增加到 19.68%，基本完成了《金属尾矿综合利用专项规划（2010—2015）》中对尾矿利用率的要求；至 2019 年底，我国尾矿总利用率进一步增加至 32.47%（工业固废网，2019）。

表 1-6 2009~2019 年尾矿综合利用情况

年份	年排放量/亿吨	年利用量/亿吨	累计堆积量/亿吨	利用率/%
2009	10.33	1.59	119.30	13.34
2010	11.75	2.18	131.05	15.65
2011	13.12	2.69	144.17	17.01
2012	13.07	3.14	157.24	19.37
2013	13.37	3.12	170.61	18.92
2014	15.19	3.38	185.80	18.20
2015	14.20	3.48	200.00	19.68
2016	12.88	3.58	212.88	21.75
2017	12.59	3.57	225.47	22.09
2018	8.76	3.35	234.23	27.66
2019	8.59	4.13	242.82	32.47

数据来源：全国矿产资源节约与综合利用报告（2014—2020）；中国大宗工业固体废弃物综合利用产业发展报告（2018—2019）。

总体来看，我国尾矿利用率保持上升趋势，且增加速率逐年加快。其中，

2018 年增幅最大，同比增加 25.22%。然而，从尾矿的绝对利用量来说，2009~2012 年，我国尾矿利用量逐年增加，但增加幅度却逐年降低；2012~2018 年，尾矿综合利用量一直保持在 3.1 亿~3.6 亿吨/年的水平，基本未发生变化；2019 年，我国尾矿年利用量上升至 4.1 亿吨，与 2018 年相比，利用量也仅增加了 0.7 亿吨。也就是说，我国尾矿利用率虽然有所提高，但并不代表利用量提高。从利用的绝对量上来看，每年尾矿利用量的变化并不大，也就是说由限产等因素所致，逐年产生的尾矿量在不断减少，才换得相对利用率的提高。这一结果表明我国尾矿综合利用途径、水平、市场容量和技术的变化基本不大，尾矿综合利用企业并无明显增加。

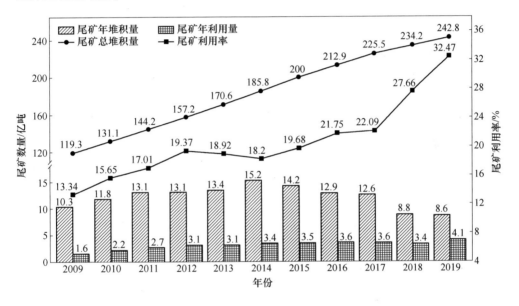

图 1-8　2009~2019 年尾矿排放、堆积及利用情况

（数据来源：全国矿产资源节约与综合利用报告（2014—2020）；中国大宗工业固体废弃物综合利用产业发展报告（2018—2019））

1.2.3.2　金属尾矿利用中存在的主要问题

虽然近几年我国尾矿综合利用的发展势头比较强劲，取得了一定成绩，但不得不承认，尾矿的综合利用率还很低，尤其不可忽视的是能产出高附加值产品的尾矿资源化技术极少。分析其原因，认为根本问题主要体现在以下五点。

（1）仅仅知道金属元素利用价值高，忽视了其中的硅、铝等其他主量元素的高附加值利用。因尾矿中金属元素组分含量一般不高，且矿物粒度细、嵌布复杂，富集程度也发生了变化，用矿山正在使用的选矿工艺和设备，已经很难再取得好的选矿效果。此外，即便从尾矿中回收个别有价金属元素也有一定效益，但始终无法从根本上减少尾矿的体量。因此，仅仅回收利用其中的有价金属元素，尾矿占用土地、破坏和影响环境的问题始终不能得到根本解决。

（2）绝大多数矿山企业及政府部门观点陈旧、墨守成规，不仅仍把尾矿当作废物看待，更不愿为尾矿综合利用研究投资，以至于个别矿山闭坑以后，仍然存在大量尾矿的堆积问题，并出现"端着金饭碗讨饭"的现象。尤其是伴随近几年限排力度的加大，一些矿山企业，由于无法解决矿山的堆存排放问题，干脆"关门大吉"，由此带来很多后遗症。因此，加快金属尾矿整体利用新技术的开发研究，成为解决尾矿大量堆存十分紧迫的问题。例如，20 世纪 70 年代，粉煤灰和煤矸石被煤矿企业视为难以处理的垃圾，矿主们为躲避罚款，需要花钱雇人将其运走。而今，经过科研开发，当初的"垃圾"成为铺筑高速铁路、烧砖、发电的上好原材料。不但解决了占地、污染等问题，且还能获利。因此，只要有先进、成熟的技术和相应的市场需求，完全可以实现尾矿的有效治理、资源化与高效利用。

（3）近几年国家和社会虽然对矿山的生态环境保护、安全管理等方面的要求十分严格，抓得非常紧，但是由于矿山企业对尾矿的潜在经济价值认识不足与关注短期利益，对科技开发研究的投入资金少，而且与科研单位的联系也不够紧密。加之相应的技术力量较为分散单薄，导致研究者不仅缺少充足的资金支持，更缺少实验条件。在这样的背景条件下，尾矿综合利用技术研究成果必然很少，而其中相对成熟的技术研究成果就更少。

（4）尾矿综合利用研究近几年才得到逐步重视，且大多数技术还处于实验室研发阶段。因此，除了现有的一些用于制备各类建筑材料、充填材料、转化为耕地等低效的整体利用技术，以及二次回收有价元素技术之外，几乎再没有产生其他新的资源化利用技术。而现有的这些技术，普遍存在要么综合利用率较低、要么产品附加值普遍不高等问题。因此，要想实现对尾矿"吃干榨净"式的资源化利用，且能获得良好的经济效益，则需要另辟蹊径，开发专门的、新的工艺技术。

（5）缺少对尾矿基本特征的特定研究。金属尾矿有以下几个特点：高附加值元素组分含量一般不高，而且粒度细、嵌布复杂，富集程度也发生了变化；里边含有各类选矿药剂；排放堆积之后，其中的硫化物被氧化，并在雨水淋溶、酸化水和残留选矿废液的联合作用下，尾矿中的矿物会持续、长期地发生复杂的物理化学变化。因此尾矿的化学成分、矿物成分、赋存形式、分布及其物理化学性状等，与原矿石相比，区别较大。而以往，由于缺少对尾矿资源化利用的重视，以及受利用方法和利用途径局限性的影响，对揭示尾矿基本要素特征的前瞻性、基础性科学研究做得很少，包括各类尾矿化学成分、矿物成分、有用组分品位、储量（含金属和非金属）、赋存状态，及其与颗粒度的关系、分布规律，以及重金属及硫化物种类、含量、赋存状态及其在表生地球化学条件下的溶解、淀积和迁移规律，以及控制因素等的研究。

所以笔者认为，应全面开展金属尾矿综合利用技术的研究，包括对尾矿基本要素特征的研究、尾矿工艺特性的研究、利用途径的研究、主要组分的分离提取的新工艺技术方法的研究，以及制备微晶铸石、制备净水剂、微细硅酸等各类延伸产品的研究。目的是找出不同尾矿间的共性，利用其共性点开发其大宗高效、高附加值利用的新产品的工艺技术。

1.2.3.3 金属尾矿综合利用技术发展趋势

党的十八大报告指出，节约资源是保护生态环境的根本之策。我国大批选矿厂、冶炼厂排放出的固废物，蕴含着大量的、具有较大潜在经济效益的多种物质。提高这些固体废弃物的利用程度、利用效益、利用品级，既是环境保护和治理的有效措施，也是资源利用和获取经济效益的有效方法。因此，开发尾矿的资源化利用新技术是主基调。

金属尾矿综合利用技术发展的基本趋势应该是，实现金属尾矿整体利用量的最大化，工艺与技术的环保一体化；综合利用工艺技术也会根据金属尾矿类型、性质特点而具有较强的针对性。整体上体现出金属尾矿利用率高、产品附加值高、经济效益好的特点，并从核心上体现减量化、无害化与资源化。

（1）逐步加强金属尾矿的基本特征研究。现代测试技术为不断发现和利用金属尾矿的新性质、新用途提供科学基础。国家的核心竞争力集中体现在创新力和生产力；企业的竞争力集中体现在产品的差异性、特殊性和不可替代性。与原矿石相比，金属尾矿更为复杂，而目前由于对其高附加值资源化利用率很低。因此针对金属尾矿的物质组成、微量元素特征及工艺矿物学特征的研究开展得很少，必然影响对金属尾矿基本特征的深入了解和掌握，由此限制了尾矿资源化利用方法、途径及技术的开发。针对金属尾矿的工艺矿物学特征的研究主要包括：1）金属尾矿的物质组成及微量元素特征；2）金属尾矿的矿物组成（查清金属尾矿中所有矿物种（亚种）属；判明各主要矿物成分的变化规律；确定各组分的含量）；3）金属尾矿中的矿物粒度结构及相互关系分析；4）金属尾矿中元素的赋存状态（元素在金属尾矿中的存在形式，及其在各组成物相中的分配比例）；5）矿物在各关键工艺技术过程中的性状及变化（矿物在生产工艺中受到一定的物理或化学作用时，所呈现的状态形式的改变，包括烧结熟料、水浸残渣等）；6）矿物工艺性质改变的可能性和机理；7）矿物的工艺性质与元素组成和结构的关系；8）金属尾矿加工前的表生变化（尾矿库中由物理、化学作用产生的改变）。

尤其重要的是，开展金属尾矿的工艺矿物学研究，不仅是一项需要开展的基础科学问题，而且是通过上述有关内容的研究，为分析确定金属尾矿的综合利用价值、利用方式、利用途径以及开发相应的工艺技术方法提供科学依据，并由此指明金属尾矿的合理利用途径，从而使尾矿能够被高效分离和提取，从根本上提高其资源综合利用率与利用价值。

（2）基于尾矿资源化利用为目的的矿床学、矿床地球化学及冶金学研究。利用矿床学和矿床地球化学等地球科学理论，详细研究矿山固体废弃物的岩石学、矿物学、地球化学特征，由此可以进一步查清废弃物中矿物、元素的分布、赋存状态及演化机理。在此基础上，与冶金学理论的结合，可以为尾矿进一步综合利用研究提供新认识、新思路。

（3）金属尾矿的综合利用新工艺技术是重点开发对象。金属尾矿不仅不是负担，有时甚至还是抵抗市场风险的财富。例如，当钼矿价格下跌的时候，能够综合回收白钨的企业效益就好起来了；伴生萤石价格的上涨，可大幅度抵消铅锌价格、稀土价格下跌带来的对铅锌矿和稀土矿开发的影响；一些矿山主矿种在不同经济时段，由于矿产品价格的变化会不断变化，一些混合精矿分离的技术路线也可能随着新产品的开发，转而在化工冶金阶段分离制备不同的产品而得到全面回收利用。尾矿开发利用，具有上述类似特征，会有很多利用方向，需要具体问题具体分析，针对不同的尾矿资源，采取不同的利用方式和方法，最大化利用其价值。因此，金属尾矿的综合利用工艺技术的重点开发，可实现合理高效地利用金属尾矿，甚至会促使现有的一些低品位矿山逐步退出开发，由此减少资源浪费和环境污染，乃至扭转现有矿业格局。

（4）开发提高资源利用效率关键技术。体现国家的生产力和生产率的基础是关键技术。实现产品的差异性和不可替代性的前提也是关键技术。科技的目的就是发现和利用差异性，实现创新，开发独有技术、关键技术。借助新技术、新工艺、新设备，才能提高尾矿的资源利用率，提高尾矿的资源化价值，提升产品附加值，乃至延长金属尾矿产品的产业链，促进金属尾矿资源化利用新产品开发的攻关，实现从金属尾矿原料到资源化利用新产品的实质性突破和升级。而实现金属尾矿的就地资源化利用新产品的生产，将成为大型矿业集团的重要方向之一。例如可借鉴金川公司利用矿产品就地生产微米级羰基镍铁粉、微米级羰基铁粉、太阳能真空镀膜、草酸钴、硒粉、四氧化三钴等，借鉴栾川钼业利用矿产品就地生产钼丝、钼粉等，这些工作实际具有承接产业转移和提升矿山竞争能力的双重效果（冯安生，2013），同时也是抵抗国际因地缘政治变化对关键矿产资源供给的影响。事实上，现代科技从航天到深潜、从光伏发电到石墨烯、从微电子到光通信，无不涉及矿物材料或制品，并且绝大部分与关键矿产资源密切相关。而矿产的综合利用，就包括尾矿的资源化利用，并占有很大比例。因此，尾矿资源化利用需要尽快从以往只重视二次回收高附加值元素、亦或是用量虽然大但附加值不高的传统路子中走出来，努力向绿色、高效、高附加值、整体利用量大的途径方向大胆地探求迈进。因此，开发处置利用量大、投资少、附加值高、产品售路好的尾矿处置利用的新技术和新途径，是金属尾矿利用的基本发展方向，是将来解决战略性关键矿产资源短缺问题的关键。

（5）实现金属尾矿的高效大宗量、高附加值处理利用。如何实现金属尾矿的高效大宗量、高附加值处理利用，是一个世界范围内亟待解决的环境治理问题。我国在尾矿利用方面起步虽然较晚，但党的十八大以来，为贯彻落实建设生态文明、推动绿色发展的精神，在一些高等院校和矿山企业的努力下，金属尾矿资源化利用技术虽然取得了较大的起步，但远不能满足绿色发展与生态文明建设的需要。尤其是与国内其他领域工业固体废弃物的利用水平及国际先进水平相比，存在着较大差距。面对我国金属尾矿存量多、排放量大、利用率低的问题，大多仅仅限于有价元素回收的问题，开发的产品附加值比较低的问题，以及开发出的高档建材产品如微晶玻璃等，由于受生产成本、交通运输等因素制约，在市场中缺乏竞争力的问题等，只有使大量的尾矿得到利用，同时注意在尾矿利用的过程中避免二次固废或污染的产生，并能够取得良好的经济效益，才能有效减少尾矿对环境的危害，起到保护环境和治理环境的效果。因此，积极探索金属尾矿的高效大宗量、高附加值处理利用关键技术及装备的开发，是实现矿山环境治理、发展绿色生产力、保障企业可持续发展的技术需要。

（6）努力实现金属尾矿的最大化地高质高效利用。国外对尾矿的利用是全方位的，既关注回收有用组分，提高矿产资源利用价值，也关注实现无尾化、生态化。对有用组分的提取，既考虑金属组分，也注意非金属组分，如土耳其从铁尾矿中选钾长石（陈虎等，2012；张锦瑞，2002）；加拿大、美国等国也从尾矿中选出石英等非金属矿物，利用其特殊性能进行深加工，制成高附加值产品，如功能陶瓷、复合陶瓷等（程琳琳等，2005；周永诚等，2009）。面对我国尾矿类型多、组分差异大，而现有资源化利用方法技术、利用途径、产出的产品却相对传统、单一等问题，将会逐步拓展新思路，并会根据金属尾矿类型、性质特点而开发出具有强的针对性的综合利用工艺技术，努力实现金属尾矿的最大化的高质高效利用。

（7）构建并形成多种废渣循环利用链条。根据废渣的性质特点，通过合理产业布局与技术创新，突破各种尾矿、废渣循环利用的关键技术环节；构建多种尾矿、废渣的循环利用链条，实现不同产业多种废渣的交互循环利用（樊琳翠，2018；冷启超，2016）。

（8）潜在危害物质的回收利用。砷等化合物在通常概念下是剧毒物质，即俗称的砒霜。砷化物无论是在水中还是在大气中，都有强烈的毒理作用，但是目前的砷化物回收技术还有待提高。然而砷也有许多用途，包括合金材料、农药、除草剂、杀虫剂等。因此，金属尾矿资源化综合利用过程中，这些具有潜在危害的物质，必然会在某个工艺过程环节中加以回收，甚至不能仅停留在回收水平上，还可以提取单质砷、生产光敏半导体材料等，也转化为高附加值产品。只要能开发出合理的工艺技术，做到化害为利，在经济效益上就会得到回报。

(9) 尾矿技术监督标准逐步得到建立和落实。资源节约与高效利用作为国策，必然要求尾矿开发利用从行政管理逐步走向技术监督与行政管理相结合。抓好技术监督是人们追求健康生活质量的必然，而且也有发达国家可资借鉴的实践。以加拿大油砂尾矿处置为例，在国家层面上就明确规定具体的技术监督措施：在尾矿排出的第 1 年、第 2 年和第 3 年，液相尾矿中的−325 目固体颗粒最小沉积量，需每季度检测报告一次；尾矿沉淀后表面确实达到满足交通条件（前1 年不排水抗剪强度大于 5kPa，然后去除不合乎要求的沉积物，沉淀停止 5 年后尾矿具有足够的强度、稳定性和结构满足交通的要求，要进行静力触探试验，不排水抗剪强度必须大于 10kPa，相关数据必须检测和形成年度报告等）（冯安生，2013）。随着人们资源节约意识和环境保护意识的增强，将会大大促进尾矿排放与处置的技术要求与监督机制的尽快制定和完善。

1.3 固废全量资源化综合利用新技术及基本特点

1.3.1 固废全量资源化综合利用新技术简介

笔者以为，传统的选冶方法，实质上是基于一种"沙里淘金"的思路，亦即通过各种物理、化学、生物等选冶手段，分离提取矿石中的个别有价金属元素或其化合物，使其成为高附加值产品，其余元素则仍然混合在一起无法利用，成为固废而被堆弃。由于有价金属元素种类和赋存状态的多样性，从矿石中提取不同的目标元素，需要采用不同的选冶方法。且受分离成本限制，只有当目标元素达到工业品位时，才能取得一定的经济效益。显然，绝大部分尾矿，无法满足这一条件，这便限制了传统选冶方法在处理利用尾矿的大规模产业化方面的引入与应用，更无法从根源上消除二次固废的堆存。

为解决大宗固体废弃物的处置及全量资源化问题，作者所在科研团队历经16 年的持续研究，开发出以催化剂为核心的固体废弃物全量资源化利用新技术。目前已获得国家发明专利 24 项，该技术可使尾矿等固体废弃物在低能耗、低成本条件下，将其中的主量元素、微量元素得到分离提取、转化为高附加值产品，成功实现对固体废弃物"吃干榨净"式的全量资源化利用。主要技术流程包括催化活化、水酸联合分步溶出、分离提取、原料循环利用四大关键工艺环节。总体流程上，首先分离提取尾矿中的主要组分（主量元素），并将它们转化为保水剂、水玻璃、净水剂、二氧化钛等产品；在此基础上，经过进一步递进式浓缩富集分离，得到稀贵金属矿粉等附加值更高的产品（图1-9）。

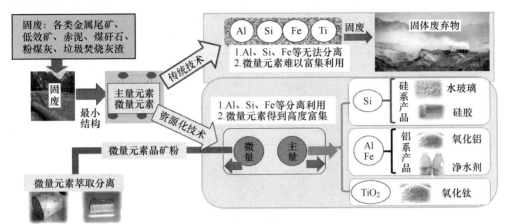

图 1-9 工艺技术对比图

彩色原图

1.3.2 技术优势与特点

该工艺的特点与优势主要体现在三个方面：

（1）观点新。传统冶金学认为，地球上常见的元素有数十种，由于价态不同而呈现上百种化合态。这些元素分布极不均匀，复杂的地球化学反应又导致各种资源存在形式的多样性（孙丰龙等，2020）。基于这一角度，矿种不同，冶炼技术不同。与此类似，不同的固废，治理技术不同。

而从地球化学的角度来看，所有的物质都是由主量元素和微量元素组成（蒋敬业等，2006）。基于此，笔者提出了冶金地球化学这一新认识。从地球化学与地质学角度，地球浅表层各类岩、矿物质中，通常主量元素 O、Si、Al、Fe、Ca、Mg、K、Na、Mn 等含量占主导地位，而微量元素相对占比很小，即便是各类金属尾矿、金属矿石，也仍然是以主量元素为主。当其经过选矿之后，剩余的尾矿中，其主量元素含量的占比会更高。这是笔者十多年来，对金属尾矿等各类固废物质组分，经过大量研究取得的认识。研究中同时发现，如果组成物质元素化合物的晶格结构和化学键受到破坏，其稳定性就会受到破坏，元素的活性就被充分释放，由此可实现元素的溶出、分离。

以地壳为例。地壳元素由主量元素和微量元素组成（表1-7），主量元素占比98.86%，微量元素占比则仅为1.14%。

在矿体中，绝大部分微量元素质量占比也很小，并分散镶嵌、赋存于主量元素组矿物之中（蒋敬业等，2006）。因此，无论是各种岩石，还是尾矿，乃至低品位矿，只要解决了其中 O、Si、Al 的活性问题，就可以解决物质组分分离的问题。而物质各组分一旦分离成为相对简单的纯净物质，就会跃升为高附加值产品，反之，如果混合在一起，就是固体废物，甚至对环境造成危害。

表 1-7 地壳主要元素组成

元素	含量占比/%	含量排序
氧	48.60	含量最多
硅	26.30	含量第二
铝	7.73	含量第三

地壳岩石的主要成分是硅酸盐。硅酸盐是由硅氧四面体 $[SiO_4]^{4-}$ 和硅氧双四面体 $[Si_2O_7]^{6-}$ 的阴离子团，单独或两者一起与团外阳离子结合成的化合物（李胜荣等，2008）。铝硅酸盐则是硅酸盐中，部分硅氧四面体 $[SiO_4]^{4-}$ 由铝氧四面体 $[AlO_4]^{4-}$ 取代形成的。针对 Si—O 键、Al—O 键结构特征开发的活化催化技术，可以破坏硅氧、铝氧四面体的化学键或金属离子配位键，进而破坏其化合物的稳定性，由此提高离子活性，实现元素的溶出分离。

（2）思路新。抛开了以往对低效矿、复杂矿乃至各类尾矿等固废处置利用中"沙里淘金"式的固有思维模式，另辟蹊径提出"取沙留金"式全量资源化利用的颠覆性思路。其中的"沙"就是主量元素，包括铝、硅、铁、钙、镁等；剩余的"金"是价值极高的微量元素，包括稀有、稀土、稀散、稀贵元素。如果主量元素、微量元素同时得到分离、转化为高附加值产品，就能实现难溶矿、低效矿、复杂矿及尾矿等固体废弃物的全量资源化利用，也由此就能够从源头上解决固废的大量排放与堆存问题，从根上消除污染源。

（3）技术新、产品附加值高。开发出可实现"取沙留金"思路的"催化活化技术"和工艺流程。该技术能够将尾矿等各类固废，以及目前无法利用的复杂矿、低效矿中的主量元素，在低能耗、低成本条件下，分离转化为成分相对简单的高纯度产品，获得高附加值。剩余物质中，由于主量元素已被分离，其余的微量元素必然得以高度富集、跃升为潜在价值极高的"精矿"。该技术对尾矿处置后的主要产品有：

1）主量元素：① 硅胶/硅微粉及水玻璃、保水剂等延伸产品；② 净水剂；③ 氧化钛等其他主量元素产品。

2）微量元素：含有稀有、稀散、稀贵、稀土等多种微量元素的复合稀贵金属"精矿"粉。

尤其是主量元素分离之后的稀贵金属"精矿"粉，对保障国家战略安全的一些关键元素的分离提取意义重大。

科研团队自 2006 年起的持续研究过程中，还先后对铝土矿尾矿、煤矸石、粉煤灰、赤泥、低品位矿、高锂黏土等 30 多种固体废弃物、低效矿、复杂矿，进行了全量资源化综合利用适应性试验和技术的延伸应用，并均取得实验室中试成功。尤其是 2016 年以来，针对低品位铝土矿及其尾矿、赤泥、赤泥配矿，开展的工业化试验取得圆满成功。工业化试验结果充分肯定了该项技术的先进性、工业化推广应用的可行性、实现固体废弃物全量资源化利用的环保意义与经济价值。

2021 年 12 月至 2022 年 4 月，研究团队又在汉中锌业有限公司，顺利开展了硫铁矿渣和烟化炉锌水萃渣全量资源化综合利用的工业化试验，同样取得圆满成功。试验结果表明，在仅仅需要相当于矿石冶炼五分之一温度（250℃）的条件下活化后，就能把水淬渣中的各主要组分吸纳分离、提取为有价产品，资源化利用率达 90% 以上，而且无"二次固废"排放，每处理 1t 水淬渣净赚 450 元以上，而且这还没有包括微量元素富集之后更为巨大的潜在经济价值的"富矿粉"。

2 试验目的、内容、方法技术

2.1 试验目的

在充分调研秦岭地区陕西段金属尾矿数量、类型、堆存规模、分布位置及现有利用情况的基础上，选择 17 处典型金属尾矿进行采样并对其化学性质进行研究。在此基础上，优选 1 处具有良好综合利用经济效益的金属尾矿，在实验室条件下，开展活化、浸出、分离、原料回收四个关键工艺环节的系统试验。据此成果，进一步优选出其他 9 处典型尾矿，开展综合利用试验，并对其结果做简要分析总结，为实现秦岭地区陕西段金属尾矿的全量资源化利用提供技术支持。

2.2 试验内容

（1）对秦岭地区陕西段金属矿尾矿进行详细调研，基本查明金属尾矿的数量，包括堆积量和年排放量，以及金属尾矿的类型和现有综合利用情况。在此基础上，筛选 10 处矿山尾矿进行实地调研，查明其尾矿现状。

（2）对采集的金属尾矿样品进行化学组成、矿物组成特征的分析测试，研究其基本特征，为阐释工艺试验机理，以及尾矿全量资源化利用的工艺试验方案制订提供基础依据。

（3）在明确尾矿基本特征的基础上，按照研究目的及基本试验原则，选取典型尾矿作为试验对象，并制订相应的尾矿资源化综合利用工艺试验方案。

（4）开展金属尾矿全量资源化新技术工艺参数试验及工艺条件的适应性试验，主要包括如下内容：

1）催化活化技术试验。通过系统的催化活化技术试验，确定最佳催化活化助剂、活化方式和活化参数，最终确定相应金属矿山尾矿活化阶段的最佳工艺技术，使该金属尾矿在活化温度低于 1000℃、活化时间不超过 40min 条件下，实现其得到充分活化，为后续各工艺阶段有关组分的溶出、分离提取奠定基础。

2）熟料水酸联合浸出工艺技术试验。该项试验包括熟料溶出采用的介质、液固比、浸取时间、浸取温度等工艺参数。通过浸出工艺技术试验，优选出最佳浸取剂，确定最佳浸出方式和浸取参数，获得最优浸取工艺参数。最终使该金属尾矿中的铝、硅、钙、铁等各主要组分实现充分的浸出。

3）分离提取工艺技术试验。分离提取试验包括铝、硅、铁、钙等各主要组分的分离。通过优化分离提取工艺和产品除杂工艺技术试验，确定出分离提取基本工艺参数。

4）原料回收利用工艺技术试验。通过优化原料、热能的回收和循环利用工艺，确定最佳的原料回收利用方式及工艺技术参数。最终实现在低能耗、低成本条件下的原料回收和循环利用。

通过以上内容的试验，最终使技术成果在能够实现尾矿全量资源化利用条件下，同时具有工艺合理、技术可行、生产成本低、经济效益好的优势，形成具有推广应用价值的金属尾矿全量资源化的一套系统完善的关键技术，为金属尾矿的大规模减量化应用提供技术支撑。

2.3 试 验 方 法

2.3.1 尾矿调研

采用室内文献、资料查阅和实地踏勘相结合的方式，对秦岭陕西段的尾矿展开位置、类型、堆存规模等相关内容的调研。

（1）室内文献资料查阅。通过查阅各类网络资料和相关书籍/文献，搜集整理秦岭地区陕西段金属尾矿库资料信息。首先利用 Google Earth 等地图软件，在研究区坐标范围内，搜索查询尾矿库目标物（图 2-1），统计其坐标位置及面积

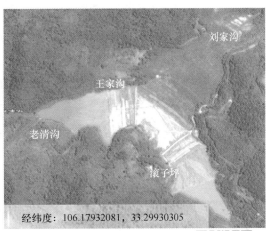

图 2-1 Google Earth 搜索到的尾矿库目标示例

彩色原图

大小，再根据秦岭地区陕西段矿业公司和尾矿库基本信息，确定搜集到的各尾矿库的类型及从属情况。在此基础上，查询确定有关公司或业主及其联系方式，并致电咨询尾矿堆存规模、现有利用及尾矿处理需求等情况。

（2）实地调研。在掌握秦岭地区陕西段金属尾矿库基本情况的基础上，筛选 17 处典型尾矿进行实地调研。筛选原则为：1）所选尾矿类型涵盖贵金属尾矿、有色金属尾矿、黑色金属尾矿三大类，且类型典型、全面、有代表性。2）所选尾矿分布位置分散、随机，所选尾矿库位置应当分散于秦岭地区陕西段秦巴山区内，包括地质构造概念上的北秦岭（传统自然地理意义上的秦岭山区）和南秦岭（传统自然地理意义上的米仓山、大巴山区）。3）所选尾矿库同时设计建设规范。尾矿库是依据规范设计建设的，并在政府有关部门有备案，确保所调研的对象确定是尾矿库而不是废渣堆。4）尾矿库有明确的所属矿山，且具有代表性。5）尾矿所属矿山企业对尾矿处置及资源化利用新技术需求度高。

对所筛选出的 17 处尾矿库，进行实地调研。调研内容主要包括矿业公司基本情况、矿床基本地质特征，以及尾矿的排出量、堆存量、环境污染情况、处置与回收利用现状，并进行尾矿样品的采集。

2.3.2　尾矿基本性质特征分析

以采集的尾矿样品为对象，通过各种物理化学方法，分析、确定其基本性质及特征，包括粒级、化学组成（主量元素、微量元素）及矿物组成等特征。分析尾矿样品基本性质之前，首先将采集的各尾矿库的样品进行匀化处置，再置于烘箱（图 2-2）中，在 105℃温度条件下，烘干 2h 后，装密封袋内备用。

2.3.2.1　粒级测定

对所采集的尾矿样品，首先进行其粒级的测定。

（1）测试地点：西安建筑科技大学粉体工程研究所。

（2）参照标准：《粒度分布　激光衍射法》（GB/T 19077—2016）。

（3）设备型号：Bettersize2000 型激光粒度仪（图 2-3）。

（4）测试步骤：准备好样品池、蒸馏水、取样勺、搅拌器、取样勺等实验测定所需用品；按照电源—粒度仪—打印机—显示器—电脑顺序要求开机；按说明书点击"测试—测试过程—选项"，输入相关参数；用粒度仪所带专用烧杯盛 600~800mL 自来水，置于样品区，通过分散装置控制板设定泵速；背景值达标后，将试样加入烧杯中，点击开始测试。测试结束，拷取样品粒径测试结果。

2.3.2.2　化学组成的分析测定

尾矿粒径小于 200 目的样品可直接用于分析测试；粒径大于 200 目的，用球磨机（图 2-4）磨细至通过 200 目筛之后一并混匀，再做其化学组分的分析测定。

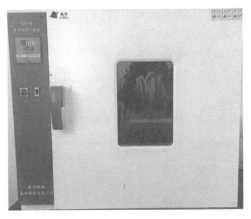

图 2-2　北京科伟 101-2 型电热鼓风干燥箱　　　图 2-3　Bettersize2000 型激光粒度仪

尾矿化学组成的分析测定内容，包括对其中主量元素、微量元素含量的分析测定两大部分。其中，主量元素的含量采用 X 射线荧光光谱分析仪（XRF）进行分析测定，微量元素含量则采用电感耦合等离子体质谱分析仪（ICP-MS）进行测定。

彩色原图

A　X 射线荧光光谱分析（XRF）

（1）测试地点：长安大学成矿作用及其动力学实验室。

（2）参照标准：《硅酸盐岩石化学分析方法》（GB/T 14506.28—2010）第 28 部分：对主量元素含量的测定。

（3）设备型号：日本岛津顺序扫描 LAB CENTER XRF-1800 型 X 射线荧光光谱仪（图 2-5）。

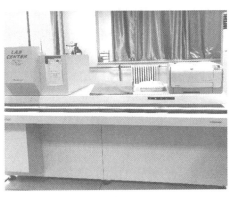

图 2-4　金宏 KQM-Y/B 型行星式球磨机　　　图 2-5　岛津 1800 型 X 射线荧光光谱仪

（4）测试步骤：制样、上机分析。使用压片法将粉末样品加压成形（图 2-6），制成满足测定要求的分析试样。制备过程包括：样品的干燥、粉碎与混合——消除不均匀性偏差、加压成形，得到

彩色原图

平滑分析面。之后将分析试样上机测试，得到样品的主量元素含量。

B 电感耦合等离子体质谱分析（ICP-MS）

（1）测试地点：长安大学成矿作用及其动力学实验室。

（2）参照标准：《硅酸盐岩石化学分析方法》（GB/T 14506.30—2010）第30部分：对微量元素含量的测定。

（3）设备型号：美国热电 X-7 型电感耦合等离子体质谱仪（图 2-7）。

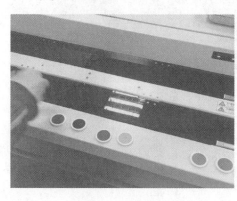

图 2-6　样品压片　　　　　　　　图 2-7　美国热电 X-7 型 ICP-MS

（4）测试步骤：量取 50mg 左右的待测样品，置于高压密闭溶样器中（图 2-8（a））；缓慢加入 1mL 的高纯硝酸，以及 1mL 的高纯氢氟酸和高氯酸；放置于电热板上，在 140℃ 温度条件下，将溶样蒸至小体积（图 2-8（b））后，再缓慢加入 1.5mL 的高纯硝酸、　　　彩色原图

1.5mL 的高纯氢氟酸，以及 1~5mL 的高纯高氯酸；加盖并旋紧溶样器钢套（图 2-8（c））后，放入烘箱（图 2-8（d）），于 190℃ 温度条件下，保温加热 48h 后取出。待溶样器凉冷后，开盖，在电热板上于 140℃ 温度条件下，将溶液蒸至湿盐状；缓慢加入 2~3mL 40% 的高纯硝酸，再次置于烘箱中，于 140℃ 温度条件下，过夜重复上述过程，提取盐类。待溶样器冷却，将提取液用 2% 的硝酸稀释，并在清洗干净的 PET 瓶中密闭保存（图 2-8（e）），然后上机测试（图 2-8（f）），得到样品的微量元素含量。

2.3.2.3 矿物组成分析测试

尾矿的矿物组成由 X 射线衍射分析（XRD）测得。

（1）测试地点：西安建筑科技大学粉体工程研究所。

（2）参照标准：《无机化工产品　晶型结构分析 X 射线衍射法》（GB/T 30904—2014）。

（3）设备型号：日本理学 D/MAX2200 X 型 X 射线衍射分析仪（图 2-9）。

（4）测试步骤：采用压片法处理样品，即取 0.5g 粉末样品撒入玻璃样品的

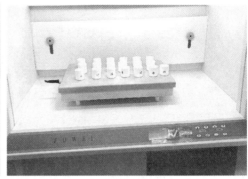

(a) 称样 　　　　　　　　　　　　(b) 加热

(c) 盖钢套加热 　　　　　　　　(d) 101A-3E型电热鼓风干燥箱

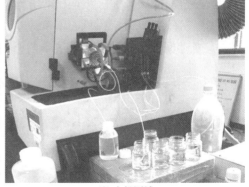

(e) PET瓶保存 　　　　　　　　(f) 上机测试

图 2-8　样品微量元素测试过程

样品槽，使松散样品粉末略高于样品架平面；取毛玻璃轻压样品表面；将多余粉末刮掉；反复平整样品表面，使样品表面压实而且不高于玻璃样品架平面。将压片试样上机测试，得到 X 射线衍射图谱，参照《多晶材料 X 射线衍射——实验原理方法与应用》（黄继武，2012）对样品所含物相进行定性与半定量分析。

彩色原图

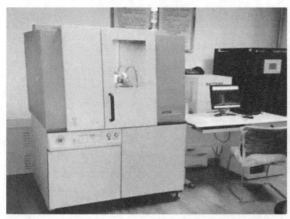

图 2-9　日本理学 X 射线衍射分析仪

彩色原图

2.3.3　尾矿全量资源化技术工艺试验

尾矿全量资源化技术工艺试验主要包括活化、水浸溶出、酸浸溶出、结晶分离四个步骤。在分析研究尾矿化学组成、矿物组成、元素赋存状态的基础上，进一步分析试验原理，然后基于团队的固废全量资源化技术，结合冶金地球化学新观点和"取沙留金"的综合利用思路，设置每阶段试验参数，科学、合理地设定出试验方案；按照试验方案，采用单因素实验法，查明每阶段最佳参数条件。试验方案设定详见 5.1 节，基本工艺参数的选取以主量元素的浸出率为依据，同时也秉承低消耗、低成本的原则。

2.4　技　术　路　线

针对主要试验研究内容，采取的技术路线如下（图 2-10）。

（1）充分收集、整理和分析秦岭地区陕西段金属尾矿所在原矿床的地质、地球化学、金属矿产等相关基础资料。

（2）调研秦岭地区陕西段金属尾矿的基本情况，在此基础上，筛选 17 个尾矿库进行实地调研与样品采集。

（3）对所采集尾矿样品进行分析测试后，研究尾矿的化学组成和矿物组成等特征。

（4）筛选确定 1 处金属尾矿（本书选定的是洋县钒钛磁铁尾矿），作为开展系统试验的典型案例，并制订相应的工艺试验方案。

（5）按照试验内容，针对典型尾矿（洋县钒钛磁铁尾矿）开展金属尾矿全量资源化技术核心内容的试验。主要包括低温活化工艺技术试验，循环浸出工艺技术试验，分步溶出分离工艺技术试验和原料回收利用工艺技术试验，试验同时还包括工艺参数和工艺条件的适应性试验，并根据试验结果估算尾矿综合利用的经济效益。

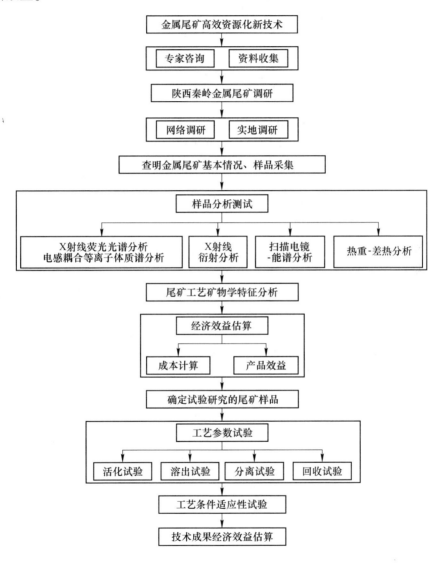

图 2-10　技术路线图

3 秦岭陕西段金属尾矿分布情况和综合利用现状

秦岭地区金属矿产资源具有开发历史长、矿山数量多，尾矿点多、面广而且分散的特点。区内大量尾矿的堆积，损毁和压占土地资源，污染大气，破坏植被，造成水土流失，降水淋溶排出有毒有害物质，污染周边水土环境，局部生态退化严重。本章主要总结了秦岭陕西段金属尾矿的分布、位置、尾矿类型及规模等基本情况。

3.1 自然地理、地质条件与社会经济

研究区为陕西省南部的秦岭地区（包括地质构造所述的北秦岭与南秦岭造山带），辖陕西省关中及陕南地区的 6 市共 33 区县。秦岭地区陕西段有丰富的矿产资源，不仅金矿、钼矿等蕴藏量丰富，而且还有大量铅锌、汞锑、钨、钒及非金属矿和建材石料等多种金属、非金属资源，为陕西省发展冶金、建材工业奠定了坚实的物质基础。

3.1.1 位置交通

研究区位于陕西省南部的秦岭山区，西起陕西省与甘肃省交界，东至陕西省与湖北省、河南省交界，南依陕西省与四川省、重庆市交界，北抵宝鸡市、西安市、渭南市。地理坐标为东经 $105°29'23''\sim111°1'23''$，北纬 $31°41'47''\sim34°32'54''$，东西长约 512km，南北宽约 314km，面积约 81202.73km^2。辖西安（3 区县）、宝鸡（4 区县）、汉中（8 区县）、安康（7 区县）、商洛（8 区县）、渭南（3 区县）六市，共 33 个区县。

区内交通发达，有 G30、G7011、G316、G210、G85、G5、G40 等多条省会高速，以及 G108、G312 等多条一般高速，市—市、市—县间交通便利，但各尾矿库所处位置，地形崎岖，坡陡沟深，绝大多数人烟稀少，基本上都是小道通往库坝区，路程绵长，蜿蜒曲折，通行不便。

3.1.2 自然地理

研究区多为山地，属秦巴山地貌区，且山高坡陡，植被发育。总体上，区内

山势近东西向走向，由北秦岭、南秦岭（包括大巴山和米仓山）组成，中间夹有汉中、安康盆地。由东向西海拔逐渐升高，岭脊海拔约2000m，秦岭北麓短急，地形陡峭，又多峡谷，南坡山麓缓长，坡势较缓，但是因河流多为横切背斜或向斜，故河流中上游也多峡谷。秦岭山地对气流运行有明显阻滞作用，夏季使湿润的海洋气流不易深入西北，导致北方气候干燥；冬季阻滞寒潮南侵，使得汉中盆地、四川盆地少受冷空气侵袭。因此，秦岭成为亚热带与暖温带的分界线，研究区气候属湿润区的亚热带。另外，秦岭和合南北，泽被天下，是我国的中央水塔，是中华民族的祖脉和中华文化的重要象征。

3.1.3 地质条件

研究区是古华北地块与华南地块拼接挤压后形成的造山带，地质历史上经过多期构造活动、壳-幔物质交换、地质流体和成矿物质汇聚，发育有大量的金、银、铅锌、钼、铁、汞锑等矿产资源，是我国重要的金属矿产资源基地之一（宋小文等，2003；杨晓红，2013）。

（1）地层。区内地层从中晚古生代到第四系均有出露，在南北向应力的长期挤压下，区内岩性主要以各种片麻岩、斜长角闪岩为主，属于中压型变质，岩层大都受混合岩化作用，在混合岩化作用过程中对金属元素起到了初始富集。区内金、铜矿床主要产于晚古生代泥盆系中；铅锌矿床主要产于中新元古代和晚古生代；汞锑矿的富矿地层主要为中新元古代秦岭群、晚古生代下石炭统、上泥盆统（陈彩华等，2010）。

（2）构造。秦岭造山带构造规模较大，断层、褶皱构造近东西走向，规模大，发育强烈。主要有6条深大断裂控制了该区多金属矿产的形成，矿床多产于与深大断裂相关的次级断裂缝隙及断裂交汇处。其中，镇板和南羊山断裂两侧3.5km范围主要矿产有金矿、汞锑矿；山阳—凤镇断裂两侧4.5km范围以铜矿、铅锌矿为主；商丹断裂带两侧4km范围以金矿为主；勉略、安康断裂两侧以铜矿、金矿为主。此外，区内的次级断裂密度也影响着矿产的分布与形成，其中，秦岭地区陕西段金铜铅锌汞锑矿主要分布在断裂密度为0~18km之间（陈彩华等，2010）。

（3）岩浆岩。研究区古生代岩浆岩活动强烈，出露有古生代中酸性岩体以及燕山期的花岗岩。古生代岩浆岩活动是本区金及多金属矿成矿的重要标志。同时，燕山期的花岗岩规模大，矿化剂和成矿热液含量多，对富集成矿起了重要作用（陈彩华等，2010）。

3.1.4 社会经济

研究区不仅金矿、钼矿等蕴藏丰富，而且有大量铅锌、汞锑、钨、钒及非金属矿和建材石料。丰富的各类矿产资源为发展冶金、建材工业提供了丰富的物质基础，其中潼关、太白的金矿，金堆城钼矿，镇安西部的钨矿，凤太、镇旬的铅锌矿，公馆-青铜沟的汞锑矿等最为著名，对陕西乃至国家的贡献十分突出。

据 2017 年陕西省国土资源厅统计可知，陕西省矿产资源潜在价值达 46.23 万亿元，居全国第一位；人均占有约 121.87 万元，高出全国平均水平。陕西省矿产资源地理分布各具特色，其中陕北以优质煤炭、石油、天然气、岩盐为主，关中地区以煤炭、建材、地热等矿产为主，陕南秦巴山区以有色金属、贵金属和各类非金属矿产为主，在全国具有举足轻重的作用。

3.2　研究区金属尾矿基本情况

3.2.1　金属尾矿数量、位置及类型

3.2.1.1　数量

经综合调研查明，秦岭地区陕西段金属矿山企业众多，尾矿年排放量居高不下，且全部堆弃在素有中央水塔和生态安全屏障意义的秦巴山脉中。研究区内目前共有金属尾矿库 301 处（表 3-1），占地面积达 9.21km²，相当于 1200 多个足球场大小。尾矿设计库容共计 10.68 亿立方米，现已堆积 4.72 亿立方米，已达设计库容的 43.82%。目前，尾矿年新增排放量高达数千万吨，其中，仅金堆城钼矿开发中，每年排放尾矿量就达 1000 多万吨。

表 3-1　研究区金属尾矿运营情况

运营情况	停用	闭库	运行	再利用	在建	合计
数量/处	129	65	66	14	27	301
占比/%	42.86	21.59	21.93	4.65	8.97	100
方量/万立方米	4699.2	6186.37	34662.3	1089	173.49	46810.36
占比/%	10.04	13.22	74.05	2.33	0.37	100

表 3-1、表 3-2 及图 3-1 为 301 处金属尾矿库的运营状况。其中，（1）受矿山资源枯竭、经济效益差、库容量及限排等因素的影响，闭库的尾矿库 66 处，停用的尾矿库 129 处，闭库和停用的尾矿库共计 194 处，占尾矿总数量的 64.45%，两者的方量合计为 10885.57 万立方米，占研究区尾矿总方量的 23.26%；（2）正在运行中（包含修复后再利用的）的尾矿库有 80 处，占比为 26.58%，方量为 35751.3 万立方米，占研究区尾矿总方量的 76.38%；（3）正在建设中的尾矿库 27 处，占比为 8.97%，方量为 173.49 万立方米，占研究区尾矿总方量的

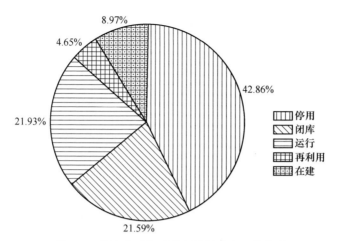

图 3-1 秦岭地区陕西段金属尾矿库运营状况

0.37%。这说明，研究区将近 65% 数量的金属尾矿库已停用或闭库，可用的尾矿库数量仅占四分之一，另外，正在建设中还有不到 10% 的尾矿库。

3.2.1.2 尾矿类型及其分布特征

按照对尾矿类型的划分（图 3-2），对照表 3-2，可以看到，秦岭地区陕西段矿产资源主要是黑色、有色及稀贵金属资源。因此也只有黑色金属、有色金属、稀贵金属三大类尾矿。由于没有铝镁资源，自然没有对应类型的尾矿产出。

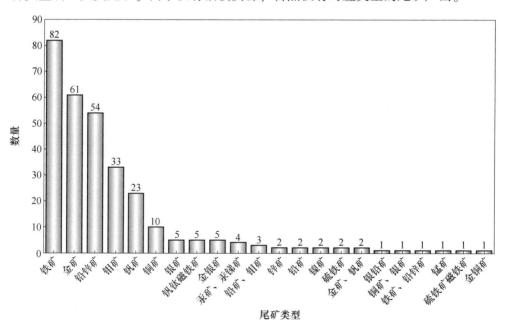

图 3-2 秦岭地区陕西段金属尾矿库类型

表 3-2　陕西省尾矿库概况一览表

序号	所在地	尾矿类型	归属企业/尾矿库	尾矿库地址	尾矿库坐标	尾矿库性质	运营状况	坝高/m 设计	坝高/m 现状	库容/万立方米 设计	库容/万立方米 现状	占地面积/km²
1	商洛市 商州区	铅锌矿	商洛市福元矿业有限公司/道金沟尾矿库	商州区黑龙口中坪村	E109.4244° N33.7391°	无主	超排停用	32.5	54	34.7	43	0.01068
2		铅锌矿	陕西华秦矿业有限公司/毛沟尾矿库	商州区黑龙口镇铁炉子村	E109.6876° N34.0457°	无主	闭库	42	42	35	20	0.00833
3		铅锌矿	商洛市商州区新鑫矿业开发有限公司/董家后沟尾矿库	商州区牧护关镇秦政村	E109.7650° N34.0268°	无主	停用	27	23	20	18	0.00741
4		金铜矿	商洛市鑫丰源矿业开发有限责任公司/小柿沟尾矿库	商州区杨斜镇松云村	E109.7654° N33.8024°	有主	停用	35	25	26	15	0.00743
5		金矿	商洛市商州区秦祥矿业有限责任公司/江水沟尾矿库	商州区沙河子镇王山底村	E110.0864° N33.8250°	有主	停用	50	20	97.6	0.9	0.01952
6		金矿	商洛市顺昌工贸有限公司/林沟尾矿库	商州区沙河子镇林沟村	E109.9917° N33.8051°	有主	停用	41	13	6	4.5	0.00146
7		金矿	商洛市商州区金矿/小西沟尾矿库	商州区孝义镇甘河村	E109.9917° N33.8051°	无主	停用	40	15	20	6	0.005
8		金矿	商洛市商州区鑫源矿业有限责任公司/小崂峪尾矿库	商州区夜村镇子坪村	E110.0788° N33.7294°	有主	停用	18	8.5	15	4	0.00833
9		铅锌矿	商洛市宝明矿业有限责任公司/窑沟尾矿库	商州区北宽坪镇小宽坪村	E110.1575° N33.8838°	有主	停用	20	10	14.1	8	0.00705

续表 3-2

序号	所在地	尾矿类型	归属企业/尾矿库	尾矿库地址	尾矿库坐标	尾矿库性质	运营状况	坝高/m 设计	坝高/m 现状	库容/万立方米 设计	库容/万立方米 现状	占地面积/km²
10	商州区	硫铁矿/磁铁矿	商洛今汇工贸有限责任公司/黑沟尾矿库	商州区腰市镇庙前村黑沟	E109.9478° N34.0268°	有主	停用	40	15	41	2	0.01025
11	商洛市洛南县	金矿	陕西鑫元科工贸股份有限公司/何家沟尾矿库	洛南县寺耳镇高村	E110.4547° N34.3507°	有主	运行	81	40	464.3	200	0.05732
12		金矿	陕西鑫元科工贸股份有限公司/东沟尾矿库	洛南县寺耳镇高村	E110.4642° N34.3624°	有主	闭库	116.56	110	200	200	0.01716
13		钼矿	洛南县九龙矿业有限公司/西板岔沟尾矿库	洛南县石门镇陈洞村	E110.0889° N34.3088°	有主	运行	160	10	3735.03	30	0.23344
14		金银矿	陕西黄金洛南秦金矿业有限公司/椿树沟尾矿库	洛南县巡检镇甘江村	E110.0889° N34.3088°	有主	运行	80	64	92.35	60	0.01154
15		铁矿	陕西龙钢集团木龙沟铁矿/古寺沟尾矿库	洛南县石坡镇桑坪村	E110.3002° N34.2193°	有主	运行	93	42	658.39	100	0.07079
16		铁矿	陕西龙钢集团木龙沟铁矿/堑马沟尾矿库	洛南县石坡镇桑坪村	E110.3148° N34.2129°	有主	闭库	70	70	167	167	0.02386
17		铁矿	陕西龙钢集团木龙沟铁矿/老虎沟尾矿库	洛南县石坡镇桑坪村	E110.3079° N34.2433°	有主	闭库	50	50	60	60	0.012
18		钼矿	洛南县石瞳沟矿业有限公司/石瞳沟尾矿库	洛南县石门镇陈洞村	E110.0585° N34.3224°	有主	停用	96	54	887.9	250	0.09249

续表 3-2

序号	所在地		尾矿类型	归属企业/尾矿库	尾矿库地址	尾矿库坐标	尾矿库性质	运营状况	坝高/m 设计	坝高/m 现状	库容/万立方米 设计	库容/万立方米 现状	占地面积/km²
19	商洛市	洛南县	钼矿	陕西炼石矿业有限公司/洛南上河钼矿"字沟尾矿库	洛南县石门镇黄龙铺村	E110.0165° N34.3640°	有主	再利用	75.2	75	110	110	0.01463
20			钼矿	西安鑫城投资有限公司洛南钼业分公司/豹子沟尾矿库	洛南县石门镇陈涧村	E110.0783° N34.3278°	有主	停用	95	25	93.66	30	0.00986
21			钼矿	洛南县汇龙尾矿回收公司/姜家沟尾矿库	洛南县石坡镇秦坪村	E110.3255° N34.2480°	有主	停用	61	40	43.5	30	0.00713
22			钼矿	洛南县九龙矿业有限公司/石板沟尾矿库	洛南县石门镇桥河村	E110.1510° N34.2395°	有主	再利用	85	85	94	94	0.01106
23			钼矿	洛南县九龙矿业有限公司/张家忆佬尾矿库	洛南县石门镇下铺村	E110.1535° N34.1757°	有主	再利用	75	75	468	468	0.0624
24			钼矿	洛南县荣森矿业有限责任公司/大自沟尾矿库	洛南县石门镇黄龙铺村	E110.0388° N34.3338°	有主	停用	92	92	145.882	145	0.01586
25			铁矿	洛南县汇鑫矿业有限公司/寨子沟尾矿库	洛南县三要镇龙山村	E110.4577° N33.9883°	有主	停用	50	21	28.12	20	0.00562
26			铅矿	洛南县保丰高铅矿业有限公司/桃花沟尾矿库	洛南县保安镇张塬村	E109.9594° N34.1651°	有主	停用	60	45	45.8	30	0.00763
27			铁矿	洛南县金山铁选厂/年沟尾矿库	洛南县石坡镇新华村	E110.2648° N34.1819°	有主	闭库	28	28	30	30	0.01071

续表 3-2

序号	所在地	尾矿类型	归属企业/尾矿库	尾矿库地址	尾矿库坐标	尾矿库性质	运营状况	坝高/m 设计	坝高/m 现状	库容/万立方米 设计	库容/万立方米 现状	占地面积/km²
28	商洛市 洛南县	铁矿	洛南县永明矿业有限责任公司/大南岔沟金矿尾矿库	洛南县寺耳镇分金岔村	E110.3659° N34.3236°	有主	在建	52	0	99.44	0	0.01912
29		铁矿	洛南县永明矿业有限责任公司/芋园沟尾矿库	洛南县寺耳镇东庄村	E110.3928° N34.3544°	无主	闭库	43.1	40	35	30	0.00812
30		铁矿	陕西同生源矿业有限公司/桦树渠尾矿库	洛南县石坡镇桃园村	E109.9837° N33.8792°	有主	闭库	21	21	30	30	0.01429
31		铁矿	洛南县古城天明沟尾矿库	洛南县古城镇董村联村	E110.4107° N33.9909°	无主	闭库	36.46	35	38	38	0.01042
32		铁矿	洛南县汇元矿业有限公司/东沟尾矿库	洛南县景村镇居湾村	E110.2365° N34.0750°	有主	在建	76	0	97.86	0	0.01288
33		铁矿	洛南县开秦矿业有限公司/麻地沟尾矿库	洛南县景村镇杨圪崂村	E110.2007° N34.0284°	有主	停用	82	35	99.16	30	0.01209
34		金矿	洛南县火龙关金矿/回马坪尾矿库	洛南县巡检镇高山河村	E110.1231° N34.3605°	有主	再利用	12	10	30	25	0.025
35		金矿	陕西天合矿业开发有限责任公司/碾子沟尾矿库	洛南县巡检镇高山河村	E110.1536° N34.3681°	有主	在建	61	0	72.23	0	0.01184
36		金矿	洛南县景兴矿业有限责任公司/张湾西河坝尾矿库	洛南县巡检镇张湾村	E110.1248° N34.3694°	有主	闭库	25	22	38	30	0.0152

续表 3-2

序号	所在地		尾矿类型	归属企业/尾矿库	尾矿库地址	尾矿库坐标	尾矿库性质	运营状况	坝高/m		库容/万立方米		占地面积/km²
									设计	现状	设计	现状	
37	商洛市	洛南县	金矿	洛南县铜马矿冶有限公司/西沟尾矿库	洛南县巡检镇驾鹿村	E110.1590° N34.3594°	有主	运行	72	27	99.82	30	0.01386
38			钼矿	洛南县铜马矿冶有限公司/石湾子尾矿库	洛南县巡检镇驾鹿村	E110.1511° N34.3829°	有主	再利用	25	25	30	30	0.012
39			钼矿	洛南县东方冶炼厂/小沟尾矿库	洛南县石门镇黄龙铺村	E110.0131° N34.3688°	无主	再利用	58.5	55	40	40	0.00684
40			钼矿	洛南县荣森矿业有限责任公司/小刺沟尾矿库	洛南县石门镇下铺村	E110.1641° N34.1866°	无主	闭库	130	87.84	70	65	0.00538
41			钼矿	洛南县小石湾尾矿库	洛南县石门镇黄龙铺村	E110.0373° N34.3698°	无主	闭库	56	55	58	50	0.01036
42			钼矿	洛南县东方冶炼厂/牛圈沟尾矿库	洛南县石门镇陈涧村	E110.0414° N34.3039°	有主	闭库	70	70	100	100	0.01429
43			钼矿	陕西省秦岭钼业有限责任公司/妖嶂沟尾矿库	洛南县石门镇陈涧村	E110.0696° N34.3164°	有主	在建	111.5	0	993.5	0	0.0891
44			钼矿	洛南县睿明新型建材加工厂/西关场尾矿库（原茂昌）	洛南县石门镇陈涧村	E110.0688° N34.3159°	有主	再利用	73.5	70	125	100	0.01701
45			钼矿	洛南县王机沟尾矿库	洛南县石门镇黄龙铺村	E110.0187° N34.3542°	无主	闭库	70.3	70	44.8	44	0.00637

续表 3-2

序号	所在地		尾矿类型	归属企业/尾矿库	尾矿库地址	尾矿库坐标	尾矿库性质	运营状况	坝高/m 设计	坝高/m 现状	库容/万立方米 设计	库容/万立方米 现状	占地面积/km²
46	商洛市	洛南县	钼矿	洛南县博瑞实业有限公司/南沟尾矿库	洛南县石门镇马湾村	E110.1055° N34.2798°	有主	再利用	73	65	49	35	0.00671
47			铅矿/钼矿	洛南县大金坑矿业有限公司/板沟尾矿库	洛南县石门镇黄龙铺村	E110.0172° N34.3535°	有主	闭库	57	49.1	50	40	0.00877
48			钼矿	洛南县骡子沟尾矿库	洛南县石门镇黄龙铺村	E110.0225° N34.3568°	无主	闭库	80.4	78	80	80	0.00995
49			钼矿	洛南县欣城矿业有限公司/五指沟尾矿库	洛南县石门镇黄龙铺村	E110.0363° N34.3433°	有主	再利用	95.15	95	56	56	0.00589
50			银铅矿	洛南县庆丰矿业有限公司/北沟银铅矿尾矿库	洛南县灵口镇北沟村	E110.0115° N34.2361°	有主	在建	41	0	47.5	0	0.01159
51			铅矿/钼矿	洛南县大金坑矿业有限公司/后沟尾矿库	洛南县石门镇黄龙铺村	E110.0487° N34.3388°	有主	闭库	75	55	80	60	0.01067
52			铅矿/钼矿	洛南县大金坑矿业有限公司/车轳辘沟尾矿库	洛南县石门镇陈涧村	E110.0583° N34.3225°	有主	闭库	68.4	65	60.94	60	0.00891
53			金矿	洛南县金木矿业有限公司/西芦沟尾矿库	洛南县石门镇陈涧村	E110.0952° N34.3179°	有主	再利用	70	60	59.4	53	0.00849
54			钼矿	陕西秦岭钼业有限责任公司/双眉沟尾矿库	洛南县石门镇张湾村	E110.1233° N34.2733°	有主	停用	84	62	241	160	0.02869

续表 3-2

序号	所在地		尾矿类型	归属企业/尾矿库	尾矿库地址	尾矿库坐标	尾矿库性质	运营状况	坝高/m		库容/万立方米		占地面积/km²
									设计	现状	设计	现状	
55	商洛市	洛南县	钼矿	陕西秦岭钼业有限责任公司/蛐蝉沟尾矿库	洛南县石门镇张湾村	E110.1502° N34.2338°	有主	停用	99.3	86	95.6	70	0.00963
56			钼矿	陕西洛南钼业有限公司/队伍沟尾矿库	洛南县石门镇陈涧村	E110.1014° N34.3108°	有主	再利用	80	70	60	55	0.0075
57		丹凤县	铁矿	丹凤县宏岩矿业有限公司/梁水沟尾矿库	丹凤县龙驹寨镇街道办白衣寺村	E110.3713° N33.6765°	有主	停用	111	61	989.3	33.64	0.08913
58			钒矿	丹凤县娄盛矿业有限公司/油坊沟尾矿库	丹凤县土门镇龙王庙河村	E110.3211° N33.4212°	有主	停用	75	25	98	3.2	0.01307
59			铜矿	丹凤县皇台矿业有限公司/大范沟尾矿库	丹凤县蔡川镇皇台村	E110.3092° N33.9170°	有主	停用	39.04	39.04	49.53	47.74	0.01269
60			铜矿	丹凤县皇台矿业有限公司/大潘头沟尾矿库	丹凤县蔡川镇皇台村	E110.3117° N33.9261°	有主	停用	46	31	98.6	0.9	0.02143
61			铁矿	陕西秦兴矿业有限公司/页沟尾矿库	丹凤县蔡川镇页山村	E110.2543° N33.8143°	有主	在建	55	33	99.89	14.89	0.01816
62			铁矿	陕西辰州矿业有限公司/小西沟尾矿库	丹凤县蔡川镇蔡洼村	E110.3222° N33.8492°	有主	在建	83	60	99.8	1	0.01202
63		商南县	钒矿	陕西华源矿业有限公司/于家坪钒矿亮子沟尾矿库	商南县过风楼镇八里坡村	E110.7286° N33.3427°	有主	运行	142	76	440	86	0.03099

续表 3-2

所在地		序号	尾矿类型	归属企业/尾矿库	尾矿库地址	尾矿库坐标	尾矿库性质	运营状况	坝高/m		库容/万立方米		占地面积/km²
									设计	现状	设计	现状	
商洛市	商南县	64	钒矿	陕西福盛机业科技有限公司/商南县水沟钒矿尾矿库	商南县过凤楼镇水沟社区	E110.7885° N33.3411°	有主	运行	40	27	51	13	0.01275
		65	铁矿	商南县青山矿业有限公司/高槽沟尾矿库	商南县青山镇花园村	E110.8899° N33.4292°	有主	停用	39	17	96.7	0.8	0.02479
		66	铁矿	商南县金牛工贸有限公司/天池沟尾矿库	商南县湘河镇三官庙村	E110.9351° N33.3710°	有主	停用	48.8	13.8	51.85	2.6	0.01063
		67	铁矿	商南县吉源矿业有限公司/叶房沟尾矿库	商南县湘河镇地坪村	E110.8937° N33.2316°	无主	停用	35	26.74	30.8	16	0.0088
		68	钒矿	商南县铁业开发有限公司/大坪选厂灯草沟尾矿库	商南县青山镇吉亭村	E110.9913° N33.4243°	有主	停用	45	37.6	50	42	0.01111
		69	钒矿	商南县钛业开发有限公司/东沟尾矿库	商南县青山镇新庙村	E111.0103° N33.3772°	有主	在建	33	20	92.03	0.9	0.02789
		70	铁矿	商南县鑫阳矿业有限公司/青山新庙尾矿库	商南县青山镇新庙村	E111.0202° N33.3771°	无主	停用	未设计	33	未设计	18	0.00545
		71	铁矿	商南县乙丙矿业有限公司/碾子沟尾矿库	商南县赵川镇魏家合社区	E110.7906° N33.2318°	有主	停用	58	12	94.3	3	0.01626
		72	铁矿	商南县闽河矿业有限公司/杨家沟尾矿库	商南县湘河镇汪家店村	E110.9029° N33.2453°	有主	闭库	55	55	48	48	0.00873

续表 3-2

序号	所在地	尾矿类型	归属企业/尾矿库	尾矿库地址	尾矿库坐标	尾矿库性质	运营状况	坝高/m 设计	坝高/m 现状	库容/万立方米 设计	库容/万立方米 现状	占地面积/km²
73	商洛市 山阳县	钒矿	陕西五洲矿业股份有限公司/大石板沟尾矿库	山阳县中村镇石板沟	E110.1894° N33.4504°	有主	运行	163	95	1210	280	0.07423
74		钒矿	陕西五洲矿业股份有限公司/窄巷沟尾矿库	山阳县中村镇下湾村窄巷沟	E110.1894° N33.4504°	有主	停用	87	78	157	151	0.01805
75		钒矿	山阳新兴矿业有限公司/柳沟尾矿库	银花镇陈家湾村	E110.2236° N33.4467°	有主	停用	87	27	88.4	0	0.01016
76		钒矿	山阳纵横矿业有限公司/小沟尾矿库	山阳县天竺山镇阳坡村	E109.9849° N33.4420°	有主	运行	60	46.9	82.39	59.3	0.01373
77		金矿/钒矿	山阳秦鼎矿业有限责任公司/大洞沟尾矿库	山阳县中村镇回龙寺村	E110.1408° N33.4134°	有主	运行	56	54	79.4	51	0.01418
78		金银矿	山阳秦金矿业有限责任公司/小回沟尾矿库	山阳县中村镇回龙寺村	E110.1098° N33.4207°	有主	停用	54	28	69.29	18.8	0.01283
79		钒矿	山阳县裕源矿业有限公司/下金狮剑尾矿库	山阳县中村镇金狮剑村	E110.1740° N33.4560°	有主	闭库	41	35	34.7	14	0.00846
80		金矿/钒矿	山阳秦鼎矿业有限责任公司/穷心沟尾矿库	山阳县中村镇回龙寺村	E110.1295° N33.4168°	有主	闭库	65	59.8	25.6	20	0.00394
81		钒矿	山阳县新兴矿业有限公司/梅子沟尾矿库	山阳县银花镇梅子沟村	E110.2686° N33.4349°	有主	闭库	49	22	15.59	14.9	0.00318

续表3-2

序号	所在地	尾矿类型	归属企业/尾矿库	尾矿库地址	尾矿库坐标	尾矿库性质	运营状况	坝高/m 设计	坝高/m 现状	库容/万立方米 设计	库容/万立方米 现状	占地面积/km²
82	商洛市 山阳县	钒矿	山阳县银华矿业有限公司/五色沟尾矿库	山阳县银花镇五色沟村	E110.2453° N33.4437°	有主	在建	60	35	98.1	0.7	0.01635
83		钒矿	陕西恒源矿业有限公司/木子峡尾矿库	山阳县银华镇孙家湾村	E110.2931° N33.4154°	有主	停用	51	39	65.9	6	0.01292
84		钒矿	山阳县商丹钒业有限责任公司/小聚子沟尾矿库	山阳县中村镇孤山村	E110.1400° N33.4135°	有主	运行	55	25	59.06	10	0.01074
85		钒矿	山阳县永恒矿业建工程有限公司/双河钒矿索乐树沟尾矿库	山阳县王闾镇双河村	E110.3633° N33.3302°	有主	停用	50	43.5	30	18.6	0.006
86		钒矿	山阳宏昌矿业有限公司/东沙沟尾矿库	山阳县中村镇黄家村	E110.1639° N33.4657°	有主	停用	—	—	—	—	0.04
87		锌矿	山阳县同威矿业有限公司/桐木沟尾矿库	山阳县十里铺镇办王庄村	E109.9805° N33.6139°	无主	停用	44	34	30	25	0.00682
88		钒矿	山阳县振宇钒业有限责任公司/东沙沟尾矿库	山阳县中村镇黄家村	E110.1693° N33.4786°	有主	在建	28	13	20.6	1	0.00736
89		钒矿	山阳县宏昌钒业有限责任公司/峡沟尾矿库	山阳县中村镇黄家村	E110.1639° N33.4657°	有主	停用	28	26	32.25	24	0.01152
90		铅锌矿	旬阳县五联宏发矿业有限公司山阳分公司/太阳关查家进尾矿库	山阳县西照川镇查家回村	E110.3488° N33.1849°	有主	在建	53	23	38.2	0	0.00721

续表 3-2

序号	所在地	尾矿类型	归属企业/尾矿库	尾矿库地址	尾矿库坐标	尾矿库性质	运营状况	坝高/m 设计	坝高/m 现状	库容/万立方米 设计	库容/万立方米 现状	占地面积/km²
91	商洛市 山阳县	铜矿 银矿	山阳县安旺银业有限公司/银厂沟尾矿库	山阳县南宽坪镇银厂沟村	E109.8682° N33.3265°	有主	停用	22	22	21.76	11	0.00989
92		钒矿	山阳县金成锌镁矿业有限公司/桥耳沟尾矿库	山阳县高坝店镇牛家坪村	E110.0113° N33.6088°	有主	运行	54	30	50.95	50.55	0.00944
93		钒矿	山阳县银华矿业有限公司/小东沟尾矿库	山阳县银花镇银五色沟村	E110.2426° N33.4061°	无主	闭库	55.3	55.3	35	35	0.00633
94		金矿	陕西久盛矿业投资管理有限公司/夹石沟尾矿库	镇安县高峰镇营胜村	E109.3887° N33.3241°	有主	停用	60	45	762.21	142.18	0.12704
95		金矿	陕西久盛矿业投资管理有限公司/易家沟尾矿库	镇安县米粮镇光明村	E109.5016° N33.3226°	有主	闭库	78	78	91	91	0.01167
96	镇安县	钒矿	镇安县泰鑫矿业有限公司/西庙沟口尾矿库	镇安县云盖寺镇团二村	E108.9628° N33.5581°	有主	在建	63	15	38	0	0.00603
97		钒矿	陕西华仁矿业有限公司/罗长沟尾矿库	镇安永乐街道办锡铜村	E109.1251° N33.3616°	有主	停用	59	14	30	20	0.00508
98		铁矿 铅锌矿	镇安县月西矿业有限责任公司/月西沟尾矿库	镇安县青铜关镇月星村	E109.2030° N33.2277°	有主	停用	68	28	44.8	12	0.00659
99		铅锌矿	镇安东立矿产有限公司/次沟尾矿库	镇安县月河镇黄土岭村	E108.8312° N33.5954°	有主	在建	21	8	20	0	0.00952

续表 3-2

序号	所在地		尾矿类型	归属企业/尾矿库	尾矿库地址	尾矿库坐标	尾矿库性质	运营状况	坝高/m 设计	坝高/m 现状	库容/万立方米 设计	库容/万立方米 现状	占地面积/km²
100	商洛市	镇安县	金矿	镇安县双龙黄金业有限责任公司/寨沟尾矿库	镇安县回龙镇双龙村	E109.1518° N33.4715°	无主	闭库	43	30	30	30	0.00698
101			铅锌矿	镇安县大乾矿业发展有限公司/大凹沟尾矿库	镇安县月河镇八盘村	E108.8700° N33.5731°	有主	闭库	25	21	3	2.5	0.0012
102			金矿	镇安县太白矿业有限责任公司/小湾尾矿库	镇安县月河镇太白庙村	E108.9191° N33.5202°	有主	闭库	12	5	6	3	0.005
103			铅锌矿	镇安县腾辉矿业公司/老鼠沟尾矿库	镇安县大坪镇三义村	E109.4711° N33.4032°	无主	闭库	未设计	未设计	未设计	3	0
104			金矿	镇安县太白矿业有限责任公司/文家湾尾矿库	镇安县月河镇太白庙村	E108.9015° N33.5345°	有主	在建	68	38	91.91	0	0.01352
105		柞水县	铁矿	陕西大西沟矿业有限公司/第二尾矿库	柞水县小岭镇李砭村	E109.2597° N33.6338°	有主	运行	129	127	1379.3	1050	0.10692
106			铁矿	陕西大西沟矿业有限公司/木梓沟新尾矿库	柞水县小岭镇罗庄社区	E109.2544° N33.6296°	有主	运行	138	116	1324	900	0.09594
107			铁矿	陕西大西沟矿业有限公司/木梓沟老尾矿库	柞水县小岭镇罗庄社区	E109.2518° N33.6186°	有主	闭库	15	15	40	35	0.02667
108			铁矿	柞水县智达矿业有限公司/李家砭铁矿左家沟尾矿库	柞水县小岭镇李砭村	E109.2573° N33.6123°	有主	运行	148	70	1998.53	139.4	0.13504

续表 3-2

序号	所在地		尾矿类型	归属企业/尾矿库	尾矿库地址	尾矿库坐标	尾矿库性质	运营状况	坝高/m 设计	坝高/m 现状	库容/万立方米 设计	库容/万立方米 现状	占地面积/km²
109	商洛市	柞水县	金银矿	柞水县博隆矿业有限责任公司/鹏裙岭沟尾矿库	柞水县下岭镇胜利村	E109.1743° N33.6182°	有主	运行	140	56	1561.4	250	0.11153
110			银矿	陕西银矿/楮树沟尾矿库	柞水县小岭镇金米村	E109.2998° N33.6038°	有主	停用	119.5	119.5	302	265	0.02527
111			银矿	陕西银矿/和尚沟尾矿库	柞水县小岭镇金米村	E109.2674° N33.6206°	有主	在建	95	40	338.4	0	0.03562
112			金银矿	柞水县博隆矿业有限责任公司/马家沟尾矿库	柞水县小岭镇丰村	E109.2570° N33.5913°	有主	运行	128	106	574.5	310	0.04488
113			铜矿	陕西泰和铜业有限责任公司/刘家沟尾矿库	柞水县杏坪镇杏坪社区	E109.4817° N33.5688°	有主	停用	120	40	407	35	0.03392
114			铁矿	陕西共建中兴矿业开发有限公司/带家沟尾矿库	柞水县下梁镇胜利村	E109.2041° N33.6044°	有主	运行	95	21	270.41	8	0.02846
115			铁矿	柞水金鑫矿业发展有限责任公司/洞家沟尾矿库	柞水县小岭镇罗庄社区	E109.2683° N33.5875°	有主	停用	83	82	99.6	90	0.012
116			铁矿	柞水金鑫矿业发展有限责任公司/王家沟尾矿库	柞水县小岭镇罗庄社区	E109.2796° N33.5923°	有主	停用	97	56.5	69.45	22.5	0.00716
117			铁矿	柞水县环宇矿业有限公司/风沟尾矿库	柞水县红岩寺镇掌上村	E109.5148° N33.6021°	有主	停用	65	35	98.76	30	0.01519

续表 3-2

序号	所在地	尾矿类型	归属企业/尾矿库	尾矿库地址	尾矿库坐标	尾矿库性质	运营状况	坝高/m 设计	坝高/m 现状	库容/万立方米 设计	库容/万立方米 现状	占地面积/km²
118	商洛市 柞水县	铁矿	柞水智达矿业有限公司/大回沟尾矿库	柞水县小岭镇李砭村	E109.2848° N33.5868°	有主	停用	73	44	24.2	8.3	0.00332
119		铁矿	柞水金正矿业有限公司/罗汉肚尾矿库	柞水县小岭镇	E109.2791° N33.5921°	有主	闭库	—	—	—	—	0.0365
120		金矿	柞水矿业有限责任公司/机山沟尾矿库	柞水县下梁镇明星村	E109.1463° N33.6208°	有主	闭库	45	45	6.08	5.17	0.00135
121		铁矿	陕西共建中兴矿业开发有限公司/向马沟尾矿库	柞水县下梁镇胜利村	E109.1743° N33.6178°	有主	闭库	15	13	15	9	0.01
122		铁矿	柞水县三元沟铁矿/财家沟尾矿库	柞水县下梁镇胜利村	E109.2043° N33.6036°	有主	闭库	65	65	19.9	15	0.00306
123		铁矿	柞水智达矿业有限公司/冯家沟尾矿库	柞水县曹坪镇社区	E109.1722° N33.5846°	无主	闭库	32	32	7	3	0.00219
124		铁矿	柞水成祥矿业有限公司/下梁镇茨沟尾矿库	柞水县下梁镇沙坪社区	E109.1408° N33.6283°	无主	闭库	30	27	15	10	0.005
125		钒钛磁铁矿	柞水金鑫矿业发展有限责任公司/洞子沟尾矿库	柞水县小岭镇罗庄社区	E109.2897° N33.5783°	有主	闭库	70	59	200	140	0.02857
126		铜矿	柞水县泰和铜矿有限责任公司/纸坊沟尾矿库	柞水县杏坪镇党台村	E109.4771° N33.5689°	有主	闭库	80	78	77	70	0.00963

续表 3-2

序号	所在地		尾矿类型	归属企业/尾矿库	尾矿库地址	尾矿库坐标	尾矿库性质	运营状况	坝高/m		库容/万立方米		占地面积/km²
									设计	现状	设计	现状	
127	商洛市	柞水县	金银矿	柞水县博隆矿业有限责任公司/井边沟尾矿库	柞水县小岭镇罗庄社区	E109.2670° N33.6132°	有主	闭库	46	43	71.7	51	0.01559
128		柞水县	铁矿	陕西华泰矿业责任公司/吊庄尾矿库	柞水县下梁镇胜利村	E109.1723° N33.5848°	有主	闭库	55	53	18.67	15	0.00339
129	汉中市	南郑区	铅锌矿	汉中市天鸿基矿业有限公司/大石板沟尾矿库	南郑区福成镇大营村	E107.2599° N32.4950°	有主	停用	82	31.5	379.39	26	0.04627
130			铁矿	南郑区汉达工贸有限责任公司/坝溪沟尾矿库	南郑区碑坝镇坝溪村	E107.1356° N32.5122°	有主	停用	27	18	59.6	36	0.02207
131			铁矿	南郑区宏竹矿业有限公司/安家山尾矿库	南郑区碑坝镇大竹村	E107.1097° N32.5498°	有主	再利用	47.5	34.8	19.85	11	0.00418
132		略阳县	金矿	陕西略阳铧厂沟金矿/小沟尾矿库	略阳县郭镇铧沟村	E105.8141° N33.3052°	有主	运行	59	55	99.82	68	0.01692
133			金矿	陕西略阳铧厂沟金矿/窑上湾尾矿库	略阳县郭镇铧沟村	E105.7594° N33.3061°	有主	停用	44	44	150	130	0.03409
134			镍矿	陕西煎茶岭镍业有限公司/后沟尾矿库	略阳县接官亭镇上院子村	E106.3350° N33.2819°	有主	停用	98	51	625.88	106.9	0.06387
135			金矿	陕西华澳矿业公司/方家沟尾矿库	略阳县接官亭镇上院子村	E106.3402° N33.2697°	有主	停用	70	56	82.4	27.3	0.01177

续表 3-2

序号	所在地		尾矿类型	归属企业/尾矿库	尾矿库地址	尾矿库坐标	尾矿库性质	运营状况	坝高/m 设计	坝高/m 现状	库容/万立方米 设计	库容/万立方米 现状	占地面积/km²
136	汉中市	略阳县	金矿	陕西华澳矿业公司/黄家沟尾矿库	略阳县接官亭镇西渠沟村	E106.3775° N33.2641°	有主	停用	77	68	120	107	0.01558
137		洋县	钒钛磁铁矿	洋县钒钛磁铁矿有限责任公司/青沟尾矿库	洋县桑溪镇青沟	E108.0253° N33.1969°	有主	运行	90	68	678.88	421	0.07543
138			钒钛磁铁矿	洋县钒钛磁铁矿有限责任公司/方沙沟尾矿库	洋县桑溪镇李家庄村	E107.9810° N33.2247°	有主	在建	96	36	403.87	0	0.04207
139			钒钛磁铁矿	洋县钒钛磁铁矿有限责任公司/荣田沟尾矿库	洋县溪镇竹坪村	E108.0432° N33.2208°	有主	在建	258	30	9845	0	0.38159
140		西乡县	铁矿	西乡县鲁秦实业公司/陈沟尾矿库	西乡城北事处陈沟村	E107.7941° N33.0385°	有主	停用	55	50	46.19	40	0.0084
141			铁矿	西乡县鲁宁矿业公司/长杆梁尾矿库	西乡县城北办事处乔山村	E107.7981° N33.0405°	有主	停用	50	40	64.57	45	0.01291
142			铁矿	西乡县磊源矿业公司/深沟尾矿库	西乡县城北办事处古元村	E107.6741° N33.0040°	有主	停用	53	23	87.71	0	0.01655
143			铁矿	西乡县泾洋矿业公司/魏家沟尾矿库	西乡县堰口镇谷阳村	E107.8396° N33.0100°	有主	停用	35	34	98.09	90	0.02803
144			铁矿	西乡县富民矿业公司/大岭沟尾矿库	西乡县城北办事处莲花村	E107.7330° N32.9961°	有主	停用	50	30	98.67	51	0.01973

续表 3-2

序号	所在地		尾矿类型	归属企业/尾矿库	尾矿库地址	尾矿库坐标	尾矿库性质	运营状况	坝高/m 设计	坝高/m 现状	库容/万立方米 设计	库容/万立方米 现状	占地面积/km²
145	汉中市	西乡县	铁矿	西乡县金鑫矿业公司/丰宁尾矿库	西乡县白龙塘镇丰宁村	E107.7810° N33.0955°	有主	运行	52	40	97.77	60	0.0188
146			铁矿	西乡县建设矿业公司/柳家沟尾矿库	西乡县城北办事处漆树村	E107.7140° N33.0228°	有主	停用	78	72	98.09	98	0.01258
147			铁矿	西乡县山鑫矿业公司/头起沟尾矿库	西乡县白龙塘镇何家山村	E107.7953° N33.0597°	有主	停用	75	62	89.6	70	0.01195
148			硫铁矿	西乡县大友矿业公司/泡桐沟尾矿库	西乡县高川镇鸳鸯池村	E108.0719° N32.7133°	有主	停用	25	17	33.81	2	0.01352
149		勉县	铅锌矿	汉中银茂矿业开发有限公司/安家沟尾矿库	勉县茶店镇分水铺村	E106.5491° N33.1616°	有主	停用	80.5	65	68.4	58	0.0085
150			铅锌矿	略阳富坤矿业有限公司/勉县项目部焦家沟尾矿库	勉县茶店镇七里沟村	E106.5802° N33.1860°	有主	运行	29	17	68.5	39	0.02362
151		宁强县	铁矿	宁强县黑木林铁矿/白岩沟尾矿库	宁强县大安镇黑木林村	E106.2705° N33.1870°	无主	闭库	58	58	81	81	0.01397
152			铁矿	宁强县黑木林铁矿/水沟尾矿库	宁强县大安镇黑木林村	E106.2613° N33.1768°	有主	停用	40	35	76	65	0.019
153			铁矿	球溪矿业公司/茅林沟尾矿库	宁强县大安镇庙坝村	E106.3229° N33.1640°	有主	停用	47.5	46	45.2	42.2	0.00952

续表3-2

序号	所在地	尾矿类型	归属企业/尾矿库	尾矿库地址	尾矿库坐标	尾矿库性质	运营状况	坝高/m 设计	坝高/m 现状	库容/万立方米 设计	库容/万立方米 现状	占地面积/km²
154	汉中市宁强县	铅锌矿	宁强县山坪铅锌矿/槐树沟尾矿库	宁强县代家坝镇山坪村	E106.1961° N33.1168°	有主	停用	45	43	12.92	12	0.00287
155		铅锌矿	宁强县东皇沟矿业公司/车家沟尾矿库	宁强县代家坝镇高家河村	E106.2356° N33.1161°	无主	停用	42	36	16.38	9.97	0.0039
156		锌矿	宁强县代家坝有色金属选矿厂/罗家沟尾矿库	宁强县代家坝镇街民村	E106.1684° N33.0051°	无主	闭库	34	34	70	70	0.02059
157		铅锌矿	宁强县东皇沟铅锌矿/曹家沟尾矿库	宁强县代家坝镇马龙岩村	E106.2501° N33.0991°	无主	停用	33	26	8.5	7.5	0.00258
158		铜矿	汉中同强矿业有限责任公司/数子沟尾矿库	宁强县巨亭镇石岭子村	E106.1034° N33.0504°	有主	停用	46	15	35.52	15	0.00772
159		铁矿	宁强县鑫润矿冶有限责任公司/铺子岭尾矿库	宁强县广坪镇大茅坪村	E105.6515° N32.8016°	有主	停用	46	29	36.6	20	0.00796
160		铜矿	汉中锌业铜矿/火地沟沟尾矿库	宁强县燕子砭镇刘家坪村	E105.9247° N32.8964°	有主	停用	85	73	198	132	0.02329
161		金矿	宁强县龙达矿业公司/翁家沟尾矿库	宁强县青木川镇蒿地坝村	E105.6948° N32.8736°	有主	运行	46	36	32.5	18	0.00707
162		金矿	宁强县丁家林金矿/金峒湾尾矿库	宁强县安乐河镇唐家河村	E105.7811° N32.7650°	有主	停用	42	25	31.96	24.36	0.00761

续表3-2

序号	所在地		尾矿类型	归属企业/尾矿库	尾矿库库地址	尾矿库坐标	尾矿库性质	运营状况	坝高/m		库容/万立方米		占地面积/km²
									设计	现状	设计	现状	
163	宁强县		金矿	汉中子婕矿业公司/火峰垭尾矿库	宁强县太阳岭镇火峰垭楼	E105.9794° N33.0836°	有主	停用	31	30	9.3	8.1	0.003
164		略阳县	金矿	略阳县干河坝金矿/杏树沟尾矿库	略阳县郭镇吴家河村	E105.7424° N33.3583°	有主	停用	63	25	79.8	10	0.01267
165			金矿	略阳县干河坝金矿/八房沟尾矿库	略阳县郭镇吴家河村	E105.7463° N33.3568°	有主	停用	55	55	25.8	25	0.00469
166	汉中市		金矿	陕西鸿嘉实业有限公司/瓦场坝尾矿库	略阳县金家河镇黄家沟村	E105.8671° N33.3643°	有主	停用	47	25	82.2	0	0.01749
167			铁矿	汉中嘉陵矿业公司/刘家沟尾矿库	略阳县兴州街道办七里店村	E106.1809° N33.2975°	有主	运行	180	135	640	396	0.03556
168			铁矿	汉中嘉陵矿业公司/黑鱼尾矿库	略阳县兴州街道办大坝村	E106.2358° N33.3262°	有主	运行	95	61	940	201	0.09895
169			铁矿	略阳县凤华矿业公司/古墓坑尾矿库	略阳县兴州街道办大坝村	E106.2308° N33.3371°	无主	停用	55	55	31.8	31.8	0.00578
170			铁矿	略阳县凤华矿业公司/陈家渠尾矿库	略阳县兴州街道办大坝村	E106.2075° N33.3357°	无主	停用	60	59	18	18	0.003
171			铁矿	略阳县凤华矿业公司/青林沟尾矿库	略阳县接官亭镇亮马台村	E106.2577° N33.2751°	无主	停用	83.5	60	128	75	0.01533

续表 3-2

序号	所在地	尾矿类型	归属企业/尾矿库	尾矿库地址	尾矿库坐标	尾矿库性质	运营状况	坝高/m 设计	坝高/m 现状	库容/万立方米 设计	库容/万立方米 现状	占地面积/km²
172	汉中市 略阳县	铁矿	略阳县凤华矿业公司/木瓜沟尾矿库	略阳县接官亭镇亮马台村	E106.2949° N33.2622°	无主	闭库	65	65	50	50	0.00769
173		铜矿	略阳县大地矿业公司/红岩湾尾矿库	略阳县接官亭镇麻柳铺村	E106.3137° N33.2179°	有主	运行	44	31	98	71	0.02228
174		铁矿	略阳县东宇矿业公司/酸梨沟尾矿库	略阳县接官亭镇接官亭社区	E106.2579° N33.2747°	有主	在建	98	58	208	45	0.02122
175		铁矿	略阳县好益选矿厂/火地沟尾矿库	略阳县接官亭镇何家岩社区	E106.3390° N33.2527°	无主	停用	60	25	23.7	15	0.00395
176		铁矿	略阳县好益选矿厂/汪家沟尾矿库	略阳县接官亭镇何家岩社区	E106.3411° N33.2694°	无主	停用	30	30	14	14	0.00467
177		铁矿	略阳县金茂矿业公司/金子山尾矿库	略阳县接官亭镇柳铺村	E106.2927° N33.2119°	无主	停用	21	21	5.41	5.4	0.00258
178		镍矿	煎茶岭镍矿/麦场沟尾矿库	略阳县接官亭镇煎茶岭村	E106.3590° N33.2576°	无主	闭库	41	41	10	10	0.00244
179		铁矿	煎茶岭铁矿/老虎嘴尾矿库	略阳县接官亭镇煎茶岭村	E106.3661° N33.2550°	无主	闭库	44	40	50	40	0.01137
180		铁矿	略阳县杨家山铁矿/辛家沟尾矿库	略阳县接官亭镇岩社区	E106.3324° N33.2491°	无主	闭库	59	57	27.8	25	0.00471

续表3-2

序号	所在地	尾矿类型	归属企业/尾矿库	尾矿库地址	尾矿库坐标	尾矿库性质	运营状况	坝高/m 设计	坝高/m 现状	库容/万立方米 设计	库容/万立方米 现状	占地面积/km²
181	汉中市略阳县	铁矿	略阳县实达矿业公司黄家沟尾矿库	略阳县接官亭镇西渠沟村	E106.3344° N33.2818°	有主	停用	60	30	48.4	10	0.00807
182		铁矿	陕西诚信实业有限公司同家沟尾矿库	略阳县黑河镇上营村	E106.3065° N33.3181°	有主	运行	73	32	80.1	30	0.01097
183		铁矿	陕西诚信实业有限公司青沟尾矿库	略阳县黑河镇上营村	E106.2911° N33.3133°	有主	停用	58.5	58.5	93.5	93.5	0.01598
184		铁矿	略阳县同达矿业公司后湾沟尾矿库	略阳县黑河镇木家河村	E106.3323° N33.2942°	无主	停用	69	27	98	25	0.0142
185		铁矿	略阳县杨家坝矿业有限公司/米箭沟尾矿库	略阳县碳口驿镇碳口驿社区	E106.4138° N33.2156°	有主	运行	165	163	1027	932.01	0.06224
186		铁矿	陕西金远实业有限公司/大沟尾矿库	略阳县碳口驿镇邵家营村	E106.3408° N33.2201°	有主	运行	69	47	515.8	246	0.07475
187		铁矿	略阳县家和矿业公司黄梁树尾矿库	略阳县碳口驿镇大院子村	E106.3465° N33.1905°	有主	停用	40	25	37.23	15	0.00931
188		铁矿	略阳县龙林矿业公司杨家岭尾矿库	略阳县碳口驿镇陈家坝村	E106.3478° N33.2166°	有主	停用	32.5	32.5	38.33	33	0.01179
189		铁矿	略阳县铜城矿业公司后沟尾矿库	略阳县碳口驿镇鱼洞坝村	E106.3668° N33.1852°	有主	运行	56	48	49.52	35	0.00884

序号	所在地		尾矿类型	归属企业/尾矿库	尾矿库地址	尾矿库坐标	尾矿库性质	运营状况	坝高/m		库容/万立方米		占地面积/km²
									设计	现状	设计	现状	
190	汉中市	略阳县	铁矿	略阳县兴源矿业公司/小寨子尾矿库	略阳县峡口驿镇小寨子村	E106.4342° N33.2095°	有主	停用	42.5	37.5	48	33	0.01129
191			铁矿	略阳县云泉矿业公司/林家沟尾矿库	略阳县峡口驿镇杨家坝村	E106.3871° N33.1961°	无主	停用	59	59	26.6	26	0.00451
192			铜矿	略阳陈家坝铜铅锌多金属矿/大梆尾矿库	略阳县峡口驿镇陈家坝村	E106.3530° N33.2166°	无主	闭库	53	38	31.84	25	0.00601
193		镇巴县	硫铁矿	镇巴县泰源矿贸有限公司/海扒沟尾矿库	镇巴县平安镇平安村	E107.9662° N32.7410°	无主	停用	56	37	22.68	2.5	0.00405
194		留坝县	银矿	汉中福顺矿业有限公司/宗庙沟尾矿库	留坝县留侯镇月九村	E106.7111° N33.5881°	有主	停用	81	22	96.89	1.8	0.01196
195	安康市	旬阳县	汞锑矿	陕西汞锑科技有限公司旬阳分公司/大青铜沟尾矿库	旬阳县红军镇庙湾村七组	E109.4198° N33.1064°	有主	停用	48	40	74.77	55	0.01558
196			汞锑矿	陕西汞锑科技有限公司旬阳分公司/青铜沟尾矿库	旬阳县红军镇庙湾村七组	E109.4294° N33.0997°	有主	闭库	57	57	61	61	0.0107
197			铅锌矿	旬阳县居金源矿业有限公司/董儿沟尾矿库	旬阳县关口镇董塔村七组/董儿沟	E109.5373° N32.9089°	有主	停用	40	23	53.4	40	0.01335
198			铅锌矿	旬阳县居金源矿业有限公司/小水河尾矿库	旬阳县蜀河镇施家河村八组	E109.6545° N32.9125°	有主	在建	33.5	23.4	38	13	0.01134

续表 3-2

序号	所在地	尾矿类型	归属企业/尾矿库	尾矿库地址	尾矿库坐标	尾矿库性质	运营状况	坝高/m 设计	坝高/m 现状	库容/万立方米 设计	库容/万立方米 现状	占地面积/km²
199	安康市 旬阳县	铅锌矿	旬阳县亨通矿业有限公司/饶家沟尾矿库	旬阳县甘溪镇饶家沟	E109.2393° N32.8816°	有主	停用	26.5	7.5	50	10	0.01887
200		铅锌矿	旬阳县宏宝矿业有限公司/甘溪尾矿库	旬阳县甘溪镇甘溪沟	E109.2307° N32.8721°	有主	停用	44	25	95.91	8.5	0.0218
201		铅锌矿	旬阳县盛星矿业有限公司/桥沟尾矿库	旬阳县白柳镇	E109.3293° N32.9024°	有主	停用	34	14	11.9	4	0.0035
202		铜矿	陕西省旬阳县今日矿业有限公司/棕溪镇夹沟尾矿库	旬阳县棕溪镇康庄村一组	E109.5553° N32.8446°	有主	停用	77	42	98.29	15	0.01276
203		铅锌矿	旬阳县五联构元矿业公司/任家沟尾矿库	旬阳县构元镇樊坡村	E109.4743° N32.8757°	有主	闭库	65	25	59	5	0.00908
204		铅锌矿	旬阳县五联构元矿业公司/火烧沟尾矿库	旬阳县关口镇关坪村	E109.6496° N32.9112°	有主	运行	85	60	265.86	130	0.03128
205		铅锌矿	旬阳县五联东升矿业公司/南沙沟尾矿库	旬阳县双河镇焦山村	E109.6188° N32.9994°	有主	停用	36.5	28	98.9	38	0.0271
206		汞矿	旬阳县润景矿业有限公司/一期尾矿库	旬阳县小河镇铁厂村五组	E109.3809° N33.0851°	有主	闭库	18	18	9.8	9.8	0.00544
207		汞矿	旬阳县润景矿业有限公司/二期尾矿库	旬阳县小河镇铁厂村五组	E109.3301° N33.0972°	有主	停用	28	26	12.15	8	0.00434

续表 3-2

序号	所在地	尾矿类型	归属企业/尾矿库	尾矿库地址	尾矿库坐标	尾矿库性质	运营状况	坝高/m 设计	坝高/m 现状	库容/万立方米 设计	库容/万立方米 现状	占地面积/km²
208	安康市 旬阳县	铅锌矿	旬阳县银联矿业有限公司/关子沟尾矿库	旬阳县关口镇关坪村	E109.5687° N32.9545°	有主	停用	29	27	44	30	0.01517
209		金矿	旬阳县鑫龙矿业公司/林相金矿尾矿库	旬阳县城关镇庙河村八组	E109.3777° N32.9202°	有主	停用	16	10	8	5	0.005
210		铅锌矿	旬阳县五联华枫公司/小泥沟尾矿库	旬阳县关口镇小泥沟	E109.5128° N32.9009°	有主	停用	30	21	64	37	0.02133
211		铅锌矿	陕西旬阳大地复肥公司/泗人沟尾矿库	旬阳县构元镇马曹河村	E109.4268° N32.9289°	有主	停用	16	13.1	5	3.6	0.00313
212		铅锌矿	旬阳鑫源矿业有限公司/火烧沟尾矿库	旬阳县宋坪村	E109.5517° N32.8873°	有主	运行	—	—	—	—	0.04
213	紫阳县	锰矿	陕西省紫阳县湘贵锰业有限公司/周家湾尾矿库	紫阳县麻柳镇	E108.2026° N32.2999°	有主	运行	79	41.5	45.06	22.8	0.0057
214	石泉县	金矿	石泉县金峰矿业公司/纸房湾尾矿库	石泉县饶峰镇大湾村纸房沟	E108.1876° N33.2233°	有主	停用	45	35	48.17	23	0.0107
215		钒钛磁铁矿	洋县钒钛磁铁有限公司/西野人沟尾矿库	石泉县两河镇迎河村	E108.0583° N33.2259°	有主	停用	96.4	27	705.9	32.4	0.07323
216	汉滨区	金矿	安康縢乾矿业有限公司/西沟尾矿库	汉滨区沈坝镇	E108.6249° N32.9634°	有主	停用	73	23	84.49	5	0.01157

续表 3-2

序号	所在地		尾矿类型	归属企业/尾矿库	尾矿库地址	尾矿库坐标	尾矿库性质	运营状况	坝高/m		库容/万立方米		占地面积/km²
									设计	现状	设计	现状	
217	安康市	汉滨区	铁矿	安康市汉滨区赣安矿业有限公司/王家沟尾矿库	汉滨区双溪乡先锋村一组	E108.7739° N32.8822°	有主	在建	28	28	24.97	0	0.00892
218			钒矿	安康市东海钒业有限责任公司/蓼叶沟尾矿库	汉滨区五里镇郝家坝村	E108.9167° N32.6928°	有主	在建	58.5	27	71.6	73	0.01224
219		汉阴县	金矿	陕西汉阴黄龙金矿有限公司/大王沟尾矿库	汉阴县双河口镇黄土岗村	E108.5447° N33.0081°	有主	运行	58	48	98	73	0.0169
220			金矿	陕西汉阴黄龙金矿有限公司/小蒙沟尾矿库	汉阴县双河口镇兴春村	E108.5348° N33.0258°	有主	停用	70	68	89	81	0.01271
221			金矿	汉阴县鹿鸣金矿/荣花沟尾矿库	汉阴县铁佛寺镇李庄村	E108.6009° N32.9993°	有主	运行	42.5	37.5	93.81	75	0.02207
222			金矿	汉阴县金源有限公司/八庙沟尾矿库	汉阴县铁佛寺镇四合村	E108.6061° N33.0361°	有主	停用	41.8	34.9	40.7	23.3	0.00974
223			金矿	汉阴县盛鑫矿业有限公司/安沟尾矿库	汉阴县铁佛寺镇	E108.6281° N33.0369°	有主	停用	28	18	13.7	6.43	0.00489
224		平利县	铅锌矿	安康市宝林矿业有限公司/石牛河尾矿库	平利县长安镇石牛村	E109.4821° N32.3195°	有主	运行	40	20	97.18	67.28	0.0243
225		白河县	银矿	白河县大湾银矿有限责任公司/大南沟尾矿库	白河县卡子镇桂花村	E110.0432° N32.5749°	有主	停用	58.4	43	80.08	32.8	0.01371

续表 3-2

序号	所在地		尾矿类型	归属企业/尾矿库	尾矿库地址	尾矿库坐标	尾矿库性质	运营状况	坝高/m		库容/万立方米		占地面积/km²
									设计	现状	设计	现状	
226	安康市	白河县	银矿	白河县大湾银矿有限责任公司/小南沟尾矿库	白河县卡子镇桂花村	E110.0539° N32.5871°	有主	闭库	97	93	54	44	0.00557
227			铅锌矿	白河县汇丰矿业有限责任公司/庙山沟尾矿库	白河县构扒镇凉水村一庙山沟	E110.0575° N32.7607°	有主	停用	50	49.5	26	25.5	0.0052
228			铅锌矿	白河县钰宏旺矿业有限责任公司/余家湾尾矿库	白河县构扒镇凉水村	E110.0563° N32.7605°	有主	运行	—	—	—	—	0.0644
229		宁陕县	铁矿	宁陕县鑫裕矿业有限责任公司/西南沟尾矿库	宁陕县广货街镇沙沟村	E108.7751° N33.7678°	有主	停用	74	47.8	53.74	22.58	0.00726
230			钼矿	宁陕县潼鑫矿业有限公司/三皇殿沟尾矿库	宁陕县江口镇新铺村	E108.7271° N33.6450°	有主	停用	49.7	39.7	90.69	70.62	0.01825
231			钼矿	宁陕县恒通矿业物资有限公司/小沟尾矿库	宁陕县江口镇沙坪村	E108.6730° N33.6411°	有主	停用	67	31	92.92	22.58	0.01387
232			钼矿	宁陕县矿业有限公司/小干沟尾矿库	宁陕县城关镇月河村	E108.6135° N33.5552°	有主	停用	98	69	63.77	40	0.00651
233			钼矿	宁陕县金诚矿业有限公司/古楼沟尾矿库	宁陕县广货街镇古楼沟	E108.8491° N33.7329°	有主	停用	58	25	161.04	0.81	0.02777
234			铁矿	宁陕县宏锦达矿业有限公司/大精沟尾矿库	宁陕县广货街镇沙沟村	E108.7698° N33.7585°	有主	停用	60	39	91.1	37.55	0.01518

续表3-2

序号	所在地		尾矿类型	归属企业/尾矿库	尾矿库地址	尾矿库坐标	尾矿库性质	运营状况	坝高/m		库容/万立方米		占地面积/km²
									设计	现状	设计	现状	
235	安康市	宁陕县	铁矿	宁陕县银乐矿业有限责任公司/飘把沟尾矿库	宁陕县广货街镇沙沟村	E108.7636° N33.7661°	有主	停用	59	21	38.18	10	0.00647
236			铁矿	宁陕县金沙矿业有限公司/石渣沟尾矿库	宁陕县广货街镇沙沟村	E108.7869° N33.7603°	有主	运行	62.4	37	70.41	18	0.01128
237	渭南市	潼关县	铁矿	潼钢矿业有限公司/西沟尾矿库	太要镇后村	E110.2938° N34.4834°	有主	再利用	22	22	43.1	6	0.01959
238			铅矿	潼关县顺福矿业有限责任公司/云雨沟尾矿库	桐峪镇上善村	E110.3061° N34.4707°	有主	再利用	9	9	25.56	6	0.0284
239			金矿	潼金公司/德兴胶沟尾矿库	潼关县安乐镇胶沟	E110.2551° N34.4807°	有主	闭库	10	10	未经设计	0	0
240			金矿	潼金公司/祥顺桥西沟尾矿库	潼关县安乐镇桥西沟	E110.2470° N34.4943°	有主	闭库	39	39	148	50	0.03795
241			金矿	潼金公司/祥顺北洞沟尾矿库	潼关县代子营镇北洞村	E110.3089° N34.5259°	有主	运行	20.3	12	7.05	2.6	0.00347
242			金矿	潼关县弘源公司/下马店尾矿库	潼关县太要镇西堡障村	E110.3027° N34.4897°	有主	闭库	未经设计	0	未经设计	0	0
243			金矿	潼关县兴地公司/寺沟尾矿库	太要镇后村	E110.2913° N34.4783°	有主	运行	30	30	66.3	3	0.0221

续表 3-2

序号	所在地	尾矿类型	归属企业/尾矿库	尾矿库地址	尾矿库坐标	尾矿库性质	运营状况	坝高/m 设计	坝高/m 现状	库容/万立方米 设计	库容/万立方米 现状	占地面积/km²
244	渭南市 潼关县	铁矿	东风铁矿/江水岔西沟尾矿库	潼关县桐峪镇西岭	E110.3684° N34.4717°	有主	闭库	13	13	3.33	0	0.00256
245		金矿	潼关中金黄金矿业有限责任公司/东桐峪金矿老虎沟尾矿库	潼关县太要镇窑上村	E110.3440° N34.5022°	有主	治理后闭库	52	52	135	135	0.02596
246		金矿	潼关中金黄金矿业有限责任公司/李家金矿老虎沟尾矿库	潼关县桐峪镇马口村	E110.3467° N34.5010°	有主	闭库	58	58	80	80	0.01379
247		金矿	潼关中金黄金矿业有限责任公司/碎沟尾矿库	潼关县太要镇窑上村	E110.3483° N34.5031°	有主	治理后闭库	34	34	65	65	0.01912
248		金矿	潼关中金黄金矿业有限责任公司/桃源沟-麻沟尾矿库	潼关县太要镇窑上村	E110.3441° N34.5021°	有主	运行	50.5	38.6	248	170	0.04911
249		金矿	广鹏矿业有限责任公司/神峰沟尾矿库	代字营镇姚青村	E110.3204° N34.5239°	有主	运行	14	14	8.87	3.96	0.00634
250		金矿	潼关县鑫源矿业有限公司/西峪尾矿库	桐峪镇下小口村	E110.3449° N34.4891°	有主	运行	8	8	8	0	0.01
251		铁矿	潼关县太要秦晋铁矿/野鹤沟尾矿库	潼关县太要镇善车口村	E110.3214° N34.4751°	有主	停用	15	9	18.2	3	0.01213

续表 3-2

序号	所在地	尾矿类型	归属企业/尾矿库	尾矿库地址	尾矿库坐标	尾矿库性质	运营状况	坝高/m 设计	坝高/m 现状	库容/万立方米 设计	库容/万立方米 现状	占地面积/km²
252	潼关县	金矿	潼金公司/原玉石峪尾矿库	潼关县太要镇	E110.3109° N34.4641°	有主	闭库	未经设计	0	未经设计	0	0
253		金矿	潼关县弘宇矿业有限公司/老虎城尾矿库	太要镇老虎城村	E110.2891° N34.4904°	有主	运行	16	16	36.92	2	0.02308
254		金矿	潼关县金盛源公司/上河坝尾矿库	潼关县桐峪镇下堡磕村	E110.3176° N34.4930°	有主	闭库	未经设计	0	未经设计	0	0
255	渭南市 华阴市	金矿	华阴市华鑫矿业有限公司/蒲峪金尾矿库	华阴市孟塬镇蒲峪口	E110.1831° N34.5203°	有主	停用	6	4	22.8	15	0.038
256		金矿	渭南市产业投资开发集团有限公司/华山金矿1#尾矿库	华阴市岳庙办青山村	E110.1075° N34.6313°	有主	停用	8	3.5	32	24	0.04
257		金矿	渭南市产业投资开发集团有限公司/华山金矿2#尾矿库	华阴市岳庙办青山村	E110.1121° N34.6275°	有主	停用	4.1	3.8	77	50	0.1878
258	华州区	钼矿	金堆城钼业股份有限公司/栗西尾矿库	华州区金堆镇栗西村上游	E109.9991° N34.2874°	有主	运行	194.5	185.65	25000	22800	1.28535
259		钼矿	金堆城钼业股份有限公司/木子沟尾矿库	华州区金堆镇百花岭村上游	E109.9433° N34.3011°	有主	闭库	142	142	3230	3230	0.22746
260		钼矿	金堆城钼业股份有限公司/王家坪尾矿库	华州区金堆镇栗西村一组	E110.0116° N34.2372°	有主	运行	191	75	23500	1660	1.23037

序号	所在地		尾矿类型	归属企业/尾矿库	尾矿库地址	尾矿库坐标	尾矿库性质	运营状况	坝高/m		库容/万立方米		占地面积/km²
									设计	现状	设计	现状	
261	渭南市	华州区	钼矿	金堆钼业/栗峪芊园沟尾矿库	华州区金堆镇栗峪村芊园沟	E110.0101° N34.3395°	有主	闭库	62.8	43.8	76.6	45	0.0122
262			钼矿	金堆钼业/栗峪丰庆沟尾矿库	华州区金堆镇栗峪村丰庆沟	E109.9539° N34.3429°	有主	闭库	61	52	98	80	0.01607
263			钼矿	金堆钼业/栗峪小便沟尾矿库	华州区金堆镇栗峪村小便沟	E110.0209° N34.3311°	有主	闭库	80	54	96	85	0.012
264			钼矿	中陕核工业集团二二四大队有限公司秦兴钼业公司梨树沟尾矿库	华州区金堆镇栗峪村梨树沟	E110.0142° N34.3242°	有主	停用	94	94	97.69	97.69	0.01039
265	宝鸡市	凤县	金矿	陕西庞家河金矿有限公司/洞子沟尾矿库	凤县唐藏镇潘家湾村	E106.5684° N34.0615°	有主	运行	72	44	98.52	55	0.01368
266			金矿	陕西庞家河金矿有限公司/堡子东沟尾矿库	凤县唐藏镇庞家河村	E106.5381° N34.0417°	有主	闭库	43	39	33.57	33	0.00216
267			铅锌矿	陕西铝铜山矿业有限公司/木桐沟尾矿库	凤县留凤关镇铺村	E106.6480° N33.8364°	有主	运行	100	60	518	380	0.0518
268			铅锌矿	陕西有色旺峪矿业有限公司/庙沟尾矿库	凤县留凤关镇铺村	E106.6303° N33.8257°	有主	运行	100	95	158	140	0.0158

续表3-2

序号	所在地	尾矿类型	归属企业/尾矿库	尾矿库地址	尾矿库坐标	尾矿库性质	运营状况	坝高/m 设计	坝高/m 现状	库容/万立方米 设计	库容/万立方米 现状	占地面积/km²
269	宝鸡市 凤县	铅锌矿	陕西银母寺矿业有限责任公司/森崖沟尾矿库	凤县坪坎镇银母寺村	E106.9356° N33.8721°	有主	运行	99	97.4	128	125	0.01293
270		铅锌矿	陕西震奥鼎盛矿业有限公司/乾沟尾矿库	凤县留凤关镇酒奠沟村	E106.5706° N33.8265°	有主	运行	95	52.5	501.72	114.72	0.05281
271		金矿	陕西凤县四方金有限责任公司/王家院尾矿库	凤县坪坎镇孔棺村	E107.0068° N33.8950°	有主	运行	96	69.4	739.2	434.76	0.077
272		铅锌矿	宝鸡西北有色二里河矿业有限公司/长沟尾矿库	凤县坪坎镇银母寺村	E106.9246° N33.9347°	有主	运行	121	100	139.81	101	0.01155
273		铅锌矿	宝鸡西北有色二里河矿业有限公司/八方沟尾矿库	凤县坪坎镇银母寺村	E106.9209° N33.9244°	有主	停用	112	112	140	140	0.0125
274		铅锌矿	宝鸡市华仁矿业开发有限公司/三里河尾矿库	凤县坪坎镇银母寺村	E106.8742° N33.9089°	有主	运行	92	33	478.14	47	0.05197
275		铅锌矿	宝鸡人方山铅锌矿业有限责任公司/手扒崖尾矿库	凤县河口镇黄牛咀村	E106.8348° N33.9665°	有主	运行	72	60	320	255	0.04444
276		铅锌矿	宝鸡永盛矿业有限责任公司/杨家沟尾矿库	凤县留凤关镇酒奠沟村	E106.5985° N33.8269°	有主	运行	41	30	21.13	14.55	0.00515

续表 3-2

序号	所在地	尾矿类型	归属企业/尾矿库	尾矿库地址	尾矿库坐标	尾矿库性质	运营状况	坝高/m		库容/万立方米		占地面积/km²
								设计	现状	设计	现状	
277	宝鸡市 凤县	铅锌矿	凤县中基工贸有限责任公司/切道沟尾矿库	凤县留凤关镇温江寺村	E106.6054° N33.8189°	有主	运行	73	34	46.67	22	0.00639
278		铅锌矿	陕西宏福工贸有限责任公司/瓦房沟尾矿库	凤县河口镇石鸭子村	E106.9683° N33.9961°	有主	运行	57	23	71.1	56	0.01247
279		铅锌矿	凤县天岳铅锌选矿厂/老和沟尾矿库	凤县留凤关镇张家坡尾沟村	E106.6557° N33.8233°	有主	运行	35.5	27	17.56	14	0.00495
280		铅锌矿	凤县红光矿产品有限责任公司/大沟尾矿库	凤县凤州镇马鞍山村	E106.7167° N33.9357°	有主	运行	38	31.5	8.5	5	0.00224
281		铅锌矿	凤县陇徽工矿有限责任公司/老厂沟尾矿库	凤县河口镇核桃坝村	E106.9541° N33.9749°	有主	运行	40	15	18.65	15	0.00466
282		铅锌矿	凤县天盛矿业有限责任公司/鹿耳沟尾矿库	凤县凤州镇邓家台村	E106.6893° N33.9504°	有主	运行	50	40	72.6	35	0.01452
283		铅锌矿	凤县安河铅锌选矿厂/龙泉寺沟尾矿库	凤县凤州镇邓家台村	E106.7095° N33.9405°	有主	运行	29.5	25.67	15.8	10.02	0.00536
284		铅锌矿	凤县盛源铅锌选矿厂/斜沟尾矿库	凤县留凤关镇张家坡尾沟村	E106.6674° N33.8124°	有主	运行	42	27	36.7	22	0.00874

续表 3-2

序号	所在地	尾矿类型	归属企业/尾矿库	尾矿库地址	尾矿库坐标	尾矿库性质	运营状况	坝高/m 设计	坝高/m 现状	库容/万立方米 设计	库容/万立方米 现状	占地面积/km²
285	宝鸡市 凤县	铅锌矿	凤县万盛工矿有限公司/后沟尾矿库	凤县河口镇下坝村	E106.7980° N33.9579°	有主	在建	74.32	49	98.73	18	0.01328
286		铅锌矿	凤县天盛矿业有限责任公司/谭家沟尾矿库	凤县双石铺镇上川村	E106.5830° N33.8849°	有主	在建	42	15	95	35	0.02262
287		铅锌矿	凤县龙飞工贸有限责任公司/断泉沟尾矿库	凤县河口镇黄牛咀村	E106.8340° N33.9639°	有主	在建	52	40	33	26	0.00635
288		铅锌矿	陕西金都矿业开发有限公司/铜厂沟尾矿库	凤县凤州镇马鞍山村	E106.7100° N33.9335°	有主	在建	59.1	32	18.28	15	0.00309
289		铅锌矿	凤县鑫鑫选矿厂/后沟尾矿库	凤县河口镇候家河村	E106.8072° N33.9804°	有主	在建	22	16	5.46	3	0.00248
290		铅锌矿	凤县宏源矿业有限责任公司/唐沟尾矿库	凤县河口镇核桃坝村	E106.9541° N33.9749°	有主	在建	28		17		0.00607
291		铅锌矿	凤县上川铅锌矿/丰岩尾矿库	凤县双石铺镇上川村	E106.5932° N33.8799°	有主	停用	32.63	17.63	21.51	18	0.00659
292	太白县	金矿	陕西太白黄金矿业有限责任公司/兴开岭尾矿库	太白县太白河镇东青村	E107.1794° N33.7906°	有主	闭库	83	74	320	232	0.03855

序号	所在地	尾矿类型	归属企业/尾矿库	尾矿库地址	尾矿库坐标	尾矿库性质	运营状况	坝高/m		库容/万立方米		占地面积/km²
								设计	现状	设计	现状	
293	宝鸡市 大白县	金矿	陕西大白黄金矿业有限责任公司/东沟尾矿库	大白县大白河镇东青村	E107.2271° N33.7959°	有主	运行	97	96.56	1279.1	1176	0.13187
294		金矿	陕西大白黄金矿业有限责任公司/王家沟尾矿库	大白县大白河镇东青村	E107.1737° N33.7807°	有主	运行	98	87	698	468.35	0.07122
295		铁矿	大白县宏欣矿业有限责任公司/小冲沟尾矿库	大白县咀头镇	E107.3102° N34.0300°	有主	停用	20	4	17	0.5	0.0085
296	眉县	铜矿	宝鸡铜峪矿业有限公司/遛遛沟尾矿库	眉县营头镇铜峪村	E107.7214° N34.1514°	有主	停用	67.7	62.7	74.89	7.35	0.01106
297	陇县	铅锌矿	陇县鑫海资源开发有限责任公司/瓦房沟尾矿库	陇县固关镇柴家洼村	E106.5614° N34.9909°	有主	停用	26	3	79	10	0.03038
298	西安市 临潼区	金矿	临潼金矿/尾矿库	临潼区骊山街办冷水沟	E109.2012° N34.3494°	有主	停用	20	20	100	47	0.05
299	蓝田县	铁矿	铁铜沟选矿厂头道沟尾矿库	蓝田县灞源镇铁铜沟村一组	E109.7052° N34.1828°	有主	停用	77	33	68.13	15	0.00885
300		铁矿	铁铜沟选矿厂娘娘庙沟尾矿库	蓝田县灞源镇铜沟村一组	E109.7022° N34.1861°	有主	闭库	未设计	34.8	未设计	12	0.00345
301	周至县	金矿	陕西马鞍桥生态矿业有限公司/金矿尾矿库	周至县二曲街办	E108.2332° N34.1975°	有主	停用	4	4	18	13	0.045

从统计结果来看，秦岭地区陕西段金属尾矿中，各类尾矿有如下特征：

（1）贵金属尾矿71处。其中，金尾矿61处，银尾矿5处，金银矿尾矿5处。

（2）黑色金属尾矿88处。其中，铁尾矿82处，镍尾矿2处，硫铁矿尾矿2处，锰尾矿1处，磁铁矿尾矿1处。

（3）有色金属尾矿142处。其中，铅锌尾矿54处，钼尾矿33处，钒尾矿23处，铜尾矿10处，钒钛磁铁尾矿、汞及汞锑矿尾矿各4处，铅矿、钼矿尾矿3处，锌尾矿、铅矿、金钒矿尾矿各2处，银铅矿尾矿、铜银矿尾矿、铁、铅锌矿尾矿、金铜矿尾矿各有1处（图3-2，表3-3）。

地理上，这些尾矿库几乎全部位于延绵起伏的秦巴山脉中，且呈离散分布。此外，尾矿所处位置，绝大多数人烟稀少、交通不便；地形崎岖、坡陡沟深；道路建设难度大，路程绵长、蜿蜒曲折，使其处置利用难度非常大，这也是尾矿未能有效资源化利用的主要因素之一。

表3-3　秦岭地区陕西段不同类型金属尾矿数量

金属尾矿类型	贵金属	有色金属	黑色金属	合计
	金尾矿、银尾矿、金银尾矿	铅锌尾矿、钼尾矿、钒尾矿、铜尾矿、钒钛磁铁尾矿、汞及汞锑矿尾矿、铅钼矿尾矿、锌尾矿、铅尾矿、金钒尾矿、银铅尾矿、铜银尾矿、铁尾矿、铅锌矿尾矿、金铜尾矿	铁尾矿、镍尾矿、硫铁矿尾矿、锰尾矿，硫铁矿、磁铁矿尾矿	
数量/处	71	142	88	301
占比/%	23.59	47.18	29.24	100.00
堆存量/万立方米	5627.36	34794.60	6348.14	46770.10
占比/%	12.03	74.39	13.57	100

研究区贵金属尾矿、有色金属尾矿、黑色金属尾矿的具体分布特征叙述如下。

（1）贵金属尾矿。研究区71处贵金属尾矿，占区内金属尾矿总量的23.59%，累计堆存量约5627万立方米，占区内尾矿总堆存量的12.03%。其中，金尾矿、金银尾矿共66处，主要分布在东部区域，仅渭南市潼关县和商洛市洛南县两个县境内就有22处，累计堆存量1179.56万立方米。这是由于潼关县南部与洛南县北部一带，金矿、金银矿资源丰富，因此集中了大量的岩金类选矿厂。另外，东桐峪金矿、潼关金矿及小口金矿等20多个国营和乡镇矿山，仍一直在生产中，并在不断排放尾矿，而且选金尾矿堆存量较大（表3-2）。其余贵金属尾矿分散分布在宝鸡市的凤县、太白县，以及商洛市的镇安县与汉中市的略阳县等地，都是金尾矿，共计分布 44 处，累计堆存量 979.15 万立方米。

陕西省银矿资源规模较小，开发的银矿数量也很少，其中，以柞水县银矿规模最大，产生的尾矿最多、堆存量最大，高达 265 万立方米。区内银尾矿库共 5 处，累计堆存量 343.6 万立方米。

（2）有色金属尾矿。研究区作为秦岭造山带的一部分，有色金属矿产资源丰富，矿产开发历史也较长，且开发程度较高、开采数量也多。因此，有色金属尾矿也最多，共 143 处，占研究区金属尾矿总量的 47.51%，累积堆存量为 34794.6 万立方米，占研究区尾矿总堆存量的 74.39%，尤其是仅金堆成钼尾矿堆存量就高达 27997.69 万立方米。有色金属尾矿在西安市、宝鸡市、渭南市、汉中市、安康市和商洛市所属的秦岭山区范围内均有分布，而且类型较多，具体包括铜矿、铅锌矿、钼矿、镍矿以及汞锑矿等。区内各类有色金属尾矿数量、堆存量各不相同，位置集中分布在各矿山所在地及其附近沟谷。这些金属尾矿中，铜矿以伴生矿和贫矿为主，主要赋存于华县金堆城钼矿床内，开采利用程度也较低，对应尾矿也主要集中在华县金堆城，堆存量 27900 万立方米；铅锌矿尾矿大多分布在宝鸡、商洛、渭南、汉中、安康以及西安周边等地市，共 54 处，总堆存量约 2280 万立方米；陕西省的钼矿资源非常丰富，且集中分布在渭南和商洛地区。其中金堆城钼矿自 1970 年开采以来，年采矿石数百万吨，钼精矿生产能力达 1.2 万吨，位居我国钼矿山生产首位，因而其产生的尾矿量也十分巨大；研究区还拥有储量巨大的钒钛磁铁矿资源，素有"攀钢第二"之称。但是由于陕西的钒钛磁铁矿以嵌布粒度细、品位低为主要特点，目前选矿技术没有得到有效解决（武俊杰等，2017），因此，钒、钛等资源尚未得到充分有效开发利用，而选矿厂选矿产生的尾矿主要分布在汉中的洋县，尾矿堆存量 421 万立方米。

（3）黑色金属尾矿。研究区黑色金属尾矿 86 处，尾矿库数量上虽然较多，占研究区金属尾矿总量的 28.57%，但堆存量不大，仅约 6348 万立方米，在体量上只占研究区尾矿总堆存量的 13.57%，而且集中分布在汉中和商洛两个地区。主要包括铁矿、锰矿、镍矿、硫铁矿等尾矿。其中，以铁尾矿最多，尾矿库多达 82 处，总堆存量达 6206.67 万立方米。比较著名的是地处柞水县城以东的大西沟铁矿，该矿属于我国特大型菱铁矿床之一。该铁矿的矿石储量约 3.02 亿吨，占陕西省铁矿石总储量的一半左右。20 世纪 90 年代初开始该矿山开发的建设，一期规模为年采矿 90 万吨、生产铁精矿 30 万吨；此后建成的二期工程，年采矿 800 万吨，生产铁精矿 270 万吨（武俊杰等，2018）。其产生的尾矿数量巨大，目前的堆存量达 1950 万立方米。尾矿主要堆存在商洛市柞水县大西沟（图 3-3）。

3.2.2 各市县金属尾矿库分布

301 处金属尾矿在商洛市、宝鸡市、汉中市、安康市、渭南市与西安市均有

图 3-3 大西沟铁尾矿库

分布（图 3-4、图 3-5）。其中渭南市 28 处，累计堆存量 28613.3 万立方米；商洛市 129 处，累计堆存量 8308.74 万立方米；汉中市 65 处，累计堆存量 4531.34 万立方米；宝鸡市 33 处，累计堆存量 4028.25 万立方米；安康市 42 处，累计堆存量 1201.47 万立方米；西安市 4 处，累计堆存量 87.0 万立方米。分布位置均在南北秦岭山区内。各市县（区）尾矿库分布特征具体如下：

彩色原图

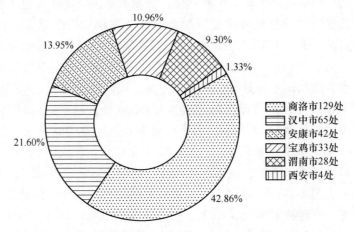

图 3-4 秦岭地区陕西段各地市分布金属尾矿库数量及占比

（1）渭南市。渭南市金属尾矿具体分布情况（表 3-4）如下：

1）潼关县，堆存金属尾矿 18 处。其中，金尾矿 14 处，总堆存量为 511.61 万立方米；铁尾矿 3 处，堆存量为 9 万立方米；铅尾矿 1 处，堆存量为 6 万立方米。

2）华州区，堆存金属尾矿 7 处。类型均为钼尾矿，总堆存量超过 27997 万立方米。

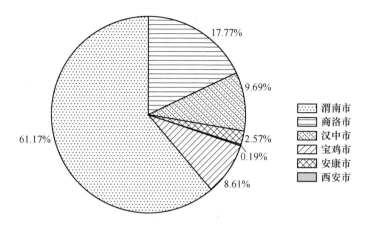

图 3-5 秦岭地区陕西段各地市分布金属尾矿库堆存量占比

3）华阴市，堆存金属尾矿 3 处。类型均为金尾矿，堆存量为 89 万立方米。

表 3-4 渭南市金属尾矿分布

县　　区		潼关县	华州区	华阴市	合计
尾矿库数量/处		18	7	3	28
尾矿库 详细类型 及堆存量 /万立方米	合计	526.61	27997.69	89	28613.3
	钼尾矿		27997.69		27997.69
	金尾矿	511.61		89.00	600.61
	铅尾矿	6.00			6.00
	铁尾矿	9.00			9.00

（2）商洛市。商洛市金属尾矿库具体分布情况（表 3-5）如下：

1）洛南县，堆存金属尾矿共 46 处。其中，钼尾矿 22 处，堆存量为 2042 万立方米；铁尾矿 11 处，堆存量为 505 万立方米；金尾矿 7 处，堆存量为 538 万立方米；铅矿钼矿尾矿 3 处，堆存量为 160 万立方米；金银矿尾矿 1 处，堆存量为 60 万立方米；铅尾矿 1 处，堆存量为 30 万立方米；铅矿、银铅矿尾矿 1 处，堆存量为 0。

2）柞水县，堆存金属尾矿总计 24 处。其中，铁尾矿 15 处，堆存量为 2335.2 万立方米；金银尾矿 3 处，堆存量为 611 万立方米；铜尾矿 2 处，堆存量为 105 万立方米；银尾矿 2 处，堆存量为 265 万立方米；钒钛磁铁尾矿 1 处，堆存量为 104 万立方米；金尾矿 1 处，堆存量为 5.17 万立方米。

3）山阳县，堆存金属尾矿共 21 处。其中，钒尾矿 15 处，堆存量为 665.05 万立方米；金矿、钒矿尾矿 2 处，堆存量为 71 万立方米；金银矿尾矿 1 处，堆存量为 18.8 万立方米；铅锌矿尾矿 1 处，堆存量为 0；铜矿、银矿尾矿 1 处，堆存量为 11 万立方米，锌尾矿 1 处，堆存量为 25 万立方米。

4）商州区，堆存金属尾矿总计 11 处，其中，金尾矿 5 处，堆存量为 15.4 万立方米；铅锌矿尾矿 4 处，堆存量为 89 万立方米；金铜矿尾矿 1 处，堆存量为 15 万立方米；硫铁矿、磁铁矿尾矿 1 处，堆存量为 2 万立方米。

5）镇安县，堆存金属尾矿共 11 处，其中，金尾矿 5 处，堆存量为 266.18 万立方米；铅锌矿尾矿 3 处，堆存量为 5.5 万立方米；钒尾矿 2 处，堆存量为 20 万立方米；铁矿、铅锌矿尾矿 1 处，堆存量为 12 万立方米。

表 3-5 商洛市金属尾矿库分布情况

县区		洛南县	柞水县	山阳县	商州区	镇安县	商南县	丹凤县	合计
尾矿库数量/处		46	24	21	11	11	10	6	129
尾矿库详细类型及堆存量/万立方米	合计	3335.00	3426.37	790.85	121.40	303.68	230.30	101.14	8308.74
	钼尾矿	2042.00							2042.00
	银尾矿		265.00						265.00
	金尾矿	538.00	5.17			266.18			809.35
	金铜尾矿				15.00				15.00
	金银矿尾矿	60.00	611.00	18.80	15.40				705.20
	金矿钒矿尾矿			71.00					71.00
	铅尾矿	30.00							30.00
	锌尾矿			25.00					25.00
	铅锌尾矿			0.00	89.00	5.50			94.50
	铅矿银铅尾矿	0.00							0.00
	铅矿钼矿尾矿	160.00							160.00
	铜尾矿		105.00					48.64	153.64
	铜矿银矿尾矿			11.00					11.00
	钒尾矿			665.05		20.00	141.90	3.20	830.15
	钒钛磁铁尾矿		105.00						105.00
	铁尾矿	505.00	2335.20				88.40	49.30	2977.90
	硫铁矿磁铁矿尾矿				2.00				2.00
	铁矿、铅锌矿尾矿					12.00			12.00

6）商南县，堆存金属尾矿共 10 处，其中，铁尾矿 6 处，堆存量为 88.4 万立方米；钒尾矿 4 处，堆存量为 141.9 万立方米。

7）丹凤县，堆存金属尾矿共 6 处，其中，铁尾矿 3 处，堆存量为 49.53 万立方米；铜尾矿 2 处，堆存量为 48.64 万立方米；钒尾矿 1 处，堆存量为 3.2 万立方米。

（3）汉中市。汉中市金属尾矿具体分布情况（表3-6）如下：

1）略阳县，堆存金属尾矿总计 33 处。其中，铁尾矿 22 处，总堆存量为 1396.71 万立方米；金尾矿 7 处，堆存量为 367.3 万立方米；镍尾矿 2 处，堆存量为 116.9 万立方米，铜尾矿 2 处，堆存量为 96 万立方米。

2）宁强县，堆存金属尾矿总计 13 处。其中，铁尾矿 4 处，总堆存量为 208.2 万立方米；金尾矿 3 处，堆存量为 50.46 万立方米；铅锌矿尾矿 3 处，堆存量为 29.47 万立方米；铜尾矿 2 处，堆存量为 147 万立方米；锌尾矿 1 处，堆存量为 70 万立方米。

3）西乡县，堆存金属尾矿总计 9 处。其中，铁尾矿 8 处，堆存量总计 454 万立方米；硫铁矿尾矿 1 处，堆存量为 2 万立方米。

4）南郑区，堆存金属尾矿总计 3 处。其中，铁尾矿 2 处，总堆存量为 47 万立方米；铅锌矿尾矿 1 处，堆存量为 26 万立方米。

5）洋县，堆存金属尾矿总计 3 处。类型均为钒钛磁铁尾矿，总堆存量为 421 万立方米。

表 3-6　汉中市金属尾矿分布

	县区	略阳县	宁强县	西乡县	南郑区	洋县	勉县	留坝县	镇巴县	合计
尾矿库数量/处		33	13	9	3	3	2	1	1	65
尾矿库详细类型及堆存量/万立方米	合计	2974.91	505.13	456.00	73.00	421.00	97.00	1.80	2.50	4531.34
	银尾矿							1.80		1.80
	金尾矿	367.30	50.46							417.76
	锌尾矿		70.00							70.00
	铅锌尾矿		29.47		26.00		97.00			152.47
	铜尾矿	96.00	147.00							243.00
	钒钛磁铁尾矿					421.00				421.00
	镍尾矿	116.90								116.90
	铁尾矿	2394.71	208.20	454.00	47.00					3103.91
	硫铁矿矿尾矿			2.00					2.50	4.50

6）勉县，堆存金属尾矿总计2处。类型均为铅锌矿尾矿，堆存量超过97万立方米。

7）留坝县，堆存金属尾矿1处。类型为银尾矿，堆存量为1.8万立方米。

8）镇巴县，堆存金属尾矿1处。类型为硫铁矿尾矿，堆存量为2.5万立方米。

（4）宝鸡市。宝鸡市金属尾矿具体分布情况（表3-7）如下：

1）凤县，堆存金属尾矿27处。其中，铅锌尾矿24处，总堆存量为1611.29万立方米；金尾矿3处，总堆存量为522.76万立方米。

2）太白县，堆存金属尾矿4处。其中，金尾矿3处，总堆存量为1876.35万立方米；铁尾矿1处，堆存量为0.5万立方米。

3）眉县，堆存金属尾矿1处。类型为铜尾矿，堆存量为7.35万立方米。

4）陇县，堆存金属尾矿1处。类型为铅锌尾矿，堆存量为10万立方米。

表3-7 宝鸡市金属尾矿分布

县 区		凤县	太白县	眉县	陇县	合计
尾矿库数量/处		27	4	1	1	33
尾矿库详细类型及堆存量/万立方米	合计	2134.05	1876.85	7.35	10.00	4028.25
	金尾矿	522.76	1876.35			2399.11
	铅锌尾矿	1611.29			10.00	1621.29
	铜尾矿			7.35		7.35
	铁尾矿		0.50			0.50

（5）安康市。安康市金属尾矿具体分布情况（表3-8）如下：

1）旬阳县，堆存金属尾矿18处，其中，铅锌尾矿12处，总堆存量超过319万立方米；汞尾矿2处，总堆存量约17.8万立方米；汞锑尾矿2处，总堆存量116万立方米；金尾矿1处，堆存量为5万立方米；铜尾矿1处，堆存量为15万立方米。

2）宁陕县，堆存金属尾矿8处。其中，铁尾矿、钼尾矿各4处，堆存量分别为88.13万立方米、134.01万立方米。

3）汉阴县，堆存金属尾矿5处。类型均为金尾矿，总堆存量为258.73万立方米。

4）白河县，堆存金属尾矿4处。其中，银尾矿、铅锌尾矿各2处，堆存量分别为76.8万立方米、25.5万立方米。

5）汉滨区，堆存金属尾矿3处。其中，金尾矿堆存量分别为5万立方米；铁尾矿、钒尾矿各1处，在建设阶段，尚未堆存尾矿。

6）石泉县，堆存金属尾矿 2 处。其中，金尾矿、钒钛磁铁尾矿各 1 处，堆存量分别为 23 万立方米、32.4 万立方米。

7）平利县，堆存金属尾矿 1 处。类型为铅锌尾矿，堆存量为 62.18 万立方米。

8）紫阳县，堆存金属尾矿 1 处。类型为锰尾矿，堆存量为 22.8 万立方米。

表 3-8   安康市金属尾矿分布

县　区		旬阳县	宁陕县	汉阴县	白河县	汉滨区	石泉县	平利县	紫阳县	合计
尾矿库数量/处		18	8	5	4	3	2	1	1	42
尾矿库详细类型及堆存量／万立方米	合计	472.92	222.14	258.73	102.30	5.00	55.40	62.18	22.80	1201.47
	钼尾矿		134.01							134.01
	银尾矿				76.80					76.80
	金尾矿	5.00		258.73		5.00	23.00			291.73
	汞尾矿	17.80								17.80
	汞锑尾矿	116.00								116.00
	铅锌尾矿	319.12			25.50			62.18		406.80
	铜尾矿	15.00								15.00
	钒尾矿					0.00				0.00
	钒钛磁铁尾矿						32.4			32.40
	锰尾矿								22.80	22.80
	铁尾矿		88.13			0.00				88.13

（6）西安市。西安市金属尾矿具体分布情况（表 3-9）如下：

1）蓝田县，堆存金属尾矿 2 处。类型均为铁尾矿，总堆存量为 27 万立方米。

2）周至县，堆存金属尾矿 1 处。类型为金尾矿，堆存量为 13 万立方米。

3）临潼区，堆存金属尾矿 1 处。类型为金尾矿，堆存量为 47 万立方米。

表 3-9   西安市金属尾矿分布

县　区		蓝田县	周至县	临潼区	合计
尾矿库数量/处		2	1	1	4
尾矿库详细类型及堆存量／万立方米	合计	27.00	13.00	47.00	87.00
	金尾矿		13.00	47.00	60.00
	铁尾矿	27.00			27.00

3.2.3　环境污染及安全影响

研究区金属矿产资源开发起步早，历史长、矿山开发数量多。与此相应，尾矿库点多、面广而且分散。因此，引发的各种环境污染及安全事件也屡见不鲜。其中，研究区汉江流域内开采活动产生的滑坡、崩塌、泥石流、地面塌陷等地质灾害类型集中，矿山地质环境问题突出；部分矿山怕排放的尾矿无序堆积，损毁和压占土地资源问题时常发生；尾矿污染大气、破坏植被，乃至造成水土流失，是矿区及周边普遍现象，降水淋溶排出有毒有害物质，污染周边水土环境，局部生态退化严重等问题常有报道。

3.2.3.1　尾矿环境污染隐患大

汉中市、安康市、商洛市以及宝鸡的凤县、太白县等区县属于丹汉江流域，共有 268 处金属尾矿库，环境污染隐患非常大。其中，在距汉江干流 1km 范围内，就有 6 座尾矿库，均分布在旬阳境内，分别为旬阳县居金塬矿业有限公司/董儿沟沟尾矿库、小水河尾矿库和旬阳县五联构元矿业公司/任家沟尾矿库、火烧沟尾矿库、小泥沟尾矿库及旬阳鑫源矿业有限公司/火烧沟尾矿库。其中，(1) 任家沟尾矿库距汉江最近，距离江边仅约 50m；(2) 丹江干流 1km 范围内有 1 座尾矿库，陕西华秦矿业有限公司/毛沟尾矿库距离丹江约 100m。此外，部分尾矿库周边分布大量农田，例如，凤县天岳铅锌选矿厂/老和沟尾矿库，距农田最近距离仅为 20m。

另外，丹汉江流域中，有 55 座金属尾矿库（闭库 22 座、废弃 1 座、停用 32 座）存在回水设施未运行、无渗水收集处理设施，或渗水收集设施破损等问题，造成渗水直排或可能直排；有 38 座尾矿库（在用 6 座、闭库 4 座、停用 28 座）渗水收集设施不完善或容积有限，日常运行或丰水期间，可能存在渗水溢流直接进入周围环境的问题。

尾矿渗水中超标的特征因子有 pH 值（小于 5，最低可达到 1.8），硫酸盐、氟化物、硒、金、镉、铜、钴、锌、镍、铁、锰、铊等。而尾矿库附近，耕地（分散式耕地）、居民地（以零星为主）、河流水体等，环境敏感受体的分布较为普遍。因此，一旦尾矿渗水处理不当或未经处理，进入周边河道、土壤和地下水中，将造成水土酸化污染、重金属超标等环境危害问题。尤其是雨季期间，暴雨或连续降雨更容易引发尾矿污染的向外迁移与扩散，扩大污染范围。

由于环境污染隐患非常大，极容易发生污染事故。例如，商洛市商州区董家沟、小西沟和王坡子沟尾矿库周边耕地土壤中，重金属元素镉、铜、铅、铬、锌、镍含量，随着距尾矿库距离的减少而递增（杨维鸽等，2021）；宝鸡凤县某铅锌尾矿库周围，土壤镉含量超过农用地土壤污染风险筛选值的 3.65~16.5 倍，镉污染十分严重（任心豪等，2020）；汉江上游某铁矿尾矿库周边土壤中，汞和镉达到中—强污染等级，硒和钴达到中度污染等级（宋凤敏等，2015）；洛南县某已停用尾矿库渗水流入河道，致使全长约15km的洛河支流黄龙河常年呈黄色，直接影响居民的饮用水源（陈永辉，2017）；2020年7月，澎湃新闻报道，安康市白河县硫铁矿渣渗水，已多年污染汉江水质（图3-6）。经调研，硫铁矿渣所在区涉及流域范围内，水体污染严重，其中，pH值、色度、铁、锰、硫酸盐等均超标，部分区域铜、锌、铅、铬、铬（Ⅵ）、砷、镉等重金属元素超标，而且凡有硫铁矿堆积存在的地段，相应河道下游水体均变成磺水；影响最大的是2017~2021年先后发生的汉中锌业尾矿库渗漏，导致的嘉陵江重大铊污染等，类似事件危害触目惊心。

图 3-6 白河硫铁矿尾渣堆积及磺水污染

彩色原图

3.2.3.2 尾矿安全风险隐患大

研究区丹汉江流域内48座尾矿库未设置地下水监测井，尾矿库周边地下水环境状况未知；区内40座尾矿库无抑尘措施或抑尘措施不到位，存在扬尘污染或易造成扬尘污染；8座尾矿库排水设施不完善、排水能力不足或无排水设施，丰水期有出现废水进入排水系统直排现象的可能；有11座无主尾矿库停运多年，但未实施闭库，造成较大污染及安全隐患。还有部分尾矿库环评、设计、安全评价、闭库等相关资料无法收集，给环境监管带来较大困难。区内停用尾矿库大部分无人值守，若发生事故无法及时知悉并进行处置。目前，仅丹汉江流域就有尾矿危库10座，险库1座，病库1座，安全度等别不确定13座。

研究区内金属矿山采选冶企业点多面广，非常分散，而且多数企业生产规模较小，尤其是小企业普遍采用已明确限制和落后的工艺技术和设备，加之企业环保意识淡薄，普遍存在未进行生态环境恢复治理，环保管理水平不高的问题，成为影响尾矿库安全的重要因素。例如，矿石加工破碎初选工序无组织排放问题严重，而且还缺乏除尘设施或者除尘设施不符合要求。部分长期停产及关闭的企业，未建设规范的矿渣堆放场，大量废渣在沟道边无序堆放，导致"磺水"等渗液横流，重金属超标问题突出。部分企业及尾矿库甚至位于河流沟渠旁边，如略阳何家岩金矿、煎茶岭镍矿的尾矿，而且输送管道、回水管道沿河而建，并多次穿越河道，同时还缺乏泄漏应急收集设施；部分企业废石渣场、尾矿库等临河而建，带来较大的环境风险。有些企业尾矿库事故应急池、回水设施等缺乏，尾矿库地下水监测也不到位，存在较大安全隐患。

正是由于上述各种问题，导致研究区尾矿库安全事故频发。例如，1988年金堆城钼业公司栗西沟尾矿库隧洞塌落事故，造成栗裕沟、麻坪沟、石门沟、洛河、伊洛河及黄河沿线长达440km范围内河道受到严重污染；736亩耕地被淹没，危及树木235万株、水井118眼；冲毁桥梁中小型132座、涵洞14个、公路8.9km，受损河堤18km；死亡牲畜及家禽6885头（只），致沿河8800人饮水困难，经济损失近3000万元（韩利民，1992；郑唯等，1988）。再如，2006年4月30日，商洛市镇安县黄金矿业有限责任公司尾矿库发生溃坝事故，下泄的尾矿渣将76间民房毁坏，造成15人死亡、2人失踪、5人受伤（新华社，2006）；2008年7月22日，位于山阳县王闫乡双河村的陕西省永恒矿建公司双河钒矿，因尾矿库1号排洪斜槽竖井井壁，及其连接排洪隧洞进口，突然发生坍塌，导致约9300m³的尾矿泥沙和库内废水发生泄露，造成该县王闫乡双河、照川镇东河，约6km河段河水受到污染，450亩农田被淤积淹没，甚至危及出陕进入湖北郧西谢家河流域的环境安全，直接经济损失达192.6万元（豆丁网，2019）；2015年11月23日，陇南市西和县的陇星锑业尾矿库发生泄漏，造成跨甘肃、陕西、四川三省的尾矿库泄漏次生重大突发环境事件，约346km河道受污染，10.8万余人供水受影响，共造成直接经济损失6120.79万元（张晓健，2016）。

3.3 研究区处置与综合利用现状

根据公开数据显示，秦岭地区陕西段尾矿堆积量4.68亿多立方米。按照平均2t/m³密度计算，堆积质量高达9亿多吨，且尾矿年产量大，仅金堆城钼业公司每年排放尾矿量就有1000多万吨。因此尾矿堆存量还在不断增加。据陈建平（2014）统计，陕西省尾矿年利用量仅15万吨左右，利用率不到8%，远低于废石（土）（24.95%）、煤矸石（79.86%）、粉煤灰（50.32%）的综合利用率。

早在"十三五"期间，在省内外多方面的技术合作、立项攻关下，陕西省在尾矿综合利用方面取得了一些成果，但远未达到预期效果。调研发现，陕西省只有少部分矿山企业在开展试验研究，主要尝试回收尾矿中的有用组分，且综合回收利用的方式也相对比较简单。例如，金堆城钼矿所在企业，通过多次科技攻关，开展尾矿中存在的硫、铜等元素回收试验（刘雁鹰等，2004）；洋县、岚皋等地的钛铁矿，自矿山建设开发以来，由于技术问题只选了磁铁矿，导致大量的钛、钒、钪等元素存留在尾矿中。为此，有关专家学者提出，引进转底炉直接还原技术来解决钛、钒、钪综合回收难的问题。当然，也有企业利用尾矿来制备建筑材料，如陕西凤县铅锌矿所属企业以尾矿为主要原料，研发泡陶瓷保温板（刘娥等，2017）；还有专家将陕西某铜尾矿的再选尾矿作为掺和料，与水泥及当地建筑砂配合，试制尾矿免烧砖（谢建宏等，2009）；陕西省柞水县研发试制高掺量尾矿的水泥非烧结砌块（王彩薇等，2017）；尧柏水泥旬阳水泥分厂，则是在水泥烧制过程中，掺入少量的铅锌矿尾矿，并且要求多数尾矿中 SiO_2 含量不少于 65%。

然而，这些利用总体处于产业化初级阶段，或者产业化利用量极其有限，而且存在利用途径较为单一、总体规模较小、产品附加值低、对尾矿组分有要求、受运输半径制约等问题。因此，综合利用率很低，且经济效益也不好。尤其是金属尾矿，大多数含有有害组分，一旦用于建筑材料，基本上都用于人口密集的城镇地段，不仅存在利用后造成新污染的问题，而且是重金属污染的人为扩散。以潼关广鹏金矿尾矿库为例，该尾矿距离潼关县姚青村仅 50m，大风天气会卷起尾矿渣和浮选药剂，长期以来污染着周围空气，影响村民的身心健康。尾矿库堆满之后，私自卖于他人进行氰化堆浸，对该地造成二次重度污染，老百姓苦不堪言（陕西民生热线网，2021）。再如略阳麻柳铺硫铁矿废渣，尾矿渣表面覆土复绿后受丰水期降雨量大增影响，表面发生滑坡现象，大量废渣又重新暴露在环境中。以部分矿区存在的磺水和白水为例，由于 pH 呈现酸性且重金属浓度偏高。2020年 7 月，媒体报道了陕西省白河县和西乡县境内硫铁矿开采导致的矿渣风化及有害组分污染问题，党中央、国务院高度关注，责成陕西省立即开展污染调查和综合治理准备工作。作者所在研究团队针对白河硫铁矿渣的污染现状（图 3-7 和图3-8），基于固废治理"全量化、资源化、无害化"原则，制订出了白河硫铁矿渣全量资源化利用的污染治理方案。基于省政府、省发改委、省生态环保厅、安康市政府、陕西有色集团和北京蔚然欣科技有限公司共同支持（图 3-9），由中国

图 3-7　安康白河硫铁矿尾矿渣污染十分严重

科学院地球环境研究所周卫健院士、安芷生院士悉心指导（图3-10），在汉中锌业管理层和一线工人的积极配合下，技术团队实施了白河硫铁矿渣资源化利用技术的工业化试验（图3-11）。该次试验，打通试验流程，产出合格产品，而且证明可以实现尾矿全量资源化利用，无二次固废排放的目标，可以从源头上消除污染隐患。

图3-8 长安大学潘爱芳教授团队现场调研及采样

图3-9 白河硫铁矿渣全量资源化利用项目推进会

图3-10 周卫健院士、安芷生院士指导白河硫铁矿渣全量资源化利用项目

图 3-11 白河硫铁矿渣资源化利用技术的工业化试验现场

彩色原图

4 典型金属尾矿库调研及样品基本特征

在初步了解掌握秦岭地区陕西段金属尾矿库基本分布情况的基础上，选择 15 处尾矿库及 2 处硫铁矿弃渣（硫铁矿开采过程中，未达到工业品位的废弃碎石渣，与尾矿具有类似的性质，并且在白河县有多处），基于实际调研，采集了相应的样品，对其化学组成进行分析测试。在此基础上，为了配合后期综合利用试验研究，进一步筛选出 10 个金属尾矿样进行了重点调研，并进行了粒度、矿物组成等基本特征的测定，为下一步金属尾矿全量资源化利用试验奠定基础。

4.1 尾矿库调研

典型金属尾矿筛选原则：

（1）类型典型、全面。尾矿类型涵盖贵金属尾矿、有色金属尾矿、黑色金属尾矿；

（2）分布位置分散。尾矿库位置分散于秦岭地区陕西段内；

（3）设计建设规范。尾矿库是依据规范设计建设的，确保是尾矿库而不是废渣堆；

（4）尾矿所属的矿山具有代表性；

（5）矿山企业对尾矿资源化利用新技术需求度高。

筛选出 10 处典型金属尾矿库所属矿山企业，拟开展系统尾矿全量资源化利用试验：

（1）金堆城钼业股份有限公司：金堆域钼尾矿；

（2）陕西白河钰宏旺矿业有限责任公司：白河铅锌尾矿；

（3）旬阳鑫源矿业有限公司：旬阳铅锌尾矿；

（4）柞水金正矿业有限公司：柞水菱铁尾矿；

（5）陕西银矿矿业有限公司：柞水银尾矿；

（6）山阳宏昌矿业有限公司：山阳钒尾矿；

（7）潼关县兴地矿业有限公司：潼关金尾矿；

（8）洋县钒钛磁铁矿责任有限公司：洋县钒钛磁铁尾矿；

（9）略阳杨家坝矿业有限公司：略阳杨家坝铁尾矿；

（10）汉中嘉陵矿业有限责任公司：略阳嘉陵铁尾矿。

笔者与研究团队一道对筛选出的准备开展实验研究的 10 处尾矿库，开展了比较系统的调研。具体包括所属公司，所在矿产矿床地质特征、尾矿库现状和处置利用现状，结果如下。

4.1.1 金堆城钼尾矿

4.1.1.1 公司概况

金堆城钼矿始建于 1958 年，2005 年改制为金堆城钼业集团有限公司。钼产业是公司的支柱产业，钼矿产量居全国之首，拥有全球唯一完整的钼产业链条。产业规模居亚洲第一、世界第三，规模达 1011461.22t（已探明钼资源量）。旗下控股的金钼股份是国内首家 A 股上市的钼专业生产商（股票代码 601958），为国际钼协会执行理事单位、中国有色金属工业协会钼业分会会长单位。生产钼炉料、钼化工和钼金属三大系列二十多种产品，应用于钢铁冶金、国防建设、航空航天、机械制造、微电子、电光源等领域。公司生产经营地主要分布在陕西西安、渭南、华州区和河南汝阳、山东淄博、安徽金寨、吉林舒兰等地。其中，陕西省境内主要企业包括矿山分公司（开发利用金堆城钼矿）、冶炼分公司（生产钼炉料产品）、化学分公司（生产钼化工产品）、金属分公司（生产钼金属产品）。该公司所属金堆城钼矿、汝阳东沟钼矿均已纳入全国绿色矿山名录，冶炼分公司于 2020 年成为全国钼行业首家大气污染防治绩效 A 级企业。

4.1.1.2 矿床地质特征

金堆城钼矿床位于华北准地台西南缘与北秦岭加里东褶皱带两大构造单元交界位置（孙涛等，2018）。金堆城钼矿床从北部的露天至深部共 5 条矿体，其中以 I 号矿体规模最大。I 号矿体在地表自北西向南东呈 325°～145°方向延伸，在深部自北西向东南沿走向方向以 15°～20°缓角度上翘。矿体倾向北东，倾角15°～30°。矿体形态与斑岩体形态基本一致。矿体主要由辉钼矿化花岗斑岩和花岗斑岩体外接触带蚀变安山玢岩组成，局部见少量石英岩型钼矿石。矿体厚度巨大且较稳定，品位一般为 0.068%～0.151%（任涛等，2019）。

该矿床以原生矿为主，矿石类型主要为硫化物型辉钼矿矿石。根据赋矿岩石类型的不同，该矿床北部的露天矿可分为 4 个自然类型：安山玢岩型、花岗斑岩型、石英岩型、板岩型。金属矿物主要有辉钼矿、黄铁矿，其次为磁铁矿、黄铜矿等；非金属矿物主要为长石、石英、绢云母、方解石、白云母、黑云母、绿泥石、萤石等。黄铁矿在矿石中普遍发育，辉钼矿是主要有用矿物，在矿石中含量较高，磁铁矿在矿石中含量也较高。矿石结构主要为角岩结构与斑状结构，矿石构造主要为网脉状、脉状、浸染状构造。

矿化主要为黄铁矿化、辉钼矿化、磁铁矿化，其次为褐铁矿化、黄铜矿化、孔雀石化、赤铁矿化等；蚀变主要为硅化、钾长石化、云英岩化、绢云母化、碳酸盐化、萤石化等。

4.1.1.3　尾矿库现状

金堆城钼矿采用"优先选钼、钼粗尾选硫、硫尾回收铁、钼精尾选铜、铜粗尾选硫"的选矿工艺流程，年处理矿石量 1320 万吨/年，尾矿产生量 1260 万吨/年，尾矿产率为 95.47%。尾矿在库内堆积干容重 1.53t/m³，合每年约 824 万立方米尾矿砂进入尾矿库处置。目前，矿区现有栗西沟、王家坪及木子沟三座尾矿库，均属二等尾矿库，合计堆存尾矿砂约 4.2 亿吨。其中，木子沟尾矿库已于 2016 年 11 月完成闭库验收，正在按新规定申请办理尾矿库销号手续；栗西沟尾矿库和王家坪尾矿库为正常在用尾矿库，项目安全、环保手续及证照齐全。

本次调研的栗西沟尾矿库，地处陕西省渭南市华州区金堆镇栗西村上游，距百花岭选矿厂 8km。该尾矿库于 1973 年由原北京有色冶金设计研究总院设计，原设计总库容 1.65 亿立方米；2011 年中国恩菲工程技术有限公司实施完成了延长服务年限的设计，将总坝高加高 30m 增至目前的 194.5m，总库容增容增至 2.5 亿立方米。该库自 1983 年 9 月建成运行至今，已使用库容约 2.28 亿立方米。

对于尾矿的综合利用，金堆城钼业公司开展了一系列研究，主要包括生产烧结砖、回收有用组分等方面：

（1）生产烧结砖。利用该公司尾矿开展了生产烧结砖的研究，产品具有一定耐高温性能。但由于生产场地处山区，产品销售对象主要在人口密集的城镇，导致运输成本高，难以产生经济效益。因此未投入实际运用。

（2）回收有用组分。1）回收铁：1973~1976 年，金堆城钼业公司与西北冶金地质研究所合作，对金堆城钼矿床矿石可选性及综合回收铁等元素进行了小型试验及工业试验。试验结果表明，可用磁选，以及再磨后，从选硫尾矿中综合回收低品位磁铁矿，并于 1993 年 10 月投产。2）回收铜：1973~1976 年，金堆城钼业公司进行了从 Cu、Mo 分离后的尾矿中，综合回收 Cu 的试验。结果表明，采用"钼精尾清洗、浓密、$CuSO_4$ 活化及少量黄药 2 号油浮选工艺"，能够回收钼精尾矿中的 Cu。3）回收硫：硫精矿是金堆城钼业公司的主要副产品。生产工艺流程是先选钼之后，从选钼尾矿中再选硫。然而，该尾矿中还有许多其他宝贵的微量元素均未回收利用，包括该尾矿中 Ga、Rb 等其他有用组分的回收，均未开展过研究。

4.1.2　白河铅锌尾矿

4.1.2.1　公司概况

陕西白河钰宏旺矿业有限责任公司，于 2003 年 2 月 24 日成立。该公司位于陕西省安康市白河县构扒镇，经营范围包括铅锌矿开采、洗选销售等，其选矿工艺以浮选法为主。

4.1.2.2 矿床地质特征

该公司开采的矿床为陕西白河县大葫芦沟铅锌矿，位于南秦岭印支褶皱带白水江—白河褶皱束东部，东临武当古陆，西衔牛山穹隆东缘接壤处的旬阳—冷水河复背斜南翼（汉江复背斜）（李广运，2013）。该矿是与海底热水喷流密切相关的沉积-改造型铅锌矿床，其矿石矿物主要为闪锌矿，极少量方铅矿，偶见黄铜矿。此外，在地表氧化带中还见有菱锌矿、白铅矿、水锌矿、异极矿、红锌矿、锌钒等氧化矿物；该矿床的脉石矿物主要为石英，次为绢云母、绿泥石、（钠）长石、白云石、方解石和少量黄铁矿、磁黄铁矿。铅锌矿体常呈密集的矿体群分布，单个矿体规模小，但厚度较大，而且向下延伸往往大于水平方向延伸长度；部分矿体下部为块状矿体，上部为脉状或层纹状矿体。矿石构造：下部多以块状、侵染状、角砾状为主，上部为脉状或层纹状构造。矿体下盘围岩蚀变以钠化、绿泥石化、石榴子石化、硅化为主，上盘以蛭石化、黑云母化、碳酸盐化为主（李广运，2013）。

4.1.2.3 尾矿库现状

白河铅锌尾矿库面积约为 64400m^2，当前正在使用中，现有堆存量约 250 万吨。该尾矿砂颗粒较细，加之有氧化矿，因而易产生扬尘污染与大气污染，但现今并尚见由该尾矿引起的污染或地质灾害事件。目前，该尾矿并未进行任何方式的资源化利用，也未开展过任何综合利用研究。如果按照矿山业主想法，未来可能会被用于矿坑回填。由于该尾矿地处汉江流域，白河县政府在进一步加强尾矿监管力度，要求对尾矿渣乱存乱放问题做出整改，强化尾矿库治理。

4.1.3 旬阳铅锌尾矿

4.1.3.1 公司概况

陕西旬阳鑫源矿业有限公司成立于 1995 年，位于安康市城关镇，是一家大型股份制民营企业，经营范围包括铅锌矿采选、尾矿渣综合利用等，选矿工艺以浮选法为主。

4.1.3.2 矿床地质特征

旬阳铅锌矿位于南秦岭成矿带之镇安-旬阳铅、锌、金、汞、锑、重晶石成矿带上，属于志留系细碎屑岩沉积-改造型铅锌矿床（王林等，2019；任轲等，2021）。其中，旬阳铅锌矿的含矿岩系主要由下志留和中志留统浅变质的细碎屑岩和新发现的钠长石岩和硅质岩等组成。该矿床矿体分上、下两段。其中，矿体下部是粉砂质千枚岩和绿泥绢云千枚岩、钠长石岩，底板多见铁碳酸盐岩；上部是石英细砂岩和泥质粉砂岩。钠长石岩和硅质岩等与铅锌矿成矿关系比较密切，含矿层中浅变质细碎屑岩与层状铅锌矿体、硅质岩和铁碳酸盐岩连续沉积。

矿石矿物主要为闪锌矿、方铅矿,其次为黄铁矿,少量为黄铜矿;脉石矿物主要为石英,其次为绢云母、方解石,少量为白云石、绿泥石,以及泥质、炭质、绿帘石等。矿石结构主要为他形粒状结构、不等粒状结构,其次为花岗变晶结构、显微花岗鳞片变晶结构。矿石构造主要有微层状构造、浸染状构造,其次有细脉浸染状构造、角砾状构造、千枚状构造等。

4.1.3.3　尾矿库现状

旬阳火烧沟铅锌尾矿库占地面积 40000m², 总库容 58 万立方米, 已利用 28 万立方米。该尾矿库占地类型主要是荒地, 设计服务年限为 6 年。在具体使用过程中, 矿山开采中的部分废石也堆入库中。

(1) 尾矿堆放侵占土地,进而引起了植物破坏、景观、生态系统以及对生态功能的影响,具体如下:

1) 生态环境影响:废石排量 11.7 万吨,采用回填式或闲置巷道堆置的方法处理,不能回填的放入罗家沟尾矿库中,对生态环境的影响主要体现在尾矿堆放压占土地,并进一步引起植物、景观、生态系统的破坏。

2) 空气环境影响:矿业企业虽然对尾矿库废石进行洒水降尘,并在库区填满后及时进行植被恢复处理,但仍然时有二次扬尘对空气造成一定的污染。

(2) 公司开展过尾矿利用的试验,利用方式与途径包括尾矿中有价元素二次回收和制备建材,具体如下:

1) 尾矿二次回收铜、铅、锌、金、银等有价元素:分别采用浮选法、重选法对铅锌尾矿进行二次处理回收有价元素。实验结果表明,采用浮选法从铅锌尾矿中的回收有关元素的效果比较差,得到的合格产品较少;采用重选法时,有价元素回收效果不明显,主要是由于尾矿中的有价成分主要集中于细粒级矿泥当中,二次回收利用难度大、回收率极低。

2) 尾矿制备建材:对于经过二次选矿或回收价值不高的尾矿,需考虑将其用作建材原料。虽有尝试,但效果均不理想,目前该尾矿仍处于堆存状态。

目前,旬阳县政府通过了《旬阳县矿产资源总体规划(2016—2020 年)》,要求加强矿山地质环境保护与治理,积极发展绿色矿山,加快推进绿色矿山建设。

4.1.4　柞水银尾矿

4.1.4.1　公司概况

陕西银矿矿业有限公司是陕西有色金属控股集团有限责任公司权属单位,位于陕西省柞水县境内,有西康铁路和包茂高速穿越而过,交通便利。该公司主要产品有:(1) 优级硝酸银。年产能 300t, 用于制镜、化工、照相等行业。(2) 银铜精矿。年产能 3000t, 含铜 15% 以上, 含银 3000g/t。(3) 铁精矿。年产能

5000t，铁含量 62%。选矿工艺以浮选法为主。

4.1.4.2 矿床地质特征

陕西银硐子银铅多金属矿床位于陕西省柞水县南东，其中银矿属于特大型，多金属矿属于中型规模。大地构造位置位于山阳-柞水成矿带西段，北以杨斜-营盘深大断裂为界，南以山阳-凤镇深大断裂为界。矿体赋存于泥盆系大西沟（青石垭）组第二岩性段上部（马芳芳，2012）。赋矿地层岩性主要为千枚岩、板状千枚岩，其次为碳酸盐岩。矿体呈层状、似层状、透镜状平行排列，并与围岩产状一致，且同步褶曲、同生沉积特征明显。

矿体特征：银硐子矿床由 18 个矿体组成，各矿体产状与围岩一致，倾向均为 NNE，倾角为 30°~40°。矿体具有明显的侧向以及垂向分带特征，且侧向分带特征占主导地位。水平走向上，矿石矿物自西向东依次为菱铁矿、铜矿、银铅（锌）矿、银铜矿、铅矿。矿体分带特征垂向上呈多层性，自下到上依次为铜银矿、银铅矿、铅矿和菱铁矿。

矿石特征：矿石矿物主要包括黄铁矿、方铅矿、黄铜矿、磁铁矿、闪锌矿、毒砂、砷黝铜矿、磁黄铁矿、菱铁矿等。其中含银矿物主要为含银黝铜矿、辉银矿、硫锑铜银矿、硫银锑铅矿、自然银，以及银铜的硫锑化物等。脉石矿物主要为重晶石和钠长石，其次为绿泥石、方解石、似碧玉、石英和含铁白云石等，偶见绢云母、高岭石、蛇纹石等。

围岩蚀变：围岩蚀变普遍不太发育。银硐子银铅多金属矿床的铜银矿段，具层状矿体特征，但其下部的网脉状矿化钠长石岩蚀变较为发育。蚀变矿物除钠长石外，也有微斜长石及透闪石等。部分钠长石角砾岩常被黝帘石、绿帘石、绿泥石和碳酸盐交代。

矿床成因：为热水喷流沉积型矿床。

4.1.4.3 尾矿库现状

该尾矿库于 2013 年 12 月建成，面积约 66600m³，设计库容 338 万立方米，有效库容 270 万立方米；初期坝高 40m，坝顶标高 860m，后期坝高 55m；坝顶标高 915m，库容预计可达 60 万吨。

陕西银矿自 20 世纪 90 年代至今已有二十年的采矿历史，在为国家作出重大贡献的同时，也产生了地质灾害、含水层破坏、地形地貌景观破坏、土地资源破坏、水土污染破坏等一系列问题，进而影响当地生态环境质量和水源条件，威胁矿区和当地人民群众生命财产的安全。

陕西银矿选矿工艺流程起初主要考虑的是银与铜的回收。由于矿石中银与硫化铜矿物的关系十分密切，并在浮选过程中走向一致。因此，实践生产采用的选矿工艺流程，按照硫化矿浮选分离的方法进行。1994 年试生产期间，该公司根据研究报告所提供的信息和生产过程中出现的有不少磁性矿物现象，又开始探索在浮选尾矿中利用二次浮选磁选技术方法综合回收磁铁矿、重晶石的可行性，并进行了一系列的试验研究工作。

（1）回收磁铁矿：经过试验，浮选后的银尾矿中综合回收磁铁矿在技术上是可行的。浮选尾矿经两次磁选、一次磁力脱泥后，获得的铁精矿中，铁品位达62%以上，磁性铁回收率超过86%。

（2）回收重晶石：浮选硫化矿后的尾矿中主要矿物是重晶石，含量高达60%左右。于是通过重选，又获得品位80%以上的重晶石精矿，回收率超过60%。

此外，针对尾矿的治理方式和途径方面，也开展了大量试验研究，一方面对其进行工程治理，尽力消除地质灾害隐患；另一方面，在工程治理的基础上，同时采用复垦种植的方式，加快恢复矿区生态环境。

从2015年起，柞水县政府加大了尾矿监管力度，因尾矿库问题关停或关闭了多家小型矿企，同时鼓励矿企开展尾矿综合利用，促进矿业绿色建设。

4.1.5 柞水菱铁尾矿

4.1.5.1 公司概况

柞水金正矿业有限公司成立于2000年8月，位于柞水县小岭镇岭丰村境内，是集银、铅、铜、铁采选及贸易于一体的矿产品加工企业。该公司业务主要包括银铅等有色金属冶炼，铁球团加工、销售，矿石浮选，其选矿工艺以浮选法为主。

4.1.5.2 矿床地质特征

该公司所采矿床为大西沟矿床，是以矿石内菱铁矿为主的铁矿石矿床，地质储量3.02亿吨，地质品位28.01%。其中，含有4%左右的天然磁铁矿（李萍等，2008）。该矿床位于秦岭褶皱系礼县—柞水华力西褶皱带中东段（张江等，1988），西芦山—蔡玉窑复向斜西端，交公庙向斜的南翼，属于海相沉积型或沉积变质型矿床（李生全等，2018）。矿区内包括17个铁矿体、5个重晶石矿体以及2个铜矿体。按铁矿体形态、产状和矿物共生组合，分为层状菱铁矿矿体、层状重晶石磁铁矿体和脉状磁铁矿矿体。其中以层状菱铁矿体为主要矿体，占总储量的99%。层状菱铁矿矿体主要产于含矿岩系中部层位段中，产状与围岩一致，延伸较稳定。主要矿体有两层，其中6号矿体长1850m，最大斜深1370m，平均厚26.6m，最大厚133m；7号矿体长2000m，最大斜深870m，平均厚51m，最大厚181m。

矿体中金属矿物主要为菱铁矿（占铁矿物量的70%~75%），次为磁铁矿。常见矿物有镜铁矿、黄铁矿、褐铁矿，除此之外还有少量的黄铜矿、砷黝铜矿；脉石矿物主要有重晶石、石英、绢云母、钠长石、铁锰方解石、铁白云石、绿泥石等。矿石结构以变余砂状、鳞片状花岗变晶结构为主。矿石以条带状构造为主，其次为致密块状和浸染状构造。矿床蚀变类型主要有黑云母化、方柱石化、白云石化、方解石化。

4.1.5.3 尾矿库现状

该尾矿库面积约 36500m²，库容预计可达 30 万吨，尾矿主要堆存于该尾矿库中，未开展过回收利用等试验研究工作。由于无人管理，该尾矿库的排水系统基本处于半瘫痪状态，现场勘查发现多处护坡块石坡面破损，局部排水沟被尾矿覆盖，排水功能失去或者受到重大影响，存在较大的安全隐患。该尾矿库的大部分尾矿已经干燥，故刮风时会将表面较细的尾砂吹起，随风飘散，形成局部的沙尘天气，给附近的居民生产生活带来影响，同时对周围植被生长发育也造成影响。

4.1.6 山阳钒尾矿

4.1.6.1 公司概况

山阳宏昌矿业有限公司，2005 年 5 月 11 日成立，位于陕西省商洛市山阳县中村镇。公司主要从事钒矿开采、加工、销售，其选矿方法以浮选法为主。

4.1.6.2 矿床地质特征

该公司所采钒矿床位于南秦岭印支褶皱带白水江—白河褶皱束区，南侧紧临武当古隆起，矿床类型为浅海相沉积型层状矿床，属同生沉积成因。所采矿石分为炭质黏土岩型钒矿石、硅质岩型钒矿石、硅质炭质黏土岩型钒矿石三种。其中，（1）炭质黏土岩型钒矿石中的主要矿物是石英、高岭石，其次为炭质、水云母，还有藻类化石及粉砂质组分，矿石呈隐晶-泥质结构，主要由细小高岭石组成，少量水云母分布于高岭石内。另外，黄铁矿、石英呈浸染状散布于其中，石膏呈条带状集合体存在。（2）硅质岩型钒矿石由硅质岩夹薄层黏土岩组成。硅质岩呈隐晶微粒结构，成分以石英为主，其间零星分散有水云母，黄铁矿等矿物。（3）硅质炭质黏土岩型钒矿石则主要由硅质岩与炭质黏土岩互层组成，矿石兼炭质黏土岩型和硅质岩型矿石特征。

4.1.6.3 尾矿库现状

该矿山所属尾矿库面积约为 40000m²，尾矿库堆存量 2270 万吨，现已闭库。根据该尾矿库目前状态分析，有产生滑坡和土壤污染的安全环境隐患。近年来，由于山阳县政府对尾矿监管力度的进一步提升，可能有计划开展尾矿综合利用项目的立项与实施。因此，相关企业大多已开始思考，甚至着手计划开展尾矿的处置与资源化利用。而山阳钒尾矿目前尚没有开展过任何资源化利用。

4.1.7 潼关金尾矿

4.1.7.1 公司概况

潼关县兴地矿业有限公司位于渭南潼关县太要镇，于 2004 年 8 月成立，经营范围包括金矿地下开采、岩金矿采选等，选矿工艺以浮选法为主。

4.1.7.2 矿床地质特征

潼关金矿位于秦岭东西复杂构造带的北亚带与祁吕贺兰山"山"字形构造前弧东翼复合部位（阎竹斌，1986），于1975年开始开采（胡雅，2020）。区域内的金矿床以石英脉型和构造蚀变岩型为主，石英脉及矿体受构造控制。其矿体及控矿构造和石英脉的空间展布，主要有东西向、南北向、北东向、和北西向四组，并以前三组为主。矿体具以下一般特征：

（1）矿体呈大小不等、形态各异的不规则薄板状形态存在，其产状与构造带、石英脉基本一致。矿体在石英脉或构造带中均呈尖灭再现的透镜串珠状分布。矿体长度由数米至几百米不等；厚度从几十厘米至几米不等，一般厚度1~2m，最厚可达4~5m。

（2）矿石有四种类型，即金-脉石英型；金-黄铁矿-石英型；金-多金属-石英型；金-多金属-方解石-石英型。四种矿石类型代表或揭示了四个成矿期，或四个成矿阶段。

（3）金的赋存状态有三种形式，即裂隙金、粒间金与包裹金。其中，在金-黄铁矿-石英型矿石中，金的赋存形式以裂隙金为主；金-多金属-石英型矿石类型中，则以粒间金为主。

（4）主要矿石矿物为自然金、银、方铅矿、闪锌矿、黄铜矿、黄铁矿，脉石矿物为石英、长石、绿泥石、方解石等。

（5）矿床类型为中温石英脉型，伴生矿物组合为铜、铅、锌、金、银。矿床周围未见明显的围岩蚀变。

4.1.7.3 尾矿库现状

业主是陕西地矿第六地质队潼关县兴地矿业开发有限责任公司，秦太选厂新建尾矿库项目位于潼关县太要太峪寺沟，是陕西地质六队兴地公司秦太选厂改扩建项目的配套工程。项目于2016年7月设计建设，设计库容78万立方米。该尾矿库属一次性筑坝建设。

潼关金矿区历史上，乱开滥采现象普遍，矿渣随意堆弃现象较为严重。矿渣分布不仅较为分散，而且多位于山坡沟谷上游或较为陡立的山坡上。由于历史原因，潼关金矿区开采、提金等生产活动给当地带来了不同程度的矿渣型泥石流灾害、选矿废渣压占土地、矿坑废水及尾矿浆排放河流等环境污染与地灾安全隐患问题。区域内水体、土壤和生态系统受到一定程度的影响。例如，1994年的西峪金矿人工泥石流突发事件。当时的民采矿坑口由于大多任意堆放矿渣，选矿没有尾矿库，弃渣堆石淤堵缩窄或改变天然沟床，甚至堵塞流水，增加了新的疏松固体物质储量，为泥石流的形成产生创造了有利条件。

为治理该区域矿山污染，于2012年开始实施了陕西省潼关金矿区地质环境治理示范工程（一期治理工程）和二期治理工程。主要解决矿区废渣压占土地、重金属污染水源、土壤的环境问题，以及废渣淤塞河道、塌岸和矿渣淤塞河道、塌岸和矿渣型泥石流地质灾害隐患等问题。尤其是工程实施中通过应用多重隔离新技术修筑"格宾石笼挡墙"和"格栅坝"，不仅阻止了下覆重金属向上迁移，实现有效减灾，还降低了矿渣型泥石流的发生。

此外，该公司也开展了从该尾矿中回收 Fe_2O_3 的研究。2016 年以来，潼关县政府鼓励矿山企业开展尾矿的综合利用。调研中与公司有关人员沟通了解到，公司亟需尾矿全量资源化技术（图 4-1）。

陕西省秦岭地区多金属尾矿高效资源化新技术研究

项目需求证明

  矿产资源是人类生存和发展的重要物质基础之一，然而，由于当前选矿技术水平以及设备条件的制约，矿产资源在开发过程中能够利用的组分相当有限，大量矿石成为尾矿被丢弃堆积。截至 2015 年底全国尾矿累计总量在 150 亿吨以上，金属尾矿砂占 90% 以上。尾矿的大量堆积，不仅占用土地、浪费资源，而且污染环境、存在安全隐患。我国矿产资源单一矿少，共（伴）生矿多，尾矿中含有的多种有价金属和矿物未得到完全回收。

  秦岭作为我国的南北分界线，具有丰富的矿产资源与重要的生态地位。陕西省是我国重要的矿产资源大省，是我国贵金属、有色金属矿产资源的主要开采区之一，在为全国经济社会的发展做出了举足轻重的贡献的同时，陕西省经过几十年的矿业大开发，产生了不计其数的各类金属尾矿，给矿山的正常生产和当地的环境安全带来了严重的威胁。

  我公司秦太选厂日处理矿石量达 200 吨，在处理金矿石的同时产生了大量尾矿，目前，秦太选厂尾矿库中已堆积尾矿数百万吨。环境污染问题已经严重影响到公司的可持续发展，陕西地调院立项开展《陕西省秦岭地区多金属尾矿高效资源化新技术研究》，对减少环境污染、提高矿山企业的经济效益，实现绿色矿业意义重大，也是我公司解决矿山环境污染问题、提高经济效益、实现可持续发展急需开展或引进的新技术。

  特此证明！

图 4-1　潼关县兴地矿业开发有限责任公司尾矿资源化新技术需求证明　　彩色原图

4.1.8 洋县钒钛磁铁矿尾矿

4.1.8.1 公司概况

陕西洋县拥有较丰富的钒钛磁铁矿资源，2013 年以前，由民营企业开采。由于当时铁精粉市场行情不错，民营企业采富弃贫，并主要生产铁精粉，而且对矿石中的钛并不重视也不予回收，资源浪费较大。2013 年，陕西有色冶金矿业集团有限公司，对洋县桑溪矿区实施了并购资产，并对选矿厂生产线实施技术改造，以便充分利用钒钛磁铁矿资源，使企业生产精粉产品的同时，还能产出钛精矿产品。其选矿工艺也采用多种选矿方法相结合的方式。

（1）选铁工艺：采用破碎+磨矿+磁选的方法。1）破碎：采用三段二闭路破碎筛分的高压辊磨流程，总抛尾产率为 53.0%。2）磨矿：采用二段闭路磨矿的阶磨阶选的塔磨流程，磨矿细度小于 0.074mm 的部分占 90%~95%，最终获得铁精矿产率 15.4%，TFe 品位 63.0%。

（2）选钛工艺：采用粗粒级"两段强磁+重选"与细粒级"两段强磁+混合闭路浮选"的流程进行。

4.1.8.2 矿床地质特征

洋县毕机沟钒钛磁铁矿床构造上处于扬子地台—汉南隆起的东北边缘基性杂岩体内（白亚菊等，2019），矿体集中于呈岩墙状产出的岩体底部出现，矿石品位 mFe 为 20.25%~33.8%，矿石矿物主要为钛磁铁矿以及少量黄铁矿、黄铜矿，矿区铁资源量高达 7000 万吨（朱俊士，2000；杨合群等，2013；郑忠林等，2019）。毕机沟矿区主要有 4 个主矿体，大小不等，呈似层状、透镜状或扁豆状产出。矿体主要赋存于岩体中—下部异剥辉长岩与淡色辉长岩接触面上部的异剥辉长岩中，在其他岩相段也有矿体产出，但规模不大。大小矿体大多平行排列，产状与围岩相同，走向为北西-南东向，倾角变化 40°~80°。总体来看，矿体东缓西陡，东厚西薄（白亚菊等，2019）。

毕机沟矿区矿石中金属矿物主要是钛磁铁矿和钛铁矿，其次为假象赤铁矿和褐铁矿；矿石中的金属硫化物以黄铁矿为主，偶见黄铜矿和磁黄铁矿；脉石矿物以斜长石和角闪石居多，次为辉石、绿泥石、黑云母、绢云母、滑石和榍石；其他微量矿物包括磷灰石、镁铝尖晶石、黝帘石、独居石、金红石和锆石等（白亚菊等，2019；郑忠林等，2019）。

矿石主要为海绵晶铁结构，磁铁矿、钛铁矿沿脉石矿物晶隙充填，长石多具熔蚀边，局部见压碎结构，但厚度不大，可能是岩浆晚期构造作用的结果；钛铁矿与磁铁矿之间，形成固溶体分解晶架状结构和叶片状结构，矿石构造以浸染状为主（郭彩莲等，2020）。

矿石中，铁的赋存状态较为复杂：其中，分布于钛磁铁矿中的铁仅占

44.86%，其余部分主要以钛铁矿、赤（褐）铁矿和硅酸铁形式存在，分布率分别为 10.09%、22.02% 和 21.51%。

区内的含矿岩石普遍遭受蚀变作用，尤其是在靠近后期花岗岩体的接触带上，有明显的热液蚀变现象。蚀变现象主要为碳酸盐化、高岭土化、蛇纹石化、绢云母化、绿泥石化等。其中，矿体蚀变现象主要为蛇纹石化、绿泥石化、磷灰石化及黝帝石化等；橄榄石蚀变转化为蛇纹石，并析出磁铁矿而使磁铁含量进一步提高。

4.1.8.3　尾矿库现状

该公司现有三座尾矿库，分别为砭家沟尾矿库、菜田沟接续尾矿库和青沟尾矿库。本次调研的砭家沟尾矿库坝高 59.8m，库容 98.45 万立方米。根据库内初步浅表取样发现，尾矿库中磁性铁矿物品位约为 2.0%、TiO_2 品位约为 3.5%。

前人就洋县钒钛磁铁矿尾矿中钛的分离提取开展了大量研究。例如，2013年，洋县钒钛磁铁矿有限责任公司采用强磁选-浮选工艺，对 TiO_2 品位 2.79% 的尾矿进行二次选矿试验，最终可得到 TiO_2 含量为 46.6%、产率为 1.29%、回收率为 21.44% 的钛精矿（李周强等，2016）。

杨伟卓（2015）提出了直接浸出、浮选-碱性浸出、浮选-酸性-碱性联合浸出等二次选矿工艺，结果表明这三种工艺均可实现尾矿中金、银、镍、钴、铜的有效浸出。

虽然前人对该尾矿回收流程有过较多研究，并在实验室内成功将尾矿中的钛回收为钛精矿，但也仅仅回收了其中的钛等少量元素，尾矿排放量并没有减少多少，也未真正实现该尾矿的综合利用，而且其中仍含有大量的有用组分尚待提取利用（于元进，2016；贾雪梅等，2019；于元进，2015）。

因此，回收部分铁、钛及钒之后，依旧排放巨量尾矿。目前，该公司的砭家沟尾矿库已堆满，被迫停用。因此亟需尾矿全量资源化新技术（图 4-2）。

4.1.9　略阳杨家坝铁尾矿

4.1.9.1　公司概况

略阳杨家坝矿业有限公司，2011 年 4 月成立，位于略阳县硖口驿镇，经营范围包括铁矿开采、矿产品购销等。公司产品包括铁矿石、铁精粉等，选矿工艺以破碎+磨矿+磁选为主。

4.1.9.2　矿床地质特征

杨家坝铁矿位于陕西省南部勉略宁"三角地区"的核心部位，产于中元古界碧口群火山岩系中（赵甫峰，等，2009），属于岩浆分异-热液交代型矿床。该矿始建于 1972 年，1986 年建成规模 $40×10^4 t/a$ 采选生产能力，2004 年扩容至 $130×10^4 t/a$（赵甫峰，2010）。矿床由两条相互平行的矿体组成，分别是 I 号矿体

陕西省秦岭地区多金属尾矿高效资源化新技术研究项目
需求证明

矿产资源是人类生存和发展的重要物质基础之一，然而，由于当前选矿技术水平以及设备条件的制约，矿产资源在开发过程中能够利用的组分相当有限，大量矿石成为尾矿被丢弃堆积。截至2015年底全国尾矿累计总量在150亿吨以上，金属尾矿砂占90%以上。尾矿的大量堆积，不仅占用土地、浪费资源，而且污染环境、存在安全隐患。我国矿产资源单一矿少，共（伴）生矿多，尾矿中含有的多种有价金属和矿物未得到完全回收。

秦岭作为我国调的南北分界线，具有丰富的矿产资源与重要的生态地位。陕西省是我国重要的矿产资源大省，是我国贵金属、有色金属矿产资源的主要开采区之一，在为全国经济社会的发展做出了举足轻重的贡献的同时，陕西省经过几十年的矿业大开发，产生了不计其数的各类金属尾矿，给矿山的正常生产和当地的环境安全带来了严重的威胁。

我公司从2013年并购重组生产，目前公司日处理矿石量达数千吨，产生大量尾矿。公司有青沟尾矿库、冠家沟尾矿库、李家庄尾矿库等，堆积尾矿达数千万吨。环境污染问题已经严重影响到公司的可持续发展，陕西地调院立项开展《陕西省秦岭地区多金属尾矿高效资源化新技术研究》，对减少环境污染、提高矿山企业的经济效益，实现绿色矿业意义重大，也是我公司解决矿山环境污染问题、提高经济效益、实现可持续发展急需开展或引进的新技术。

特此证明！

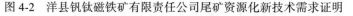

洋县钒钛磁铁矿有限责任公司
2018年9月30日

图4-2 洋县钒钛磁铁矿有限责任公司尾矿资源化新技术需求证明

彩色原图

和Ⅱ号矿体。其中，Ⅰ号为主矿体，东西长约500m，南北平均厚度约30m，下盘脉外为破碎白云岩，东部混有部分炭质板岩、蚀变白云岩；上盘为磁铁蛇纹岩、绿泥岩。Ⅱ号矿体与Ⅰ号平行，东西长约300m，南北厚度平均为

60m，上盘围岩为闪长岩，下盘即为主矿体的上盘。

杨家坝铁矿属于贫磁铁型矿石，金属矿物主要为磁铁矿，并含有少量假象赤铁矿、褐铁矿、黄铁矿和微量的黄铜矿及磁黄铁矿。矿石自然类型以蛇纹石磁铁矿、斜长绿帘石磁铁矿，透闪石磁铁矿为主；滑石磁铁矿、透闪石绿帘石磁铁矿、绿泥石蛇纹石磁铁矿、绿泥石滑石磁铁矿次之。

脉石矿物以蛇纹石、滑石、透闪石、绿泥石、绿帘石为主，还有少量白云石、金云母、磷灰石、阳起石、石英、榍石及碳酸盐矿物。此外，有微量白钛矿。

矿体围岩蚀变自内向外可分为 5 个蚀变带，即蚀变闪长岩带、斜长绿帘岩带、透闪岩带、含矿蛇纹岩带及蚀变厚层的白云岩带。

磁铁矿呈粗粒结构，有少部分呈细粒结构，与脉石矿物呈网状或条状构造。矿石结构以他形-半自形不规则粒状为主，自形晶次之，少量为变余碎裂结构及网环结构。矿石构造以浸染状及稠密浸染状为主，其次为块段构造、角砾状构造，局部可见条纹、条带及斑杂状构造。

4.1.9.3　尾矿库现状

略阳杨家坝铁矿所属米箭沟尾矿库于 1986 年建成并投入使用，初始坝高约 30m，坝顶标高 730m。尾矿堆积坝采用上游法堆筑，设计最终标高 830m，设计容量 620 万立方米，有效容量 525 万立方米。后期为延长尾矿库的使用年限，采用中线法筑坝，并对尾矿坝进行了加高扩容改造，设计最终标高达 860m，新增库容 585 万立方米，延长使用寿命 15 年。

该尾矿对空气、地表水、地下水、声环境质量和生态环境都有影响。为此，该公司根据尾矿的化学组分及矿物组成，进行了综合利用的积极探索，但尚未取得有效的成果。

4.1.10　略阳嘉陵铁尾矿

4.1.10.1　公司概况

汉中嘉陵矿业有限责任公司，于 2003 年 4 月 29 日成立，位于陕西省汉中市略阳县。经营范围包括矿石开采、开发、选矿等，公司产品包括铁矿石原矿、铁精粉等，其选矿工艺以破碎+磨矿+磁选为主。

4.1.10.2　矿床地质特征

黑山沟铁矿位于陕西省汉中地区略阳县渔洞子乡，属于喷发沉积变质磁铁石英岩矿床，矿山于 1984 年建成。该矿床赋存于下古生界绿色岩系的鱼洞子黄家营亚组岩系中，岩性为斜长角闪岩及绿泥斜长岩。矿体上下盘围岩均为石英角闪岩，但在断层及破碎带附近可见部分角闪片岩。矿区内矿物比较简单，以磁铁石英岩为主，局部出现含磁铁石英岩或磁铁绿泥石英岩等。极贫铁矿、矿区围岩主要以斜长角闪片岩为主,局部有变辉绿岩岩脉,角闪岩脉侵入。矿体呈似层状产出,下盘产状的部分块段受断层破坏影响变化较大(郑敏昌等,2011)。黑山沟矿体走向 300°~320°,倾向东北,倾角 68°~75°,平均厚度 7.2m(张有军,2009)。

4.1.10.3　尾矿库现状

汉中嘉陵矿业黑鱼尾矿库由马鞍山矿山研究设计院设计,于 2011 年建成。该尾矿库初期坝高 50m,堆积坝高 45m,总坝高 95m,设计总库容 992 万立方米,实际有效库容 848.8 万立方米,使用年限为 16 年,基础坝外坡比 1:2.75,堆积坝外坡比 1:5,该尾矿库划为三类库。

该尾矿库的干滩长度较长,为此,在保证安全稳定的同时也产生了另外一个问题,就是刮风时会将较细的尾砂吹起,形成局部的沙尘天气,给下游的居民生产生活带来很大的影响。由于无人管理,尾矿库的排水系统基本处于半瘫痪状态。现场勘查发现多处护坡块石坡面破损,局部排水沟被尾矿库覆盖,排水功能失去或者受到重大影响,存在较大的安全隐患。个别排水井进水眼较少,影响排渗。

选矿后,黑鱼尾矿的矿物组成主要为石英、辉石、角闪石、绿泥石、斜长石。少量铁尾矿经过 0.15T、0.18T、0.25T、0.3T 不同的场强以及同一场强不同粒度的尾矿的磁铁矿二次选矿等。根据尾矿的矿物组成,该公司进行了综合利用探索与再选试验。结果表明,选用 0.15T 的场强进行尾矿扫选,再将扫选获得的粗精矿返回到球磨机磨至-200 目占 60%后,再进行精选,一年可多产 1 万余吨合格铁精矿。显然,通过二次选矿无法从根本上消除尾矿的大量堆存。

对 10 处金属尾矿库的调研情况,包括选矿矿种、尾矿量、以往开展尾矿利用研究情况见表 4-1。

表 4-1　10 处尾矿库基本情况

尾矿库名称	选矿矿种	运营状况	占地面积/km²	尾矿量/万吨	尾矿利用现状
金堆城钼尾矿	钼、铜	运行	1.28535	42000	尾矿未利用;开展过回收有用组分和制备建材的研究
白河铅锌尾矿	铅、锌	运行	0.0644	250	尾矿未利用;未开展回收利用研究
旬阳铅锌尾矿	铅、锌	运行	0.04	30	尾矿未利用;开展过回收有用组分和制备建材的尝试
柞水银尾矿	银、铅	停用	0.02527	600	尾矿未利用;尾矿库复垦种植
柞水铁尾矿	铁	闭库	0.0365	200	尾矿未利用;未开展回收利用研究

尾矿库名称	选矿矿种	运营状况	占地面积/km²	尾矿量/万吨	尾矿利用现状
山阳钒尾矿	钒	停用	0.04	270	尾矿未利用；未开展回收利用研究
潼关金尾矿	金	运行	0.0221	50	尾矿未利用；开展过回收 Fe_2O_3 的研究
洋县钒钛磁铁尾矿	铁	运行	0.07543	1000	尾矿未利用；正在研究回收铁和钛
略阳杨家坝铁尾矿	铁	运行	0.06224	2500	尾矿未利用
略阳嘉陵铁尾矿	铁	运行	0.09895	2100	回收铬铁矿

4.2 典型尾矿库尾矿样品采集

在对尾矿调研过程中，同时对 17 处尾矿（包括表 4-1 所列的 10 处典型尾矿在内）进行了样品采集。为保证样品具有代表性，每件金属尾矿样品由尾矿库 7 个不同位置的样品组成，每个位置采用十字采样法采取 5 个点的尾矿组成一组样品，即每件尾矿样品由 7 组样品组成，每组样品由 5 个点位的样品组成。每个点位采集样品 2kg，则每组样品采集 10kg，即每件尾矿样品重约 70kg，17 处尾矿共采集金属尾矿样品约 1190kg。对于尾矿堆放时间较长，表层可能氧化或受到污染的尾矿库。为防止影响尾矿的分析测试和试验结果，具体采集样品时，将表层物质剥除后，距表面向下 20cm 的深处采集样品。现场将采集的样品装于样品袋内，并封口、编号，同时做好采样记录（如采样点位、样品描述等）。

采集的 17 处金属尾矿样品中，除了表 4-1 所列的 10 处典型尾矿库外，还有其他 7 处尾矿，以备后续研究。有铅锌尾矿样品 2 件，分别隶属于陕西白河县钰宏旺矿业有限责任公司（图 4-3）、旬阳鑫源矿业有限公司（图 4-4）；金尾矿样品 1 件，隶属于潼关县兴地矿业有限公司（图 4-5）；银尾矿样品 1 件，隶属于陕西银矿矿业有限公司（图 4-6）；钼尾矿样品 1 件，隶属于金堆城钼业股份有限公司（图 4-7）；钒尾矿样品 1 件，隶属于山阳宏昌矿业有限公司（图 4-8）；钒钛磁铁尾矿样品 1 件，隶属于洋县钒钛磁铁矿责任有限公司（图 4-9）；铁尾矿样品 3 件，其中，菱铁尾矿样品 1 件，隶属于柞水金正矿业有限公司（图 4-10），其余 2 件铁尾矿样品分别隶属于略阳杨家坝矿业有限公司（图 4-11）和汉中嘉陵矿业有限责任公司（图 4-12）；铜尾矿样品 1 件，隶属于略阳县大地矿业有限责任公司（图 4-13）；汞锑矿尾矿样品 1 件，隶属于旬阳瑞景矿业有限公司；镍钴尾矿样品 1 件，隶属于陕西煎茶岭镍业有限公司煎茶岭镍矿（图 4-14）；金尾矿样品 1 件，隶属于陕西华澳矿业有限公司略阳县煎茶岭金矿（图 4-15）；锌尾矿样品 1 件，隶属于汉中锌业有限责任公司（图 4-16）；硫铁尾矿样品 2 件，隶属于白河县硫铁矿。采样点位及样品描述见表 4-2。

图 4-3　陕西白河钰宏旺矿业公司尾矿库

图 4-4　旬阳鑫源矿业有限公司尾矿库

图 4-5　潼关县兴地矿业有限公司尾矿库

图 4-6　陕西银矿矿业有限公司尾矿库

图 4-7　金堆城一号尾矿库

图 4-8　山阳宏昌矿业有限公司尾矿库

(a)

(b)

图 4-9　洋县钒钛磁铁矿尾矿库

（a）洋县钒钛磁铁矿砭家沟尾矿库；（b）洋县钒钛磁铁矿青沟尾矿库

图 4-10 金正矿业有限公司尾矿库

图 4-11 略阳杨家坝矿业有限公司尾矿库

图 4-12 汉中嘉陵矿业有限责任公司黑鱼尾矿库

为妥善保存样品，将采集的样品置于隔水性强的袋子中保存，并在袋上标注编号、样品名称、所属公司等信息后，保存于阴凉干燥处，使样品不吸附、不变质。最后填好样品登记表入档，并安排专人管理所有样品。

图 4-13 略阳县大地矿业有限公司铜尾矿

图 4-14 煎茶岭镍业有限公司镍尾矿

图 4-15 煎茶岭镍业有限公司金尾矿

图 4-16 汉中锌业有限责任公司锌尾矿

4.3 尾矿样品的基本特征

彩色原图

对采集到的 17 处金属尾矿样品（表 4-2），进行了化学组成分析测定，并对准备开展试验研究的 10 处典型金属尾矿样，进行了系统的粒度、矿物组成的分析测定，查明尾矿样品的基本特征。

表 4-2 采样信息汇总表

序号	矿石类型	隶属单位	样品类型	数量/件	重量/kg	地　　址
1	铜矿	略阳大地矿业有限责任公司	尾矿库尾矿	1	70	略阳县接官亭镇
2	镍钴矿	陕西煎茶岭镍业有限公司	尾矿库尾矿	1	70	略阳县接官亭镇
3	金矿	陕西华澳矿业有限公司	尾矿库尾矿	1	70	略阳县何家岩镇
4	汞锑矿	旬阳润景矿业有限公司	尾矿库尾矿	1	70	旬阳县小河镇

续表 4-2

序号	矿石类型	隶属单位	样品类型	数量/件	重量/kg	地　址
5	锌矿	汉中锌业有限责任公司	尾矿库尾矿	1	70	勉县镇川镇茅草梁
6	铅锌矿	陕西白河县钰宏旺矿业有限责任公司	尾矿库尾矿	1	70	白河县构扒镇
7		旬阳鑫源矿业有限公司	尾矿库尾矿	1	70	旬阳县宋坪村
8	钼矿	金堆城钼业股份有限公司	尾矿库尾矿	1	70	华县金堆镇
9	银矿	陕西银矿矿业有限公司	尾矿库尾矿	1	70	柞水县凤凰镇
10	钒矿	山阳宏昌矿业有限公司	尾矿库尾矿	1	70	山阳县中村镇
11	钒钛磁铁矿	洋县钒钛磁铁矿责任有限公司	尾矿库尾矿	1	70	洋县桑溪镇
12	金矿	潼关县兴地矿业有限公司	尾矿库尾矿	1	70	潼关县太要镇
13		金正矿业有限公司	尾矿库尾矿	1	70	柞水县小岭镇
14	铁矿	略阳杨家坝矿业有限公司	尾矿库尾矿	1	70	略阳县硖口驿镇
15		汉中嘉陵矿业有限责任公司	尾矿库尾矿	1	70	略阳县大坝村
16	硫铁矿	白河县硫铁矿	1 号硫铁矿渣	1	70	白河县十里沟
17			2 号硫铁矿渣	1	70	白河县卡子镇

4.3.1 粒径特征

将采集 17 处尾矿样中，筛选出金堆城钼尾矿等 10 处尾矿样（表 4-1），做了粒度分析，结果如下。

4.3.1.1 金堆城钼尾矿

表 4-3 为金堆城钼尾矿的粒度特征参数，图 4-17 为金堆城钼尾矿的粒度分布图。

表 4-3　金堆城钼尾矿粒度特征参数

中位径（D_{50}）：3.619μm	体积平均径 [4，3]：5.699μm	面积平均径 [3，2]：2.037μm	遮光率：19.49%
跨度（SPAN）：3.03	长度平均径 [2，1]：0.678μm	比表面积（SSA）：0.949m²/g	残差：0.871%
D_5：0.530μm	D_{10}：0.734μm ／ D_{20}：1.252μm	D_{30}：1.965μm	D_{40}：2.756μm
D_{50}：3.619μm	D_{60}：4.647μm ／ D_{80}：7.987μm	D_{90}：11.70μm	D_{100}：30.06μm

由表 4-3 和图 4-17 可知，金堆城钼尾矿的最大粒径 D_{100} 为 30.06μm，小于

200目（74μm）；粒径80%处于0.734~11.70μm，粒度分布集中；中位径 D_{50} 为 3.619μm、体积平均径 $D[4, 3]$ 为 5.699μm、面积平均径 $D[3, 2]$ 为 2.037μm，三者差值小，表明样品颗粒形状较规则。

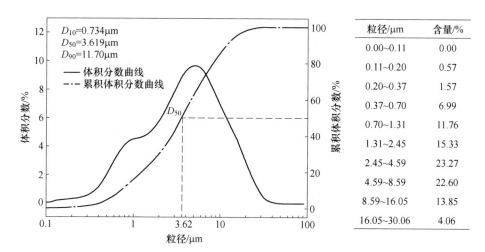

粒径/μm	含量/%
0.00~0.11	0.00
0.11~0.20	0.57
0.20~0.37	1.57
0.37~0.70	6.99
0.70~1.31	11.76
1.31~2.45	15.33
2.45~4.59	23.27
4.59~8.59	22.60
8.59~16.05	13.85
16.05~30.06	4.06

图4-17　金堆城钼尾矿粒度分布图

4.3.1.2　白河铅锌尾矿

表4-4为白河铅锌尾矿的粒度特征参数，图4-18为白河铅锌尾矿的粒度分布图。

表4-4　白河铅锌尾矿粒度特征参数

中位径 (D_{50})： 28.62μm	体积平均径 [4, 3]： 59.10μm	面积平均径 [3, 2]： 16.54μm		遮光率： 21.73%
跨度 (SPAN)：4.62	长度平均径 [2, 1]： 4.463μm	比表面积 (SSA)： 0.117m²/g		残差： 0.616%
D_5：4.253μm	D_{10}：6.616μm	D_{20}：11.04μm	D_{30}：15.74μm	D_{40}：21.30μm
D_{50}：28.62μm	D_{60}：39.33μm	D_{80}：87.71μm	D_{90}：138.9μm	D_{100}：373.1μm

由表4-4和图4-18可知，白河铅锌尾矿的最大粒径 D_{100} 为373.1μm，大于200目（74μm），有20%的颗粒粒径大于87.71μm；粒径80%处于6.616~138.9μm，粒度分布宽；中位径 D_{50} 为28.62μm、体积平均径 $D[4, 3]$ 为59.10μm、面积平均径 $D[3, 2]$ 为16.54μm，三者差值大，表明样品颗粒形状不规则。

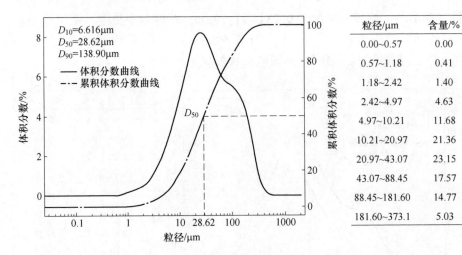

粒径/μm	含量/%
0.00~0.57	0.00
0.57~1.18	0.41
1.18~2.42	1.40
2.42~4.97	4.63
4.97~10.21	11.68
10.21~20.97	21.36
20.97~43.07	23.15
43.07~88.45	17.57
88.45~181.60	14.77
181.60~373.1	5.03

图 4-18　白河铅锌尾矿粒度分布图

4.3.1.3　旬阳铅锌尾矿

表4-5 为旬阳铅锌尾矿的粒度特征参数，图4-19 为旬阳铅锌尾矿的粒度分布图。

表 4-5　旬阳铅锌尾矿粒度特征参数

中位径（D_{50}）： 9.483μm	体积平均径［4，3］： 12.64μm	面积平均径［3，2］： 7.177μm		遮光率： 16.86%
跨度（SPAN）：1.95	长度平均径［2，1］： 3.327μm	比表面积（SSA）： 0.309m²/g		残差： 0.574%
D_5：2.288μm	D_{10}：3.228μm	D_{20}：4.753μm	D_{30}：6.223μm	D_{40}：7.773μm
D_{50}：9.483μm	D_{60}：11.45μm	D_{80}：16.93μm	D_{90}：21.67μm	D_{100}：48.57μm

粒径/μm	含量/%
0.00 ~ 0.45	0.00
0.45 ~ 0.76	0.34
0.76 ~ 1.28	1.09
1.28 ~ 2.15	2.93
2.15 ~ 3.61	8.01
3.61 ~ 6.08	16.63
6.08 ~ 10.21	24.96
10.21 ~ 17.17	26.65
17.17 ~ 28.88	16.17
28.88 ~ 48.57	3.22

图 4-19　旬阳铅锌尾矿粒度分布图

由表4-5和图4-19可知，旬阳铅锌尾矿的最大粒径 D_{100} 为 48.57μm，小于 200目（74μm），颗粒整体较细；其中80%处于 3.328~21.67μm，粒度分布集中；中位径 D_{50} 为 9.483μm、体积平均径 $D[4，3]$ 为 12.64μm、面积平均径 $D[3，2]$ 为 7.177μm，三者差值小，表明颗粒形状较为规则，粒度分布对称性好。

4.3.1.4 柞水银尾矿

表4-6为柞水银尾矿的粒度特征参数，图4-20为柞水银尾矿的粒度分布图。

表4-6 柞水银尾矿粒度特征参数

中位径（D_{50}）：25.30μm	体积平均径[4，3]：48.52μm	面积平均径[3，2]：14.78μm	遮光率：28.26%
跨度（SPAN）：4.15	长度平均径[2，1]：4.011μm	比表面积（SSA）：0.130m²/g	残差：0.556%
D_5：3.871μm	D_{10}：6.024μm	D_{20}：10.07μm	D_{30}：14.34μm	D_{40}：19.24μm
D_{50}：25.30μm	D_{60}：33.35μm	D_{80}：66.89μm	D_{90}：110.9μm	D_{100}：330.9μm

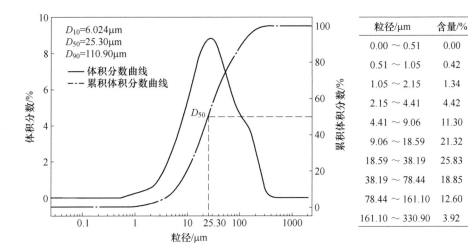

粒径/μm	含量/%
0.00 ～ 0.51	0.00
0.51 ～ 1.05	0.42
1.05 ～ 2.15	1.34
2.15 ～ 4.41	4.42
4.41 ～ 9.06	11.30
9.06 ～ 18.59	21.32
18.59 ～ 38.19	25.83
38.19 ～ 78.44	18.85
78.44 ～ 161.10	12.60
161.10 ～ 330.90	3.92

图4-20 柞水银尾矿粒度分布图

由表4-6和图4-20可知，柞水银尾矿的最大粒径 D_{100} 为 330.9μm，有将近 20%的颗粒粒径大于200目；80%的颗粒处于 6.024~110.9μm，粒度分布宽；中位径 D_{50} 为 25.30μm、体积平均径 $D[4，3]$ 为 48.52μm、面积平均径 $D[3，2]$ 为 14.78μm，三者差值大，表明样品的颗粒形状不规则。

4.3.1.5 柞水铁尾矿

表4-7为柞水铁尾矿的粒度特征参数，图4-21为柞水铁尾矿的粒度分布图。

表 4-7 柞水铁尾矿粒度特征参数

中位径 (D_{50})：28.47μm	体积平均径 [4, 3]：59.50μm		面积平均径 [3, 2]：15.86μm		遮光率：28.78%
跨度 (SPAN)：4.75	长度平均径 [2, 1]：3.999μm		比表面积 (SSA)：0.122m²/g		残差：0.583%
D_5：4.031μm	D_{10}：6.337μm	D_{20}：10.75μm	D_{30}：15.50μm		D_{40}：21.05μm
D_{50}：28.47μm	D_{60}：39.45μm	D_{80}：90.20μm	D_{90}：141.6μm		D_{100}：373.1μm

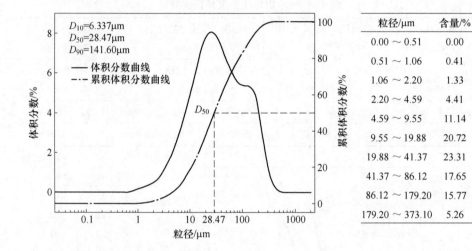

粒径/μm	含量/%
0.00 ～ 0.51	0.00
0.51 ～ 1.06	0.41
1.06 ～ 2.20	1.33
2.20 ～ 4.59	4.41
4.59 ～ 9.55	11.14
9.55 ～ 19.88	20.72
19.88 ～ 41.37	23.31
41.37 ～ 86.12	17.65
86.12 ～ 179.20	15.77
179.20 ～ 373.10	5.26

图 4-21 柞水铁尾矿粒度分布图

由表 4-7 和图 4-21 可知，柞水铁尾矿的最大粒径 D_{100} 为 373.1μm，有超过 20% 的颗粒粒径大于 200 目；80% 的颗粒处于 6.337~141.6μm，粒度分布宽；中位径 D_{50} 为 28.47μm、体积平均径 D[4, 3] 为 59.50μm、面积平均径 D[3, 2] 为 15.86μm，三者差值大，表明样品的颗粒形状不规则。

4.3.1.6 山阳钒尾矿

表 4-8 为山阳钒尾矿的粒度特征参数，图 4-22 为山阳钒尾矿的粒度分布图。

表 4-8 山阳钒尾矿粒度特征参数

中位径 (D_{50})：4.906μm	体积平均径 [4, 3]：9.164μm		面积平均径 [3, 2]：3.083μm		遮光率：41.69%
跨度 (SPAN)：3.93	长度平均径 [2, 1]：1.260μm		比表面积 (SSA)：0.720m²/g		残差：1.520%
D_5：0.755μm	D_{10}：1.114μm	D_{20}：1.830μm	D_{30}：2.646μm		D_{40}：3.643μm
D_{50}：4.906μm	D_{60}：6.677μm	D_{80}：13.34μm	D_{90}：20.40μm		D_{100}：54.76μm

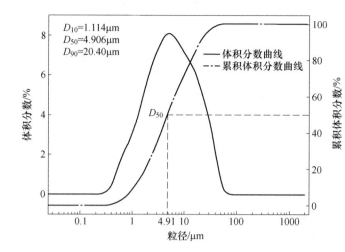

粒径/μm	含量/%
0.00 ～ 0.28	0.00
0.28 ～ 0.50	1.40
0.50 ～ 0.90	5.63
0.90 ～ 1.62	10.11
1.62 ～ 2.92	15.75
2.92 ～ 5.24	19.26
5.24 ～ 9.42	18.20
9.42 ～ 16.94	15.59
16.94 ～ 30.45	10.94
30.45 ～ 54.76	3.12

图 4-22　山阳钒尾矿粒度分布图

由表 4-8 和图 4-22 可知，山阳钒尾矿的最大粒径 D_{100} 为 54.76μm，小于 200 目（74μm），颗粒整体较细；其中 80% 处于 1.114~20.40μm，粒度分布集中；中位径 D_{50} 为 4.906μm、体积平均径 $D[4,3]$ 为 9.164μm、面积平均径 $D[3,2]$ 为 3.083μm，三者差值小，表明颗粒形状较为规则，粒度分布对称性好。

4.3.1.7　潼关金尾矿

表 4-9 为潼关金尾矿的粒度特征参数，图 4-23 为潼关金尾矿的粒度分布图。

表 4-9　潼关金尾矿粒度特征参数

中位径（D_{50}）： 100.4μm	体积平均径 [4,3]： 135.5μm		面积平均径 [3,2]： 24.46μm		遮光率： 20.26%
跨度（SPAN）：2.45	长度平均径 [2,1]： 2.382μm		比表面积（SSA）： 0.079m²/g		残差： 0.784%
D_5：5.196μm	D_{10}：11.44μm	D_{20}：27.82μm	D_{30}：49.37μm		D_{40}：73.87μm
D_{50}：100.4μm	D_{60}：129.2μm	D_{80}：200.1μm	D_{90}：257.6μm		D_{100}：602.8μm

由表 4-9 和图 4-23 可知，潼关金尾矿的最大粒径 D_{100} 为 602.8μm，粒径大于 118.5μm 的颗粒占比达 43.64%，尾矿粒度粗；其中 80% 的颗粒处于 11.44 ~ 257.6μm，粒度分布宽；中位径 D_{50} 为 100.4μm，表明样品的颗粒粗，有 50% 处于 100.4μm 以上的粗颗粒。体积平均径 $D[4,3]$ 为 135.5μm、面积平均径 $D[3,2]$ 为 24.46μm，与 D_{50} 差值大，表明样品的颗粒形状不规则，粒度分布对称性差。

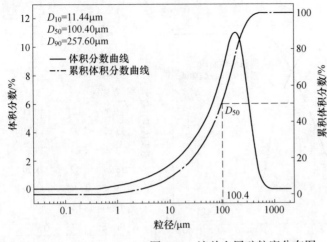

粒径/μm	含量/%
0.00～0.40	0.00
0.40～0.90	0.45
0.90～2.03	1.26
2.03～4.59	2.69
4.59～10.34	4.81
10.34～23.31	8.33
23.31～52.57	13.81
52.57～118.50	25.01
118.50～267.30	34.74
267.30～602.80	8.90

图 4-23 潼关金尾矿粒度分布图

4.3.1.8 洋县钒钛磁铁尾矿

表 4-10 为洋县钒钛磁铁尾矿的粒度特征参数，图 4-24 为洋县钒钛磁铁尾矿的粒度分布图。

表 4-10 洋县钒钛磁铁尾矿粒度特征参数

中位径 (D_{50})：9.470μm	体积平均径 [4, 3]：14.52μm	面积平均径 [3, 2]：5.354μm		遮光率：15.96%
跨度 (SPAN)：2.86	长度平均径 [2, 1]：1.767μm	比表面积 (SSA)：0.414m²/g		残差：0.679%
D_5：1.342μm	D_{10}：2.088μm	D_{20}：3.497μm	D_{30}：5.100μm	D_{40}：7.083μm
D_{50}：9.470μm	D_{60}：12.35μm	D_{80}：21.09μm	D_{90}：29.16μm	D_{100}：69.61μm

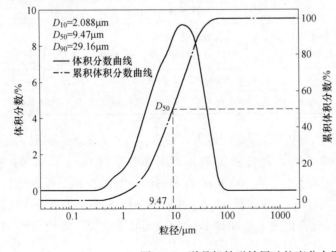

粒径/μm	含量/%
0.00～0.32	0.00
0.32～0.57	0.81
0.57～1.05	2.46
1.05～1.90	5.42
1.90～3.47	11.11
3.47～6.32	16.60
6.32～11.51	20.99
11.51～20.97	22.42
20.97～38.21	16.16
38.21～69.61	4.03

图 4-24 洋县钒钛磁铁尾矿粒度分布图

由表 4-10 和图 4-24 可知，洋县钒钛磁铁尾矿的最大粒径 D_{100} 为 69.61μm，小于 200 目（74μm），颗粒整体较细；其中 80% 处于 2.088~21.09μm，粒度分布集中；中位径 D_{50} 为 9.470μm、体积平均径 $D[4, 3]$ 为 14.52μm、面积平均径 $D[3, 2]$ 为 5.354μm，三者差值较小，表明颗粒形状较为规则，粒度分布对称性较好。

4.3.1.9 略阳杨家坝铁尾矿

表 4-11 为略阳杨家坝铁尾矿的粒度特征参数，图 4-25 为略阳杨家坝铁尾矿的粒度分布图。

表 4-11　略阳杨家坝铁尾矿粒度特征参数

中位径（D_{50}）：138.6μm	体积平均径 [4, 3]：166.7μm	面积平均径 [3, 2]：30.50μm	遮光率：16.30%
跨度（SPAN）：1.91	长度平均径 [2, 1]：2.277μm	比表面积（SSA）：0.063m²/g	残差：0.951%
D_5：5.884μm	D_{10}：15.12μm　　D_{20}：61.74μm	D_{30}：89.28μm	D_{40}：114.0μm
D_{50}：138.6μm	D_{60}：164.3μm　　D_{80}：227.1μm	D_{90}：279.6μm	D_{100}：602.8μm

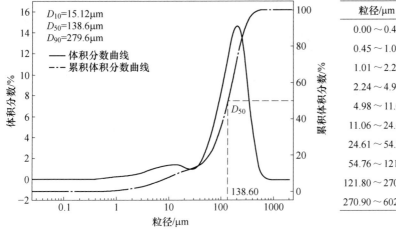

粒径/μm	含量/%
0.00~0.45	0.00
0.45~1.01	0.48
1.01~2.24	1.10
2.24~4.98	2.66
4.98~11.06	3.99
11.06~24.61	3.78
24.61~54.76	5.88
54.76~121.80	25.27
121.80~270.90	45.56
270.90~602.80	11.28

图 4-25　略阳杨家坝铁尾矿粒度分布图

由表 4-11 和图 4-25 可知，略阳杨家坝铁尾矿的最大粒径 D_{100} 为 602.8μm，粒径大于 121.8μm 的颗粒占比达 56.84%，尾矿粒度粗；其中 80% 的颗粒处于 15.12~279.6μm，粒度分布宽；中位径 D_{50} 为 138.6μm，表明样品的颗粒粗，有

50%处于 100.4μm 以上的粗颗粒。体积平均径 $D[4，3]$ 为 166.7μm、面积平均径 $D[3，2]$ 为 30.50μm，与 D_{50} 差值大，表明样品的颗粒形状不规则，粒度分布对称性差。

4.3.1.10　略阳嘉陵铁尾矿

表 4-12 为略阳嘉陵铁尾矿的粒度特征参数，图 4-26 为略阳嘉陵铁尾矿的粒度分布图。

表 4-12　略阳嘉陵铁尾矿粒度特征参数

中位径（D_{50}）：11.54μm	体积平均径 [4，3]：16.44μm	面积平均径 [3，2]：7.278μm		遮光率：16.07%
跨度（SPAN）：2.41	长度平均径 [2，1]：2.599μm	比表面积（SSA）：0.305m²/g		残差：0.429%
D_5：2.005μm	D_{10}：3.020μm	D_{20}：4.848μm	D_{30}：6.828μm	D_{40}：9.053μm
D_{50}：11.54μm	D_{60}：14.42μm	D_{80}：22.70μm	D_{90}：30.90μm	D_{100}：78.48μm

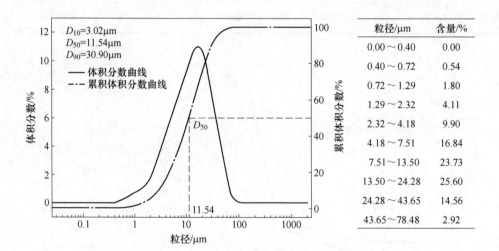

粒径/μm	含量/%
0.00～0.40	0.00
0.40～0.72	0.54
0.72～1.29	1.80
1.29～2.32	4.11
2.32～4.18	9.90
4.18～7.51	16.84
7.51～13.50	23.73
13.50～24.28	25.60
24.28～43.65	14.56
43.65～78.48	2.92

图 4-26　略阳嘉陵铁尾矿粒度分布图

由表 4-12 和图 4-26 可知，略阳嘉陵铁尾矿的最大粒径 D_{100} 为 78.48μm，97.08%的颗粒粒径小于 14.56μm，尾矿粒度细；其中 80%的颗粒处于 3.02～30.90μm，表明颗粒整体较细，粒度分布较集中；中位径 D_{50} 为 11.54μm、体积平均径 $D[4，3]$ 为 16.44μm、面积平均径 $D[3，2]$ 为 7.278μm，三者差值较小，表明颗粒形状较为规则，粒度分布对称性较好。

4.3.1.11 处尾矿的粒径总体特征

根据 10 处尾矿粒径特征对比结果（表 4-13）可知，金堆城钼尾矿、旬阳铅锌尾矿、山阳钒尾矿、洋县钒钛磁铁尾矿、略阳嘉陵铁尾矿（绝大多数）粒径小于 200 目（74μm）；白河铅锌尾矿、柞水银尾矿、柞水铁尾矿、潼关金尾矿、略阳杨家坝铁尾矿部分颗粒及略阳嘉陵铁尾矿（极少部分）粒径大于 200 目。其中，金堆城钼尾矿等 8 处尾矿平均粒径在 3.63~28.63μm，潼关金尾矿、略阳杨家坝铁尾矿平均粒径分别为 100.4μm、138.6μm，约为其他尾矿的 10 倍，表明绝大数尾矿的粒径特征比较一致。其原因与矿石类型和工艺技术密切相关。

表 4-13   10 处尾矿粒径特征对比表   （μm）

编号	尾矿名称	中位径 （D_{50}）	最大径 （D_{100}）	体积平均径 [4, 3]	面积平均径 [3, 2]	遮光率 /%
1	金堆城钼尾矿	3.619	30.06	5.699	2.037	19.49
2	白河铅锌尾矿	28.62	373.1	59.10	16.56	21.73
3	旬阳铅锌尾矿	9.483	48.57	12.64	7.177	16.86
4	柞水银尾矿	25.30	330.9	48.52	14.78	28.26
5	柞水铁尾矿	28.47	373.1	59.5	15.86	28.78
6	山阳钒尾矿	4.904	54.76	9.164	3.083	41.69
7	潼关金尾矿	100.4	602.8	135.5	24.46	20.26
8	洋县钒钛磁铁矿尾矿	9.470	69.91	14.52	5.345	15.96
9	略阳杨家坝铁尾矿	138.6	602.8	166.7	30.5	16.3
10	略阳嘉陵铁尾矿	11.54	78.48	16.44	7.278	16.07

4.3.2 化学组成特征

对所采的 17 个尾矿库样品的化学组成做了分析测定，其中，包括主量元素：SiO_2、Al_2O_3、Fe_2O_3、CaO、MgO、K_2O、Na_2O、P_2O_5、TiO_2、MnO、SO_3、CO_2；微量元素：Ba、Be、Bi、Cd、Ce、Co、Cr、Cs、Cu、Dy、Er、Eu、Ga、Gd、Hf、Ho、In、La、Li、Lu、Mo、Nb、Nd、Ni、Pb、Pr、Rb、Sb、Sc、Sm、Sn、Sr、Ta、Tb、Th、Tm、U、V、W、Y、Yb、Zn、Zr、Au、Ag、Ru、Rh、Pd、Ir、Pt、Os 的含量特征。以下是各尾矿主量、微量元素基本特征：

4.3.2.1　主量元素

17 处尾矿库的主量元素测试结果如表 4-14~表 4-17 所示。从地球化学角度来看，金属尾矿样品中的物质组分仍然是主量元素占比最大，而且具体组分的含量特征与成矿围岩关系很大。

将各尾矿中主量元素的含量分别与相应元素的克拉克值（TAYLOR，1964）、成矿边界品位和工业品位（矿产资源工业要求手册，2014）进行比较后（4.15~5.17），可以从中看到不同金属尾矿中，这些主要元素的相对含量有一定的差异，以主量元素含量大于 80% 为界，对 17 件尾矿样主量元素特征分析如下：

（1）白河十里沟硫铁矿渣中，SiO_2（60.99%）、Al_2O_3（23.3%）相对含量合量为 84.29%，Fe_2O_3、MgO、K_2O、TiO_2、SO_3 含量在 1.13%~6.71%，CaO、Na_2O、P_2O_5、MnO 含量均小于 1%。SiO_2、Al_2O_3、K_2O、TiO_2、SO_3 与地壳克拉克值之比分别为 1.03、1.47、6.10、2.20、28，呈相对富集状态，其余元素相对贫化；K_2O 含量达到了边界品位，是矿床的边界品位的 1.12 倍，其余主量元素含量均未达到边界品位；主量元素含量均达到工业品位。当然，与当前同类矿床实际开采品位相比，仍然无法达到可开采利用品位，这也是它们无法被作为产品的原因。

（2）金堆城钼尾矿、白河铅锌尾矿、旬阳铅锌尾矿、潼关金尾矿、略阳红岩湾铜尾矿中，SiO_2、Al_2O_3、Fe_2O_3 合量均大于 80%，合量分别为 84.2%、82.65%、82.74%、83.77%、81.47%。其中，1）金堆城钼尾矿中，SiO_2、K_2O、MnO、SO_3 与地壳克拉克值之比分别为 1.16、3.88、1.32、16，呈相对富集状态；2）白河铅锌尾矿中，Al_2O_3、K_2O、MnO、SO_3 与地壳克拉克值之比分别为 1.33、4.70、2.01、4.13，呈相对富集状态；3）旬阳铅锌尾矿中，SiO_2、K_2O、SO_3 与地壳克拉克值之比分别为 1.12、2.74、7.87，呈相对富集状态，尤其是较高的 SO_3 的含量表明，尾矿中硫化物含量较多；4）潼关金尾矿中，SiO_2、K_2O、MnO、SO_3 与地壳克拉克值之比，呈相对富集状态，富集系数分别为 1.1、3.55、1.32、7.73，尤其是较高 SO_3 含量，同样说明其中硫化物含量较多；5）略阳红岩湾铜尾矿中，Fe_2O_3、MgO、MnO、SO_3 与地壳克拉克值之比分别为 2.04、1.71、1.65、22.44，呈相对富集状态，尤其是 SO_3 的高富集特征，说明其中硫化物含量较多。另外，五处主量元素含量均未达到边界品位。

（3）略阳嘉陵铁尾矿、白河卡子镇硫铁矿渣中，SiO_2、Al_2O_3、Fe_2O_3、CaO 合量均大于 80%，分别为 84.35%、84.21%。其中，1）略阳嘉陵铁尾矿中，SiO_2、K_2O、MnO、SO_3 与地壳克拉克值之比分别为 1.05、1.24、1.08、3.6，呈富集状态，其余元素富集系数均小于 1，呈相对贫化状态；2）白河卡子镇硫铁矿渣中，Al_2O_3、TiO_2、MnO、SO_3 与地壳克拉克值之比分别为 1.01、1.79、1.19、39.69，呈富集状态，尤其是高度富集的 SO_3 说明，其中硫化物尚未分解完，其余元素富集系数均小于 1，呈相对贫化状态。另外，两处主量元素含量均未达到边界品位。

（4）洋县钒钛磁铁矿尾矿、略阳杨家坝铁尾矿、略阳煎茶岭镍尾矿、略阳煎茶岭金尾矿、旬阳润景汞锑矿尾矿中，SiO_2、Al_2O_3、Fe_2O_3、CaO、MgO 合量均大于 80%，分别为 88.49%、85.04%、97.83%、98.22%、98.19%。其中，1）洋县钒钛磁铁矿尾矿中，Fe_2O_3、CaO、MgO、TiO_2、MnO 与地壳克拉克值相比，富集系数分别为 1.2、1.72、1.72、2.64、1.07，呈相对富集状态；2）略阳杨家坝铁尾矿中，CaO、MgO、MnO、SO_3 与地壳克拉克值相比，富集系数分别为 1.03、3.87、1.63、25.47，呈相对富集状态，MgO 含量是矿床最低工业品位的 1.28 倍；3）略阳煎茶岭镍尾矿中，Fe_2O_3、MgO、MnO、SO_3 与地壳克拉克值相比，富集系数分别为 1.38、5.94、1.29、15.51，呈相对富集状态，MgO 含量是矿床最低工业品位的 1.97 倍；4）略阳煎茶岭金尾矿中，CaO、MgO、MnO、SO_3 与地壳克拉克值相比，富集系数分别为 3.58、4.82、1.17、2.08，呈相对富集状态，MgO 含量是矿床最低工业品位的 1.6 倍；5）旬阳润景汞锑矿尾矿中，CaO、MgO、SO_3 与地壳克拉克值相比，富集系数分别为 6.38、4.6、8.28，呈相对富集状态，MgO 含量是矿床最低工业品位的 1.52 倍。

（5）柞水银尾矿中，SiO_2、Al_2O_3、Fe_2O_3、CaO、MgO、K_2O 合量为 83.15%。与地壳克拉克值相比，柞水银尾矿中，Al_2O_3、Fe_2O_3、K_2O、MnO、SO_3 呈相对富集状态，富集系数分别为 1.06、1.14、3.14、2.87、25.87；SiO_2、CaO、MgO、Na_2O、P_2O_5、TiO_2、CO_2 呈相对贫化特征。

（6）汉中火地沟铅锌尾矿中，SiO_2、Al_2O_3、Fe_2O_3、CaO、MgO、K_2O、Na_2O、P_2O_5、TiO_2、MnO 的合量为 83.08%。其中，Fe_2O_3、MgO、MnO、SO_3 与地壳克拉克值相比，富集系数分别为 1.63、1.96、41.39、178.95，呈相对富集状态；MnO 含量是矿床的边界品位的 1.08 倍；Al_2O_3、CaO、K_2O、Na_2O、P_2O_5、TiO_2、CO_2 呈相对贫化特征。

（7）柞水菱铁尾矿中，SiO_2、Al_2O_3、Fe_2O_3、CaO、MgO、K_2O、Na_2O、P_2O_5、TiO_2、MnO、SO_3 合量为 82.14%。其中，Fe_2O_3、K_2O、MnO、SO_3 与地壳克拉克值相比，呈富集状态，富集系数分别为 1.18、3.49、3.10、72.8；SiO_2、Al_2O_3、CaO、MgO、Na_2O、P_2O_5、TiO_2、CO_2 呈相对贫化特征。

（8）山阳钒矿尾矿中，SiO_2、Al_2O_3、Fe_2O_3、CaO、MgO、K_2O、Na_2O、P_2O_5、TiO_2、MnO、SO_3、CO_2 合量为 92.55%。其中，K_2O、SO_3 的含量是克拉克值的 1.39、145.33；SiO_2、Al_2O_3、Fe_2O_3、CaO、MgO、Na_2O、P_2O_5、TiO_2、MnO、CO_2 呈相对贫化特征。

综上所述，金属矿山固体废弃物中含有大量可供利用的 SiO_2、Al_2O_3、Fe_2O_3、MgO、MnO、TiO_2 等主量元素。与矿床的边界品位和最低工业品位相比，大多尾矿中元素含量低，个别含量高于边界品位或最低工业品位。

表4-14 17件尾矿样品主量元素含量分析结果

编号	尾矿名称	主量元素含量/%												
		SiO$_2$	Al$_2$O$_3$	Fe$_2$O$_3$	CaO	MgO	K$_2$O	Na$_2$O	P$_2$O$_5$	TiO$_2$	MnO	SO$_3$	CO$_2$	合计
1	金堆城钼尾矿	68.68	11.04	4.48	3.36	2.76	4.27	0.49	0.46	0.90	0.17	1.20	—	97.81
2	白河铅锌尾矿	57.60	21.10	3.95	1.34	1.59	5.17	1.18	0.13	0.59	0.26	0.31	6.10	99.31
3	旬阳铅锌尾矿	66.60	13.10	3.04	1.67	1.57	3.01	0.88	0.13	0.57	0.10	0.59	8.16	99.42
4	柞水银矿尾矿	46.00	16.80	11.50	4.27	1.13	3.45	0.54	0.17	0.51	0.37	1.94	10.10	96.79
5	柞水菱铁尾矿	41.90	15.60	11.90	1.30	0.91	3.84	0.28	0.14	0.41	0.40	5.46	7.46	89.60
6	山阳钒尾矿	39.80	2.79	1.06	4.16	0.35	1.53	0.05	0.36	0.15	0.0004	10.90	31.40	92.55
7	潼关金尾矿	65.18	13.20	5.39	6.15	2.58	3.91	1.64	0.29	0.64	0.17	0.58	—	99.74
8	洋钒钛磁铁矿尾矿	40.40	15.40	10.90	12.70	9.09	0.215	2.15	0.37	2.38	0.211	0.10	5.95	99.866
9	略阳杨家坝铁尾矿	39.60	7.35	10.00	7.59	20.50	1.06	0.92	0.27	0.68	0.21	1.91	9.51	99.60
10	略阳嘉陵铁尾矿	62.10	9.40	8.28	4.57	4.32	1.36	1.44	0.27	0.25	0.14	0.27	7.23	99.63
11	略阳红岩湾铜尾矿	47.73	15.13	18.61	5.04	9.08	0.16	1.26	0.23	0.72	0.28	1.46	—	99.69
12	略阳煎茶岭镍尾矿	47.39	2.39	12.57	3.98	31.50	0.31	—	0.15	0.06	0.22	1.01	—	99.58
13	略阳煎茶岭金尾矿	37.66	2.03	6.52	26.48	25.53	0.29	—	0.19	0.06	0.20	0.13	—	99.09
14	旬阳润景汞锑矿尾矿	24.59	1.41	0.64	47.19	24.36	0.29	—	0.02	0.04	0.08	0.54	—	99.16
15	汉中火地沟铅锌尾矿	36.56	10.39	14.82	2.32	10.38	0.52	0.39	0.26	0.49	6.95	11.63	—	94.72
16	白河十里沟硫铁矿渣	60.99	23.30	1.13	0.82	2.39	6.71	0.40	0.02	1.61	0.02	1.82	—	99.21
17	白河卡子镇硫铁矿渣	58.73	16.02	4.38	5.08	3.80	3.17	2.27	0.18	1.61	0.20	2.58	—	98.02
	平均含量	51.02	12.20	8.17	5.53	7.99	2.44	0.87	0.23	0.73	0.62	2.62	5.37	97.79

注：旬阳润景汞锑矿尾矿不参与平均值计算。

表4-15 17件尾矿样品主量元素与克拉克值相比富集系数

编号	尾矿名称	SiO$_2$	Al$_2$O$_3$	Fe$_2$O$_3$	CaO	MgO	K$_2$O	Na$_2$O	P$_2$O$_5$	TiO$_2$	MnO	SO$_3$
	主量元素氧化物[①] 克拉克值	59.3%	15.9%	9.1%	7.4%	5.3%	1.1%	3.1%	0.5%	0.9%	0.2%	0.1%
1	金堆城钼尾矿	1.16	0.69	0.44	0.45	0.52	3.88	0.16	0.96	1	1.32	16.00
2	白河铅锌尾矿	0.97	1.33	0.39	0.18	0.30	4.70	0.38	0.27	0.66	2.01	4.13
3	旬阳铅锌尾矿	1.12	0.82	0.30	0.23	0.30	2.74	0.28	0.27	0.63	0.77	7.87
4	柞水银尾矿	0.78	1.06	1.14	0.58	0.21	3.14	0.17	0.35	0.57	2.87	25.87
5	柞水菱铁尾矿	0.71	0.98	1.18	0.18	0.17	3.49	0.09	0.29	0.46	3.10	72.80
6	山阳钒尾矿	0.67	0.18	0.10	0.56	0.07	1.39	0.02	0.75	0.17	0.003	145.33
7	潼关金尾矿	1.10	0.83	0.53	0.83	0.49	3.55	0.53	0.60	0.71	1.32	7.73
8	洋钒钛磁铁矿尾矿	0.68	0.97	1.20	1.72	1.72	0.20	0.69	0.74	2.64	1.06	1.0
9	略阳杨家坝铁尾矿	0.67	0.46	0.99	1.03	3.87	0.96	0.30	0.56	0.76	1.63	25.47
10	略阳嘉陵铁尾矿	1.05	0.59	0.82	0.62	0.82	1.24	0.46	0.56	0.28	1.08	3.60
11	略阳红岩湾铜尾矿	0.80	0.95	2.04	0.68	1.71	0.15	0.41	0.48	0.80	1.65	22.44
12	略阳煎茶岭镍尾矿	0.80	0.15	1.38	0.54	5.94	0.28	—	0.32	0.06	1.29	15.51
13	略阳煎茶岭金尾矿	0.64	0.13	0.72	3.58	4.82	0.26	—	0.40	0.07	1.17	2.08
14	旬阳润景汞锑矿尾矿	0.41	0.09	0.07	6.38	4.60	0.26	—	0.04	0.04	0.50	8.28
15	汉中火地沟铅锌尾矿	0.62	0.65	1.63	0.31	1.96	0.48	0.13	0.54	0.55	41.39	178.95
16	白河十里沟硫铁矿渣	1.03	1.47	0.12	0.11	0.45	6.10	0.13	0.04	2.20	0.12	28.00
17	白河卡子镇硫铁矿渣	0.99	1.01	0.48	0.69	0.72	2.88	0.73	0.37	1.79	1.19	39.69

①数据引自TAYLOR, 1964。

表 4-16 17 件尾矿样品主量元素与边界品位相比富集系数

编号	尾矿名称	主量元素氧化物① 边界品位①											主量元素含量/边界品位①
		SiO₂	Al₂O₃	Fe₂O₃	CaO	MgO	K₂O	Na₂O	P₂O₅	TiO₂	MnO	SO₃	
	边界品位①	—	40%	29%	48%	—	6%	12%	5%	10%	6%	20%	
1	金堆城钼尾矿	—	0.28	0.16	0.07	—	0.71	0.04	0.09	0.09	0.03	0.06	
2	白河铅锌尾矿	—	0.53	0.14	0.03	—	0.86	0.10	0.03	0.06	0.04	0.02	
3	旬阳铅锌尾矿	—	0.33	0.11	0.03	—	0.50	0.08	0.03	0.06	0.02	0.03	
4	柞水银尾矿	—	0.42	0.40	0.09	—	0.58	0.05	0.03	0.05	0.06	0.10	
5	柞水菱铁尾矿	—	0.39	0.42	0.03	—	0.64	0.02	0.03	0.04	0.06	0.27	
6	山阳钒尾矿	—	0.07	0.04	0.09	—	0.26	0.004	0.07	0.02	0.0001	0.55	
7	潼关尾矿	—	0.33	0.19	0.13	—	0.65	0.14	0.06	0.06	0.03	0.03	
8	洋钒铁磁铁矿尾矿	—	0.39	0.38	0.26	—	0.04	0.18	0.07	0.24	0.04	0.01	
9	略阳杨家坝钒铁矿尾矿	—	0.24	0.29	0.10	—	0.23	0.12	0.05	0.07	0.02	0.01	
10	略阳嘉陵铁尾矿	—	0.18	0.35	0.16	—	0.18	0.08	0.05	0.03	0.03	0.10	
11	略阳红岩湾铜尾矿	—	0.38	0.65	0.10	—	0.03	0.11	0.05	0.07	0.04	0.07	
12	略阳煎茶岭镍尾矿	—	0.06	0.44	0.08	—	0.05	—	0.03	0.01	0.03	0.05	
13	略阳煎茶岭金尾矿	—	0.05	0.23	0.55	—	0.05	—	0.04	0.01	0.03	0.01	
14	旬阳润景汞锑矿尾矿	—	0.04	0.02	0.98	—	0.05	—	0.004	0.00	0.01	0.03	
15	汉中火地沟铅锌尾矿	—	0.26	0.52	0.05	—	0.09	0.03	0.05	0.05	1.08	0.58	
16	白河十里沟硫铁矿渣	—	0.58	0.04	0.02	—	1.12	0.03	0.00	0.16	0.00	0.09	
17	白河卡子镇硫铁矿渣	—	0.40	0.15	0.11	—	0.53	0.19	0.04	0.16	0.03	0.13	

①数据引自自部厥年等，2014。

表4-17 17件尾矿样品主量元素与最低工业品位相比富集系数

编号	尾矿名称	SiO$_2$	Al$_2$O$_3$	Fe$_2$O$_3$	CaO	MgO	K$_2$O	Na$_2$O	P$_2$O$_5$	TiO$_2$	MnO	SO$_3$
主量元素氧化物 最低工业品位①		96%	55%	43%	50%	16%	9%	29%	8%	15%	19%	30%
1	金堆城钼尾矿	0.72	0.20	0.10	0.07	0.17	0.47	0.02	0.06	0.06	0.01	0.04
2	白河铅锌尾矿	0.60	0.38	0.09	0.03	0.10	0.57	0.04	0.02	0.04	0.01	0.01
3	旬阳铅锌尾矿	0.69	0.24	0.07	0.03	0.10	0.33	0.03	0.02	0.04	0.01	0.02
4	柞水银尾矿	0.48	0.31	0.27	0.09	0.07	0.38	0.02	0.02	0.03	0.02	0.06
5	柞水菱铁尾矿	0.44	0.28	0.28	0.03	0.06	0.43	0.01	0.02	0.03	0.02	0.18
6	山阳钒尾矿	0.41	0.05	0.02	0.08	0.02	0.17	0.002	0.05	0.01	0.00002	0.36
7	潼关金尾矿	0.68	0.24	0.13	0.12	0.16	0.43	0.06	0.04	0.04	0.01	0.02
8	洋钒钛磁铁矿尾矿	0.42	0.28	0.25	0.25	0.57	0.02	0.07	0.05	0.16	0.01	0.00
9	略阳杨家坝铁尾矿	0.41	0.13	0.23	0.15	1.28	0.12	0.03	0.03	0.05	0.01	0.06
10	略阳嘉陵铁尾矿	0.65	0.17	0.19	0.09	0.27	0.15	0.05	0.03	0.02	0.01	0.01
11	略阳红岩湾铜尾矿	0.50	0.28	0.43	0.10	0.57	0.02	0.04	0.03	0.05	0.01	0.05
12	略阳煎茶岭镍尾矿	0.49	0.04	0.29	0.08	1.97	0.03	—	0.02	0.00	0.01	0.03
13	略阳煎茶岭金尾矿	0.39	0.04	0.15	0.53	1.60	0.03	—	0.02	0.00	0.01	0.00
14	旬阳润景汞锑矿尾矿	0.26	0.03	0.02	0.94	1.52	0.03	—	0.003	0.00	0.004	0.02
15	汉中火地沟铅锌尾矿	0.38	0.19	0.35	0.05	0.65	0.06	0.01	0.03	0.03	0.36	0.39
16	白河十里沟硫铁矿渣	0.64	0.42	0.03	0.02	0.15	0.75	0.01	0.003	0.11	0.001	0.06
17	白河卡子镇硫铁矿渣	0.61	0.29	0.10	0.10	0.24	0.35	0.08	0.02	0.11	0.01	0.09

左列注：主量元素含量/最低工业品位①

①数据引自自部默年等，2014。

4.3.2.2 微量元素含量特征

17 处尾矿的微量元素测试结果如表 4-18、表 4-23、表 4-28、表 4-32、表 4-37 所示，从中可知，尾矿中含有多种微量元素。为了评价各尾矿中微量元素含量的高低，以及相对迁移富集与贫化特征，将各微量元素的含量分别与其相应的元素克拉克值（黎彤，1976）、成矿边界品位和工业品位（矿产资源工业要求手册，2014）进行比较，从中可以清楚地看到，这些微量元素在其中的相对含量特征，及潜在回收利用意义。微量元素又分为黑色有色金属元素、稀有元素、稀土元素、稀散元素、稀贵元素及黑金属有色金属元素。为了更为清楚地描述微量元素的特征，将元素含量（K）分为四段：（1）$K>$工业品位；（2）边界品位$<K<$工业品位；（3）边界品位$\times 0.5<K<$边界品位；（4）克拉克值$<K<$边界品位$\times 0.5$，其具体特征如下。

（1）黑色及有色金属。有色金属有铋（Bi）、钴（Co）、铜（Cu）、钼（Mo）、镍（Ni）、铅（Pb）、锑（Sb）、锡（Sn）、钨（W）、锌（Zn）、钡（Ba）；黑色金属元素有钒（V）、铬（Cr），其分析结果见表 4-18，富集系数见表 4-19~表 4-22。各尾矿中，有色及黑色金属元素具有如下特征。

1）金堆城钼尾矿中，Ba、Bi、Cu、Mo、Pb、Sb、Sn、W、Zn 含量与地壳克拉克值相比，呈相对富集状态。其中，Ba、Cu、Pb、Sb、Sn、Zn 富集系数在 1.52~8.61；W 富集系数为 77.12；Mo、Bi 富集系数分别高达 135.06、801.06；其余元素呈相对贫化特征。该尾矿中，上述元素含量均未达到边界品位$\times 0.5$。

2）白河铅锌尾矿中，Ba、Bi、Cr、Mo、Pb、Sb、Sn、W、Zn 含量与地壳克拉克值相比，呈相对富集状态。其中，Ba、Bi、Cr、Mo、Pb、Sb、Sn、W、Zn 富集系数在 1.31~8.82；Pb、Bi 富集系数分别为 10.24、33.01；其余元素呈相对贫化特征。该尾矿中，黑色及有色金属元素含量均未达到边界品位$\times 0.5$。

3）旬阳铅锌尾矿中，Ba、Bi、Cu、Pb、Sb、Sn、W、Zn 含量与地壳克拉克值相比，呈相对富集状态。其中，Ba、Cu、Sb、Sn、W 富集系数在 1.05~3.98；Zn、Pb、Bi 富集系数分别为 10.08、27.17、45.14；其余元素呈相对贫化特征。该尾矿中，黑色及有色金属元素含量均未达到边界品位$\times 0.5$。

4）柞水银尾矿中，Ba、Bi、Co、Cu、Pb、Sb、Sn、W 含量与地壳克拉克值相比，呈相对富集状态。其中，Co、Sn、W 富集系数在 2.01~5.46；Cu、Ba、Pb、Sb 富集系数分别为 14.83、23.02、68.33、76.21；Bi 富集系数高达 1138.03；其他元素相对贫化。该尾矿中，Co 含量已达到边界品位$\times 0.5$，是边界品位$\times 0.5$ 的 1.36 倍，但所有黑色及有色金属元素含量均未达到工业品位。

5）柞水铁尾矿中，Ba、Bi、Co、Cr、Cu、Mo、Sb、Sn、W 含量与地壳克拉克值相比，呈相对富集状态。其中，Co、Cr、Mo、Sn、W 富集系数在 1.03~2.65；Cu、Ba、Sb 富集系数分别为 14.59、16.96、104.37；Bi 富集系数高达

621.96；其余元素呈相对贫化特征。该尾矿中，黑色及有色金属元素含量均未达到边界品位×0.5。

6）山阳钒尾矿中，Ba、Bi、Cr、Cu、Mo、Ni、Pb、Sb、V、W、Zn含量与地壳克拉克值相比，呈富集状态。其中，Cr、Cu、Ni、Pb、W、Zn富集系数在1.05~5.95；V、Ba、Mo、Sb、Bi富集系数在10.57~84.35；其余元素相对贫化。该尾矿中，黑色及有色金属元素含量均未达到边界品位×0.5。

7）潼关金尾矿中，Ba、Bi、Cr、Cu、Mo、Sb、Sn、Pb、W含量与地壳克拉克值相比，呈相对富集状态。其中，Ba、Cr、Cu、Mo、Sb、Sn富集系数在1.05~3.68；Pb、W富集系数分别为16.89、69.35；Bi富集系数高达1368.75；其余元素呈相对贫化特征。该尾矿中，黑色及有色金属元素含量均未达到边界品位×0.5。

8）洋县钒钛磁铁尾矿中，Bi、Co、Cr、Mo、Sb、V含量与地壳克拉克值相比，呈相对富集状态。其中，Co、Cr、Mo、Sb、V富集系数在1.03~5.23；Bi富集系数为15.23；其余元素呈相对贫化特征。黑色及有色金属元素含量均未达到边界品位×0.5。

9）略阳杨家坝铁尾矿中，Bi、Co、Cu、Mo、Ni、Sb、Sn、V含量与地壳克拉克值相比，呈相对富集状态。其中，Co、Cu、Mo、Ni、Sb、Sn、V富集系数在1.04~7.87；Bi富集系数为69.58；其余元素呈相对贫化特征。该尾矿中，黑色及有色金属元素含量均未达到边界品位×0.5。

10）略阳嘉陵铁尾矿中，Ba、Bi、Cr、Sb、Sn含量与地壳克拉克值相比，呈相对富集状态。其中，Ba、Cr、Sb、Sn富集系数在1.05~3.33；Bi富集系数为17.47；其余元素呈相对贫化特征。该尾矿中，黑色及有色金属元素含量均未达到边界品位×0.5。

11）略阳红岩湾铜尾矿中，Bi、Co、Cr、Cu、Mo、Ni、Sb、V、W、Zn含量与地壳克拉克值相比，呈相对富集状态。其中，Co、Cr、Mo、Ni、Sb、V、W、Zn富集系数在1.21~4.36；Cu、Bi富集系数分别为13.1、18.72；其余元素呈相对贫化特征。该尾矿中，Co含量是边界品位×0.5的1.1倍，但所有黑色及有色金属元素含量均未达到边界品位。

12）略阳煎茶岭镍尾矿中，Bi、Co、Cr、Cu、Ni、Sb、Sn、W含量与地壳克拉克值相比，呈相对富集状态。其中，Co、Cr、Cu、Sn、W富集系数在1.02~5.12；Sb、Ni、Bi富集系数分别为10.36、15.18、19.48；其余元素呈相对贫化特征。该尾矿中，Ni含量已达到边界品位×0.5，是边界品位×0.5的1.36倍，但所有黑色及有色金属元素含量均未达到边界品位。

13）略阳煎茶岭金尾矿中，Bi、Co、Cr、Cu、Mo、Ni、Pb、Sb、W、Zn含量与地壳克拉克值相比，呈相对富集状态。其中，Bi、Co、Cr、Cu、Mo、Pb、

W、Zn 富集系数在 1.07~8.26；Ni、Sb 富集系数分别为 12.86、15.84；其余元素呈相对贫化特征。该尾矿中，Ni 含量已达到边界品位×0.5，是边界品位×0.5 的 1.14 倍，但所有黑色及有色金属元素含量均未达到边界品位。

14）旬阳润景汞锑矿尾矿中，Bi、Cu、Mo、Pb、Sb 含量与地壳克拉克值相比，呈相对富集状态。其中，Cu、Mo、Bi、Pb 富集系数分别为 1.38、4.32、10.08、12.34；Sb 富集系数高达 2321.98，含量高达 $1393.19×10^{-6}$；其余元素呈相对贫化特征。该尾矿中，黑色及有色金属元素含量均未达到边界品位×0.5。

15）汉中火地沟铅锌尾矿中，Ba、Bi、Cu、Mo、Pb、Sb、Sn、W、Zn 含量与地壳克拉克值相比，呈富集状态。其中，Sn、Mo、W、Ba 富集系数在 2.93~8.35，Cu、Sb、Zn、Pb 富集系数在 17.68~38.81；Bi 富集系数高达 2642.13；其余元素呈相对贫化特征。该尾矿中，Cu、Zn 含量已达到边界品位×0.5，分别是边界品位×0.5 的 1.12 倍、1.28 倍，但所有黑色及有色金属元素含量均未达到边界品位。

16）白河十里沟硫铁矿渣中，Ba、Bi、Li、Pb 含量与地壳克拉克值相比，呈相对富集状态。其中，Ba、Bi、Li、Pb 富集系数在 1.08~4.46；Bi 富集系数为 82.5；其余元素呈相对贫化特征。该尾矿中，黑色及有色金属元素含量均未达到边界品位×0.5。

17）白河卡子镇硫铁矿渣中，Ba、Bi、Mo、Sb、W 含量与地壳克拉克值相比，呈相对富集状态。其中，Ba、Mo、Sb、W 富集系数在 1.0~2.83；Bi 富集系数为 30.84；其余元素呈相对贫化特征。该尾矿中，黑色及有色金属元素含量均未达到边界品位×0.5。

表 4-18　17 件尾矿样黑色及有色金属元素含量

编号	元素	元素含量/10^{-6}												
		Ba	Bi	Co	Cr	Cu	Mo	Ni	Pb	Sb	Sn	V	W	Zn
	检出限	0.5	0.01	0.1	10	0.2	0.05	0.2	0.5	0.05	0.2	5	0.1	2
	标样-花岗闪长岩	1340	0.03	7.3	20	43	2.1	17	42	2.17	6.35	52	0.41	120
1	金堆城钼尾矿	789.61	3.2	8.5	70.84	104.72	175.57	13.13	18.25	2.09	14.64	91.45	84.83	230.67
2	白河铅锌尾矿	512.51	0.13	8.81	251.47	16.5	2.06	21.51	122.88	1.82	6.17	93.52	2.69	828.74
3	旬阳铅锌尾矿	408.97	0.18	23.25	82.98	81.49	1.28	43.1	326	2.39	2.77	91.16	2.13	947.16
4	柞水银尾矿	8979.3	4.55	136.46	83.14	934.06	1.2	66.05	820	45.73	3.42	104.87	2.45	62.17
5	柞水铁尾矿	6613	2.49	66.3	112.85	919.42	1.44	53.36	9.74	62.62	2.7	74.81	2.74	27.03
6	山阳钒尾矿	5212.7	0.34	2.33	654.51	75.79	35.76	110.07	27.94	24.15	1.52	1479.8	6.33	113.01
7	潼关金尾矿	1309.3	5.48	7.53	404.29	81.44	2.97	14.53	202.74	1.65	1.79	69.44	76.28	48.71

编号	元素	元素含量/10⁻⁶											
		Ba	Bi	Co	Cr	Cu	Mo	Ni	Pb	Sb	Sn	V	W	Zn
	检出限	0.5	0.01	0.1	10	0.2	0.05	0.2	0.5	0.05	0.2	5	0.1	2
	标样-花岗闪长岩	1340	0.03	7.3	20	43	2.1	17	42	2.17	6.35	52	0.41	120
8	洋县钒钛磁铁尾矿	63.57	0.06	60.68	575.1	55.45	1.34	45.84	1.44	2.43	1.03	281.36	0.13	73.73
9	略阳杨家坝铁尾矿	372.73	0.28	81.65	54.48	320.94	4.44	102.15	7.92	4.72	1.77	202.47	1.03	67.46
10	略阳嘉陵铁尾矿	466.08	0.07	15.77	144.8	25.48	0.95	63.39	11.44	2	1.78	51.11	0.85	53.16
11	略阳红岩湾铜尾矿	99.78	0.07	109.06	284.39	825.16	2.56	119.62	8.83	3.46	0.6	242.94	1.33	129.99
12	略阳煎茶岭镍尾矿	295.75	0.08	32.94	563.52	64.11	0.78	1351.13	6.7	6.21	2.61	32.71	1.41	79.76
13	略阳煎茶岭金尾矿	65.84	0.02	51.35	908.84	67.69	1.44	1144.77	12.81	9.5	0.52	32.72	6.66	129.67
14	旬阳润景汞锑矿尾矿	222.19	0.04	1.83	7.27	86.87	5.62	11.45	148.02	1393.19	0.33	18.63	0.67	21.16
15	汉中火地沟铅锌尾矿	3257.1	10.57	4.43	37.69	1114.01	5.29	6.02	465.76	18.89	4.98	36.44	8.77	3202.77
16	白河十里沟硫铁矿渣	1739.6	0.33	0.62	65.2	15.16	0.44	4.82	22.18	—	—	133.91	—	33.2
17	白河卡子镇硫铁矿渣	1104.7	0.12	8.21	50.48	38.34	1.3	18.85	11.83	3	2.28	118.53	1.32	76.67

表4-19　17件尾矿样黑色及有色金属元素含量与克拉克值相比富集系数

编号	元素	元素含量/10⁻⁶/克拉克值[①]/10⁻⁶											
		Ba	Bi	Co	Cr	Cu	Mo	Ni	Pb	Sb	Sn	V	W	Zn
	克拉克值[①]/10⁻⁶	390	0.004	25	110	63	1.3	89	12	78	1.7	140	1.1	94
1	金堆城钼尾矿	2.02	801.06	0.34	0.64	1.66	135.06	0.15	1.52	3.49	8.61	0.65	77.12	2.45
2	白河铅锌尾矿	1.31	33.01	0.35	2.29	0.26	1.58	0.24	10.24	3.04	3.63	0.67	2.44	8.82
3	旬阳铅锌尾矿	1.05	45.14	0.93	0.75	1.29	0.99	0.48	27.17	3.98	1.63	0.65	1.94	10.08
4	柞水银尾矿	23.02	1138.03	5.46	0.76	14.83	0.92	0.74	68.33	76.21	2.01	0.75	2.23	0.66
5	柞水铁尾矿	16.96	621.96	2.65	1.03	14.59	1.11	0.6	0.81	104.37	1.59	0.53	2.49	0.29

续表4-19

编号	元素	元素含量/10⁻⁶/克拉克值[①]/10⁻⁶											
		Ba	Bi	Co	Cr	Cu	Mo	Ni	Pb	Sb	Sn	V	W	Zn
	克拉克值[①]/10⁻⁶	390	0.004	25	110	63	1.3	89	12	78	1.7	140	1.1	94
6	山阳钒尾矿	13.37	84.35	0.09	5.95	1.2	27.51	1.24	2.33	40.25	0.89	10.57	5.75	1.2
7	潼关金尾矿	3.36	1368.75	0.3	3.68	1.29	2.29	0.16	16.89	2.75	1.05	0.5	69.35	0.52
8	洋县钒钛磁铁尾矿	0.16	15.23	2.43	5.23	0.88	1.03	0.52	0.12	4.05	0.6	2.01	0.12	0.78
9	略阳杨家坝铁尾矿	0.96	69.58	3.27	0.5	5.09	3.42	1.15	0.66	7.87	1.04	1.45	0.93	0.72
10	略阳嘉陵铁尾矿	1.2	17.47	0.63	1.32	0.4	0.73	0.71	0.95	3.33	1.05	0.37	0.78	0.57
11	略阳红岩湾铜尾矿	0.26	18.72	4.36	2.59	13.1	1.97	1.34	0.74	0.06	0.35	1.74	1.21	1.38
12	略阳煎茶岭镍尾矿	0.76	19.48	1.32	5.18	1.02	0.6	15.18	0.56	10.36	1.53	0.23	1.29	0.85
13	略阳煎茶岭金尾矿	0.17	6.16	2.05	8.26	1.07	1.11	12.86	1.07	15.84	0.31	0.23	6.06	1.38
14	旬阳润景汞锑矿尾矿	0.57	10.08	0.07	0.07	1.38	4.32	0.13	12.34	2321.98	0.2	0.13	0.61	0.23
15	汉中火地沟铅锌尾矿	8.35	2642.13	0.18	0.34	17.68	4.07	0.07	38.81	31.49	2.93	0.26	7.97	34.07
16	白河十里沟硫铁矿渣	4.46	82.5	0.02	0.59	0.24	0.34	0.05	1.85	—	—	0.96	—	0.35
17	白河卡子镇硫铁矿渣	2.83	30.84	0.33	0.46	0.61	1	0.21	0.99	5	1.34	0.85	1.2	0.82

①数据引自黎彤，1976。

表4-20 17件尾矿样品黑色及有色金属元素与边界品位×0.5相比富集系数

编号	元素	元素含量/10⁻⁶/边界品位[①]×0.5/10⁻⁶)											
		Ba	Co	Cr	Cu	Mo	Ni	Pb	Sb	Sn	V	W	Zn
	边界品位[①]×0.5/10⁻⁶	88197.5	100	5131.5	1000	150	1000	1500	3500	100	14011	400	2500
1	金堆城钼尾矿	0.02	0.08	0.02	0.1	1.18	0.02	0.02	0.0006	0.14	0.006	0.22	0.1
2	白河铅锌尾矿	0.006	0.08	0.06	0.02	0.02	0.02	0.08	0.0006	0.06	0.006	0.006	0.34

编号	元素	元素含量/10⁻⁶/边界品位×0.5/10⁻⁶)											
		Ba	Co	Cr	Cu	Mo	Ni	Pb	Sb	Sn	V	W	Zn
	边界品位[①]×0.5/10⁻⁶	88197.5	100	5131.5	1000	150	1000	1500	3500	100	14011	400	2500
3	旬阳铅锌尾矿	0.004	0.24	0.02	0.08	0.008	0.04	0.22	0.0006	0.02	0.006	0.006	0.38
4	柞水银尾矿	0.1	1.36	0.02	0.94	0.008	0.06	0.54	0.02	0.04	0.008	0.006	0.02
5	柞水铁尾矿	0.08	0.66	0.02	0.92	0.02	0.06	0.006	0.02	0.02	0.006	0.006	0.02
6	山阳钒尾矿	0.06	0.02	0.12	0.08	0.24	0.12	0.02	0.006	0.02	0.1	0.02	0.04
7	潼关金尾矿	0.02	0.08	0.08	0.08	0.02	0.06	0.14	0.0004	0.02	0.006	0.2	0.02
8	洋县钒钛磁铁尾矿	0.0008	0.6	0.12	0.06	0.02	0.04	0.002	0.0006	0.02	0.02	0.0004	0.04
9	略阳杨家坝铁尾矿	0.004	0.82	0.01	0.32	0.02	0.1	0.02	0.002	0.02	0.02	0.002	0.02
10	略阳嘉陵铁尾矿	0.006	0.16	0.02	0.06	0.006	0.06	0.08	0.0006	0.02	0.004	0.002	0.02
11	略阳红岩湾铜尾矿	0.002	1.1	0.06	0.82	0.02	0.12	0.006	0.002	0.006	0.018	0.004	0.06
12	略阳煎茶岭镍尾矿	0.004	0.32	0.1	0.02	0.006	1.36	0.02	0.002	0.006	0.02	0.02	0.04
13	略阳煎茶岭金尾矿	0	0.52	0.18	0.06	0.01	1.14	0.008	0.002	0.006	0.02	0.02	0.06
14	旬阳润景汞锑矿尾矿	0.002	0.02	0.002	0.08	0.04	0.02	0.1	0.4	0.004	0.002	0.002	0.008
15	汉中火地沟铅锌尾矿	0.04	0.04	0.008	1.12	0.04	0	0.32	0	0.04	0.02	0.02	1.28
16	白河十里沟硫铁矿渣	0.02	0.006	0.012	0.016	0.004	0.004	0.014	—	—	0.01	—	0.014
17	白河卡子镇硫铁矿渣	0.012	0.082	0.01	0.038	0.008	0.018	0.008	0.0008	0.022	0.008	0.004	0.03

①数据引自邵厥年等，2014。

表 4-21　17 件尾矿样品黑色及有色金属元素与边界品位相比富集系数

编号	元素	元素含量/10⁻⁶/边界品位/10⁻⁶											
		Ba	Co	Cr	Cu	Mo	Ni	Pb	Sb	Sn	V	W	Zn
	边界品位[①]/10⁻⁶	176395	200	10263	2000	300	2000	3000	7000	200	28022	800	5000
1	金堆城钼尾矿	0.01	0.04	0.01	0.05	0.59	0.01	0.01	0.0003	0.07	0.003	0.11	0.05
2	白河铅锌尾矿	0.003	0.04	0.03	0.01	0.01	0.01	0.04	0.0003	0.03	0.003	0.003	0.17
3	旬阳铅锌尾矿	0.002	0.12	0.01	0.04	0.004	0.01	0.11	0.0003	0.01	0.003	0.003	0.19
4	柞水银尾矿	0.05	0.68	0.01	0.47	0.004	0.03	0.27	0.01	0.02	0.004	0.003	0.01
5	柞水铁尾矿	0.04	0.33	0.01	0.46	0.01	0.03	0.003	0.01	0.01	0.003	0.003	0.01
6	山阳钒尾矿	0.03	0.01	0.12	0.04	0.12	0.01	0.01	0.003	0.01	0.05	0.01	0.02
7	潼关金尾矿	0.01	0.04	0.04	0.04	0.01	0.03	0.07	0.0002	0.01	0.003	0.1	0.01
8	洋县钒钛磁铁尾矿	0.0004	0.3	0.06	0.03	0.01	0.02	0.001	0.0003	0.01	0.01	0.0002	0.02

编号	元素	元素含量/10⁻⁶/边界品位①/10⁻⁶											
		Ba	Co	Cr	Cu	Mo	Ni	Pb	Sb	Sn	V	W	Zn
	边界品位①/10⁻⁶	176395	200	10263	2000	300	2000	3000	7000	200	28022	800	5000
9	略阳杨家坝铁尾矿	0.002	0.41	0.005	0.16	0.02	0.05	0.003	0.001	0.01	0.01	0.001	0.01
10	略阳嘉陵铁尾矿	0.003	0.08	0.01	0.01	0.003	0.03	0.004	0.0003	0.01	0.002	0.001	0.01
11	略阳红岩湾铜尾矿	0.001	0.55	0.03	0.41	0.01	0.06	0.003	0.001	0.003	0.009	0.002	0.03
12	略阳煎茶岭镍尾矿	0.002	0.16	0.05	0.03	0.003	0.68	0.002	0.001	0.01	0.001	0.002	0.02
13	略阳煎茶岭金尾矿	0	0.26	0.05	0.03	0.005	0.57	0.004	0.001	0.01	0.001	0.01	0.03
14	旬阳润景汞锑矿尾矿	0.001	0.01	0.001	0.04	0.02	0.01	0.05	0.2	0.002	0.001	0.001	0.004
15	汉中火地沟铅锌尾矿	0.02	0.02	0.004	0.56	0.02	0	0.16	0	0.02	0.001	0.01	0.64
16	白河十里沟硫铁矿渣	0.01	0.003	0.006	0.008	0.002	0.002	0.007	—	—	0.005	—	0.007
17	白河卡子镇硫铁矿渣	0.006	0.041	0.005	0.019	0.004	0.009	0.004	0.0004	0.011	0.004	0.002	0.015

①数据引自邵厥年等，2014。

表4-22　17件尾矿样品黑色及有色金属元素与最低工业品位相比富集系数

编号	元素	元素含量/10⁻⁶/最低工业品位①/10⁻⁶											
		Ba	Bi	Co	Cr	Cu	Mo	Ni	Pb	Sn	V	W	Zn
	最低工业品位①/10⁻⁶	293991	5000	300	20526	4000	600	3000	7000	200	500	3923	394
1	金堆城钼尾矿	0.003	0.001	0.03	0.004	0.03	0.29	0.004	0.003	0.04	0.02	0.07	0.02
2	白河铅锌尾矿	0.002	0.0001	0.03	0.01	0.004	0.003	0.01	0.02	0.02	0.02	0.002	0.08
3	旬阳铅锌尾矿	0.001	0.00004	0.08	0.004	0.02	0.002	0.01	0.05	0	0.02	0.002	0.1
4	柞水银尾矿	0.03	0.001	0.46	0.004	0.23	0.02		0.12	0.01	0.03	0.002	0.01
5	柞水铁尾矿	0.02	0.0005	0.22	0.01	0.23	0.002	0.02	0.001	0.01	0.02	0.002	0.003
6	山阳钒尾矿	0.02	0.0001	0.01	0.03		0.06	0.04	0.004	0.004	0.38	0.01	0.01
7	潼关金尾矿	0.01		0.03	0.03		0.004					0.06	0.01
8	洋县钒钛磁铁尾矿	0.0002	0.00001	0.2	0.03		0.002	0.02	0.0002	0.003	0.07	0	0.01
9	略阳杨家坝铁尾矿	0.001	0.0001	0.27	0.003	0.08	0.01	0.03	0.001	0.004	0.05	0.001	
10	略阳嘉陵铁尾矿	0.002	0.00001	0.05	0.01		0.002	0.02	0.002		0.01	0.01	0.01
11	略阳红岩湾铜尾矿	0.0003	0.00002	0.36	0.014	0.21	0.004	0.04	0.001	0.002	0.062	0.001	0.013
12	略阳煎茶岭镍尾矿	0.001	0.00002	0.11	0.028	0.02	0.001	0.45		0.007	0.008	0.001	0.008
13	略阳煎茶岭金尾矿	0.0002	0.00001	0.17	0.044		0.002	0.382	0.002	0.001	0.008	0.006	0.013
14	旬阳润景汞锑矿尾矿	0.001	0.00001	0.01	0.0004	0.02	0.009	0.004	0.021	0.001	0.005	0.001	0.002

编号	元素	元素含量/10^{-6}/最低工业品位[①]/10^{-6}											
		Ba	Bi	Co	Cr	Cu	Mo	Ni	Pb	Sn	V	W	Zn
	最低工业品位[①]/10^{-6}	293991	5000	300	20526	4000	600	3000	7000	200	500	3923	394
15	汉中火地沟铅锌尾矿	0.011	0.002	0.01	0.002	0.28	0.009	0.002	0.067	0.012	0.009	0.007	0.32
16	白河十里沟硫铁矿渣	0.006	0.0001	0.002	0.003	0.004	0.001	0.002	0.003	—	0.034	—	0.003
17	白河卡子镇硫铁矿渣	0.004	0.00003	0.027	0.003	0.01	0.002	0.006	0.002	0.006	0.03	0.001	0.008

①数据引自邵厥年等，2014。

（2）稀有元素。稀有元素包括铌（Nb）、钽（Ta）、锂（Li）、铷（Rb）、铯（Cs）、铍（Be）、锆（Zr）、锶（Sr）、铪（Hf），其分析结果见表 4-23，富集系数见表 4-24~表 4-27。此处对各尾矿中的稀有元素做了分析：

1）金堆城钼尾矿中，Be、Cs、Hf、Li、Nb、Rb 含量与地壳克拉克值相比，富集系数在 1.05~7.97，呈相对富集状态，其余稀有元素呈相对贫化特征。其中，Rb 含量已达到边界品位×0.5，是边界品位×0.5 的 1.86 倍。该尾矿中，上述稀有元素含量均未达到边界品位。

2）白河铅锌尾矿中，Be、Cs、Hf、Rb、Zr 含量与地壳克拉克值相比，富集系数在 1.01~8.82，呈相对富集状态，其余稀有元素呈相对贫化特征。总体上，该尾矿中，稀有元素含量均未达到边界品位×0.5。

3）旬阳铅锌尾矿中，Be、Cs、Rb 含量与地壳克拉克值相比，富集系数分别为 1.39、4.11、1.37，呈相对富集状态，其余稀有元素呈相对贫化特征。该尾矿中，稀有元素含量均未达到边界品位×0.5。

4）柞水银尾矿中，Be、Cs、Li、Rb、Sr 含量与地壳克拉克值相比，Be、Li、Rb、Sr 富集系数在 1.12~2.15，呈相对富集状态；Cs 富集系数为 16.13，相对富集程度较高；其余稀有元素呈相对贫化特征。整体上，该尾矿中，稀有元素含量均未达到边界品位×0.5。

5）柞水铁尾矿中，Be、Cs、Hf、Rb、Sr 含量与地壳克拉克值相比，Be、Hf、Rb、Sr 富集系数在 1.37~3.76，呈相对富集状态；Cs 富集系数为 13.64，相对富集特征明显，其余稀有元素呈相对贫化特征。该尾矿中，稀有元素含量均未达到边界品位×0.5。

6）潼关金尾矿中，Rb、Zr、Hf 含量与地壳克拉克值相比，呈相对富集状态，富集系数分别为 1.18、1.41、2.78，其余稀有元素呈相对贫化特征。该尾矿中，稀有元素含量均未达到边界品位×0.5。

7）略阳嘉陵铁尾矿中，Cs 含量与地壳克拉克值相比，呈相对富集状态，富集系数为 1.18，其余稀有元素呈相对贫化特征。整体上，该尾矿中，稀有元素含量均未达到边界品位×0.5。

8）略阳杨家坝铁尾矿、略阳红岩湾铜尾矿中，Hf 含量与地壳克拉克值相比，呈相对富集状态，富集系数分别为 1.39、1.44，其他稀有元素呈相对贫化特征。该尾矿中，稀有元素含量偏低，均未达到边界品位×0.5。

9）略阳煎茶岭金尾矿中，Cs 含量与地壳克拉克值相比，呈相对富集状态，富集系数为 1.52，其余稀有元素呈相对贫化特征。该尾矿中，稀有元素含量均未达到边界品位×0.5。

10）汉中火地沟铅锌尾矿中，Hf、Zr 含量与地壳克拉克值相比，呈相对富集状态，富集系数分别为 3.59、1.13，其余稀有元素呈相对贫化特征。该尾矿中，稀有元素含量偏低，均未达到边界品位×0.5。

11）白河十里沟硫铁矿渣中，Be、Cs、Hf、Li、Rb、Ta、Zr 含量与地壳克拉克值相比，呈相对富集状态，富集系数在 1.08~4.33，其余稀有元素呈相对贫化特征。该尾矿中，稀有元素整体上迁移富集程度不明显，含量均未达到边界品位×0.5。

12）白河卡子镇硫铁矿渣中，Be、Cs、Hf、Li、Nb、Zr 含量与地壳克拉克值相比，呈相对富集状态，富集系数在 1.19~2.9，其余稀有元素呈相对贫化特征；Nb 含量已达到边界品位×0.5，是边界品位×0.5 的 1.128 倍，显示了较高的富集程度。总体上，稀有元素含量均未达到边界品位。

13）山阳钒尾矿、洋县钒钛磁铁尾矿、略阳煎茶岭镍尾矿、旬阳润景汞锑矿尾矿中，稀有元素含量与地壳克拉克值相比，富集系数均小于 1，均呈相对贫化特征。

表 4-23　17 件尾矿样稀有元素含量

序号	元素	稀有元素含量/10^{-6}								
		Be	Cs	Hf	Li	Nb	Rb	Sr	Ta	Zr
	检出限	0.05	0.01	0.1	0.2	0.1	0.2	0.1	0.05	2
	标样-花岗闪长岩	1.5	1.2	14	36	27	245	240	1.01	550
1	金堆城钼尾矿	8.79	11.15	3.06	50.07	20.04	341.14	77.72	0.67	121.04
2	白河铅锌尾矿	2.42	7.07	4.05	17.98	14.52	142.94	76.56	1.15	160.09
3	旬阳铅锌尾矿	1.81	5.75	3.12	19.26	10.46	107.01	102.44	0.77	121.51
4	柞水银尾矿	2.09	22.59	2.81	27.73	10.44	167.63	539.23	0.9	108.59
5	柞水铁尾矿	1.79	19.1	2.7	12.52	9.48	168.35	1802.53	0.83	99.46
6	山阳钒尾矿	0.73	1.02	1.18	7.78	5.56	38.82	124.3	0.36	57.92
7	潼关金尾矿	0.99	1.01	4.17	7.78	6.88	91.86	312.18	0.4	182.83

序号	元素	稀有元素含量/10⁻⁶								
		Be	Cs	Hf	Li	Nb	Rb	Sr	Ta	Zr
	检出限	0.05	0.01	0.1	0.2	0.1	0.2	0.1	0.05	2
	标样-花岗闪长岩	1.5	1.2	14	36	27	245	240	1.01	550
8	洋县钒钛磁铁尾矿	0.16	0.56	0.48	6.7	0.68	5.52	421.26	0.07	12.39
9	略阳杨家坝铁尾矿	0.56	0.96	2.09	14.5	6.45	25.86	62.54	0.45	79.47
10	略阳嘉陵铁尾矿	0.86	1.66	1.47	14.19	2.96	43.27	110.07	0.31	59.03
11	略阳红岩湾铜尾矿	0.29	0.26	2.16	7.58	5.83	4.35	74.35	0.39	56.05
12	略阳煎茶岭镍尾矿	0.19	0.34	0.52	2.78	2.45	8.36	48.5	0.15	13.96
13	略阳煎茶岭金尾矿	0.41	2.13	0.39	8.31	0.91	9.26	105.75	0.06	9.6
14	旬阳润景汞锑矿尾矿	0.11	0.26	0.18	2.83	0.42	4.84	128.07	0.04	6.05
15	汉中火地沟铅锌尾矿	0.91	0.69	5.39	12.63	7.58	12.16	349.69	0.54	147.39
16	白河十里沟硫铁矿渣	2.07	5.27	6.49	28.77	17.12	107.45	84.48	1.72	226.66
17	白河卡子镇硫铁矿渣	1.55	3.12	4.35	27.7	28.71	53.2	119.77	1.02	171.79

表 4-24　17 件尾矿样稀有元素含量/克拉克值

序号	元素	稀有元素含量/10⁻⁶/克拉克值[①]/10⁻⁶								
		Be	Cs	Hf	Li	Nb	Rb	Sr	Ta	Zr
	克拉克值[①]/10⁻⁶	1.3	1.4	1.5	21	19	5.7	480	1.6	130
1	金堆城钼尾矿	6.76	7.97	2.04	2.38	1.05	4.37	0.16	0.42	0.93
2	白河铅锌尾矿	1.86	5.05	2.7	0.86	0.76	1.83	0.16	0.72	1.23
3	旬阳铅锌尾矿	1.39	4.11	2.08	0.92	0.55	1.37	0.21	0.48	0.93
4	柞水银尾矿	1.61	16.13	1.88	1.32	0.55	2.15	1.12	0.56	0.84
5	柞水铁尾矿	1.37	13.64	1.8	0.6	0.5	2.16	3.76	0.52	0.77
6	山阳钒尾矿	0.56	0.73	0.78	0.37	0.29	0.5	0.26	0.23	0.45
7	潼关金尾矿	0.76	0.72	2.78	0.37	0.36	1.18	0.65	0.25	1.41
8	洋县钒钛磁铁尾矿	0.12	0.4	0.32	0.32	0.04	0.07	0.88	0.05	0.1
9	略阳杨家坝铁尾矿	0.43	0.69	1.39	0.69	0.34	0.33	0.13	0.28	0.61
10	略阳嘉陵铁尾矿	0.66	1.18	0.98	0.68	0.16	0.55	0.23	0.19	0.45
11	略阳红岩湾铜尾矿	0.22	0.19	1.44	0.36	0.31	0.46	0.15	0.24	0.43
12	略阳煎茶岭镍尾矿	0.15	0.24	0.35	0.13	0.13	0.11	0.1	0.09	0.11

续表 4-24

序号	元素	稀有元素含量/10⁻⁶/克拉克值①/10⁻⁶								
		Be	Cs	Hf	Li	Nb	Rb	Sr	Ta	Zr
	克拉克值①/10⁻⁶	1.3	1.4	1.5	21	19	5.7	480	1.6	130
13	略阳煎茶岭金尾矿	0.32	1.52	0.26	0.4	0.05	0.12	0.22	0.04	0.07
14	旬阳润景汞锑矿尾矿	0.09	0.19	0.12	0.14	0.02	0.06	0.27	0.02	0.05
15	汉中火地沟铅锌尾矿	0.7	0.49	3.59	0.6	0.4	0.16	0.73	0.33	1.13
16	白河十里沟硫铁矿渣	1.59	3.76	4.33	1.37	0.9	1.38	0.18	1.08	1.74
17	白河卡子镇硫铁矿渣	1.19	2.23	2.9	1.32	1.51	0.68	0.25	0.64	1.32

①数据引自黎彤, 1976。

表 4-25 17 件尾矿样稀有元素含量/边界品位×0.5

序号	元素	稀有元素含量/10⁻⁶/边界品位①×0.5/10⁻⁶					
		Be	Li	Nb	Rb	Sr	Ta
	边界品位①×0.5/10⁻⁶	72	933.5	25	183	35850	35
1	金堆城钼尾矿	0.12	0.06	0.8	1.86	0.002	0.02
2	白河铅锌尾矿	0.04	0.02	0.58	0.78	0.002	0.04
3	旬阳铅锌尾矿	0.02	0.02	0.42	0.58	0.002	0.02
4	柞水银尾矿	0.04	0.04	0.42	0.92	0.02	0.02
5	柞水铁尾矿	0.02	0.02	0.38	0.92	0.06	0.02
6	山阳钒尾矿	0.02	0.008	0.22	0.22	0.004	0.02
7	潼关金尾矿	0.02	0.008	0.28	0.5	0.008	0.02
8	洋县钒钛磁铁尾矿	0.002	0.008	0.02	0.04	0.02	0.002
9	略阳杨家坝铁尾矿	0.008	0.02	0.26	0.14	0.002	0.02
10	略阳嘉陵铁尾矿	0.02	0.02	0.12	0.24	0.004	0.008
11	略阳红岩湾铜尾矿	0.004	0.008	0.24	0.02	0.002	0.02
12	略阳煎茶岭镍尾矿	0.002	0.004	0.1	0.04	0.002	0.004
13	略阳煎茶岭金尾矿	0.006	0.01	0.04	0.06	0.002	0.002
14	旬阳润景汞锑矿尾矿	0.002	0.004	0.02	0.02	0.004	0.002
15	汉中火地沟铅锌尾矿	0.02	0.02	0.3	0.06	0.01	0.02
16	白河十里沟硫铁矿渣	0.028	0.03	0.684	0.588	0.002	0.05
17	白河卡子镇硫铁矿渣	0.022	0.03	1.148	0.292	0.004	0.03

①数据引自邵厥年等, 2014。

表 4-26 17 件尾矿样稀有元素含量/边界品位

序号	元　　素	稀有元素含量/10^{-6}/边界品位[①]/10^{-6}					
		Be	Li	Nb	Rb	Sr	Ta
	边界品位[①]/10^{-6}	144	1867	50	366	71700	70
1	金堆城钼尾矿	0.06	0.03	0.4	0.93	0.001	0.01
2	白河铅锌尾矿	0.02	0.01	0.29	0.39	0.001	0.02
3	旬阳铅锌尾矿	0.01	0.01	0.21	0.29	0.001	0.01
4	柞水银尾矿	0.02	0.02	0.21	0.46	0.01	0.01
5	柞水铁尾矿	0.01	0.01	0.19	0.46	0.03	0.01
6	山阳钒尾矿	0.01	0.004	0.11	0.11	0.002	0.01
7	潼关金尾矿	0.01	0.004	0.14	0.25	0.004	0.01
8	洋县钒钛磁铁尾矿	0.001	0.004	0.01	0.02	0.01	0.001
9	略阳杨家坝铁尾矿	0.004	0.01	0.13	0.07	0.001	0.01
10	略阳嘉陵铁尾矿	0.01	0.01	0.06	0.12	0.002	0.004
11	略阳红岩湾铜尾矿	0.002	0.004	0.12	0.01	0.001	0.01
12	略阳煎茶岭镍尾矿	0.001	0.002	0.05	0.02	0.001	0.002
13	略阳煎茶岭金尾矿	0.003	0.005	0.02	0.03	0.001	0.001
14	旬阳润景汞锑矿尾矿	0.001	0.002	0.01	0.01	0.002	0.001
15	汉中火地沟铅锌尾矿	0.01	0.01	0.15	0.03	0.005	0.01
16	白河十里沟硫铁矿渣	0.014	0.015	0.342	0.294	0.001	0.025
17	白河卡子镇硫铁矿渣	0.011	0.015	0.574	0.146	0.002	0.015

①数据引自邵厥年等, 2014。

表 4-27 17 件尾矿样稀有元素含量/最低工业品位

序号	稀有元素	稀有元素含量/10^{-6}/最低工业品位[①]/10^{-6}								
		Be	Cs	Hf	Li	Nb	Rb	Sr	Ta	Zr
	最低工业品位[①]/10^{-6}	288	200	5000	3733	100	914	400	119500	10000
1	金堆城钼尾矿	0.03	0.06	0.001	0.01	0.2	0.37	0.001	0.01	0.1
2	白河铅锌尾矿	0.01	0.04	0.001	0.01	0.15	0.16	0.001	0.01	0.14
3	旬阳铅锌尾矿	0.01	0.03	0.001	0.01	0.1	0.12	0.001	0.01	0.1
4	柞水银尾矿	0.01	0.11	0.001	0.01	0.1	0.18	0.01	0.01	0.09
5	柞水铁尾矿	0.01	0.1	0.001	0.003	0.1	0.18	0.02	0.01	0.08

序号	稀有元素	稀有元素含量/10^{-6}/最低工业品位[①]/10^{-6}								
		Be	Cs	Hf	Li	Nb	Rb	Sr	Ta	Zr
	最低工业品位[①]/10^{-6}	288	200	5000	3733	100	914	400	119500	10000
6	山阳钒尾矿	0.003	0.01	0.00001	0.002	0.06	0.04	0.001	0.003	0.05
7	潼关金尾矿	0.003	0.01	0.001	0.002	0.07	0.1	0.003	0.003	0.16
8	洋县钒钛磁铁尾矿	0.001	0.003	0.0001	0.002	0.01	0.01	0.004	0.001	0.01
9	略阳杨家坝铁尾矿	0.002	0.01	0.0004	0.004	0.07	0.03	0.001	0.004	0.07
10	略阳嘉陵铁尾矿	0.003	0.01	0.00001	0.004	0.03	0.05	0.001	0.003	0.05
11	略阳红岩湾铜尾矿	0.001	0.001	0.0004	0.002	0.058	0.005	0.001	0.003	0.047
12	略阳煎茶岭镍尾矿	0.001	0.002	0.001	0.001	0.025	0.009	0.0004	0.001	0.012
13	略阳煎茶岭金尾矿	0.001	0.011	0.0001	0.002	0.009	0.01	0.001	0.001	0.008
14	旬阳润景汞锑矿尾矿	0	0.001	0.00004	0.001	0.004	0.005	0	0	0.005
15	汉中火地沟铅锌尾矿	0.003	0.003	0.0011	0.003	0.076	0.013	0.003	0.005	0.125
16	白河十里沟硫铁矿渣	0.007	0.026	0.001	0.008	0.17	0.12	0.001	0.014	0.19
17	白河卡子镇硫铁矿渣	0.005	0.016	0.001	0.007	0.29	0.06	0.001	0.009	0.15

①数据引自邵厥年等，2014。

（3）稀土元素。稀土元素包括轻稀土：镧（La）、铈（Ce）、镨（Pr）、钕（Nd）、钷（Pm）、钐（Sm）、铕（Eu）；重稀土：钆（Gd）、铽（Tb）、镝（Dy）、钬（Ho）、铒（Er）、铥（Tm）、镱（Yb）、镥（Lu）、钇（Y），和钪（Sc）。其分析结果见表 4-28，富集系数见表 4-29、表 4-31、表 4-32。以下是各尾矿中稀土元素的含量特征。

1）金堆城钼尾矿中，Ce、Dy、Er、Eu、Nd、Tm、Y、Yb 含量与地壳克拉克值相比，呈相对富集状态，富集系数在 1.01~1.53，其余稀土元素呈相对贫化特征。整体上，该尾矿中，轻稀土和重稀土元素相对富集程度不高，含量均未达到边界品位×0.5。

2）白河铅锌尾矿中，Ce、Eu、Nd、Tm、Y 含量与地壳克拉克值相比，呈相对富集状态，富集系数在 1.01~1.53，其余稀土元素呈相对贫化特征。该尾矿中，轻稀土和重稀土元素相对富集程度不高，含量尚未达到边界品位×0.5。

3）旬阳铅锌尾矿中，Ce、Eu、Nd、Tm、Y 含量与地壳克拉克值相比，呈相对富集状态，富集系数在 1.04~1.54，其余稀土元素呈相对贫化特征。该尾矿中，轻稀土和重稀土元素总体上相对富集程度不高，含量均未达到边界品位×0.5。

4）柞水银尾矿中，Ce、Dy、Eu、Nd、Tm、Y 含量与地壳克拉克值相比，富集系数在 1.11~3.18，呈相对富集状态，其余稀土元素呈相对贫化特征。该尾矿中，轻稀土和重稀土元素相对含量不高，均未达到边界品位×0.5。

5）柞水铁尾矿中，Ce、Eu、Nd、Tm、Y 含量与地壳克拉克值相比，富集系数在 1.07~2.46，呈相对富集状态，其余稀土元素呈相对贫化特征。总体上，该尾矿中，轻稀土和重稀土元素相对含量不高，均未达到边界品位×0.5。

6）山阳钒尾矿中，Dy、Er、Tm、Y、Yb 含量与地壳克拉克值相比，富集系数在 1.05~2.17，呈相对富集状态，其余稀土元素呈相对贫化特征。该尾矿中，轻稀土和重稀土元素含量均未达到边界品位×0.5。

7）潼关金尾矿中，Ce、Eu、Nd 含量与地壳克拉克值相比，富集系数分别为 1.56、1.04、1.04，呈相对富集状态，其余稀土元素呈相对贫化特征。整体上，该尾矿中，轻稀土和重稀土元素含量均未达到边界品位×0.5。

8）洋县钒钛磁铁尾矿中，只有 Sc 含量与地壳克拉克值相比，呈相对富集状态，富集系数为 2.75，其余稀土元素呈相对贫化特征。该尾矿中，轻稀土和重稀土元素含量均未达到边界品位×0.5。

9）略阳杨家坝铁尾矿中，Tm、Y 含量与地壳克拉克值相比，富集系数分别为 1.1、1.02，呈相对富集状态，其余稀土元素呈相对贫化特征。该尾矿中，轻稀土和重稀土元素相对富集程度不高，含量均未达到边界品位×0.5。

10）略阳红岩湾铜尾矿中，Sc、Sm、Tm、Y 含量与地壳克拉克值相比，富集系数在 1.06~5.77，呈相对富集状态，其余稀土元素呈相对贫化特征。整体上，该尾矿中，轻稀土和重稀土元素相对富集程度不高，含量均未达到边界品位×0.5。

11）汉中火地沟铅锌尾矿中，Dy、Er、Eu、Tm、Y、Yb 含量与地壳克拉克值相比，富集系数在 1.31~2.15，呈相对富集状态，其余稀土元素呈相对贫化特征。该尾矿中，轻稀土和重稀土元素含量均未达到边界品位×0.5。

12）白河十里沟硫铁矿渣中，Sc、Tm 含量与地壳克拉克值相比，富集系数分别为 1.14、1.16，呈相对富集状态，其余稀土元素呈相对贫化特征。整体上，该硫铁矿渣中，轻稀土和重稀土元素含量均未达到边界品位×0.5。

13）白河卡子镇硫铁矿渣中，Sc、Tm、Y 含量与地壳克拉克值相比，富集系数分别为 1.07、1.42、1.05，呈相对富集状态。该硫铁矿渣中，轻稀土和重稀土元素含量均未达到边界品位×0.5。

14）另外，略阳嘉陵铁尾矿、略阳煎茶岭镍尾矿、略阳煎茶岭金尾矿、旬阳润景汞锑矿尾矿中，稀土元素含量与地壳克拉克值相比，呈相对贫化特征，富集系数均小于 1。

表 4-28　17 件尾矿样稀土元素含量

稀土元素含量/10^{-6}

序号	元素	La	Ce	Pr	Nd	Sm	Eu	Gd	Tb	Dy	Ho	Er	Tm	Yb	Lu	Y	Sc
	检出限	0.1	0.1	0.02	0.1	0.03	0.02	0.05	0.01	0.05	0.01	0.03	0.01	0.03	0.01	0.1	0.1
	标准-花岗闪长岩	180	410	51	200	27	2.3	12	1.55	6.35	1.02	2.2	0.29	1.76	0.23	28	6.3
1	金堆城铜尾矿	28.21	57.13	7.17	28.2	5.62	1.44	5.08	0.79	4.71	0.92	2.73	0.38	2.71	0.39	27.91	14.72
2	白河铅锌尾矿	35.03	65.59	7.77	27.87	5.22	1.37	4.29	0.63	3.83	0.75	2.05	0.31	2.23	0.29	20.18	7.22
3	旬阳铅锌尾矿	34.7	66.2	8.02	29.87	5.96	1.38	4.78	0.66	3.86	0.76	2.03	0.29	1.87	0.29	20.78	7.51
4	柞水银尾矿	38.99	70.05	8.64	31.72	6.65	3.81	8.14	0.78	4.53	0.83	2.2	0.34	2.2	0.3	23.64	13.05
5	柞水铁尾矿	36.08	66.88	8.08	28.82	5.81	2.95	4.96	0.6	3.25	0.65	1.82	0.27	1.91	0.28	18.01	11.51
6	山阳钒尾矿	25.87	26.29	4.59	17.63	3.3	1.07	3.72	0.65	4.48	1.05	3.34	0.48	2.83	0.37	43.31	2.82
7	潼关金尾矿	35.13	67.18	7.67	26.99	4.6	1.25	3.98	0.55	3.19	0.6	1.78	0.23	1.7	0.23	17.75	9.72
8	洋县钒钛磁铁尾矿	1.85	4.31	0.73	3.72	1.33	0.7	1.56	0.29	1.96	0.39	1.1	0.17	0.9	0.13	10.04	49.48
9	略阳杨家坝铁尾矿	25.23	38.4	4.64	17.61	3.5	0.99	3.36	0.49	3.29	0.67	1.94	0.27	1.92	0.29	20.35	14.96
10	略阳嘉陵铁尾矿	17.1	30.55	3.49	13.06	2.49	0.81	2.6	0.39	2.43	0.49	1.53	0.22	1.42	0.23	17.45	10.01
11	略阳红岩湾铜尾矿	9.08	19.81	2.6	11.48	2.82	0.7	3.26	0.52	3.27	0.66	1.99	0.27	1.84	0.28	21.2	44.79
12	略阳煎茶岭镍尾矿	24.4	34.31	3	9.17	1.23	0.34	1.38	0.15	0.8	0.17	0.52	0.08	0.52	0.08	6.57	5.59
13	略阳煎茶岭金尾矿	3.43	5.81	0.74	2.97	0.53	0.12	0.59	0.07	0.41	0.08	0.23	0.03	0.21	0.03	3.64	5.69
14	旬阳润景汞锑矿尾矿	1.43	2.59	0.31	1.12	0.19	0.07	0.24	0.03	0.15	0.03	0.1	0.01	0.08	0.01	1.21	0.79
15	汉中火地沟铝锌尾矿	13.6	32.74	4.18	17.72	4.37	1.57	5.34	0.88	5.69	1.2	3.66	0.54	3.66	0.55	39.35	14.13
16	白河十里沟硫铁矿渣	10.01	18.64	2.22	8.34	1.7	0.62	1.75	0.33	2.35	0.53	1.66	0.29	2.02	0.35	11.74	20.51
17	白河卡子镇硫铁矿渣	16.07	30.15	4.29	14.24	2.9	0.88	3.47	0.53	3.27	0.72	2.14	0.35	2.15	0.31	21.03	19.23

表 4-29　17 件尾矿样稀土元素含量/克拉克值

稀土元素含量/10^{-6}/克拉克值①/10^{-6}

序号	元素	Ce	Dy	Er	Eu	Ho	La	Nd	Lu	Sc	Sm	Tb	Tm	Y	Yb
	克拉克值①/10^{-6}	43	4.1	2.7	1.2	1.4	39	26	0.8	0.6	18	1.1	0.25	20	2.7
1	金堆城钼尾矿	1.33	1.15	1.01	1.2	0.66	0.72	1.08	0.49	0.82	0.84	0.72	1.53	1.4	1.01
2	白河铅锌尾矿	1.53	0.93	0.76	1.15	0.54	0.9	1.07	0.37	0.4	0.78	0.57	1.22	1.01	0.83
3	旬阳铅锌尾矿	1.54	0.94	0.75	1.15	0.54	0.89	1.15	0.36	0.42	0.89	0.6	1.18	1.04	0.69
4	柞水银尾矿	1.63	1.11	0.81	3.18	0.59	1	1.22	0.37	0.72	0.99	0.71	1.36	1.18	0.82
5	柞水铁尾矿	1.56	0.79	0.67	2.46	0.46	0.93	1.11	0.35	0.64	0.87	0.54	1.07	0.9	0.71
6	山阳钒尾矿	0.61	1.09	1.24	0.89	0.75	0.66	0.68	0.46	0.16	0.49	0.59	1.91	2.17	1.05
7	潼关金尾矿	1.56	0.78	0.66	1.04	0.43	0.9	1.04	0.29	0.54	0.69	0.5	0.94	0.89	0.63
8	洋县钒钛磁铁尾矿	0.1	0.48	0.41	0.58	0.28	0.05	0.14	0.17	2.75	0.2	0.26	0.66	0.5	0.33
9	略阳杨家坝铁尾矿	0.89	0.8	0.72	0.83	0.48	0.65	0.68	0.36	0.83	0.52	0.44	1.1	1.02	0.71
10	略阳嘉陵铁尾矿	0.71	0.59	0.57	0.68	0.35	0.44	0.5	0.29	0.56	0.37	0.35	0.86	0.87	0.52
11	略阳红岩湾铜尾矿	0.46	0.8	0.74	0.58	0.47	0.23	0.44	0.35	5.77	2.49	0.47	1.09	1.06	0.68
12	略阳煎茶岭镍尾矿	0.8	0.2	0.19	0.28	0.12	0.63	0.35	0.1	0.31	0.18	0.14	0.31	0.33	0.19
13	略阳煎茶岭金尾矿	0.14	0.1	0.09	0.1	0.06	0.09	0.11	0.03	0.32	0.08	0.06	0.12	0.18	0.08
14	旬阳润景汞锑矿④尾矿	0.06	0.04	0.04	0.06	0.02	0.04	0.04	0.02	0.04	0.03	0.03	0.04	0.06	0.03
15	汉中火地沟铅锌尾矿	0.76	1.39	1.36	1.31	0.86	0.35	0.68	0.69	0.79	0.65	0.8	2.15	1.97	1.36
16	白河十里沟硫铁矿④渣	0.43	0.57	0.61	0.52	0.38	0.26	0.32	0.44	1.14	0.25	0.3	1.16	0.59	0.75
17	白河卡子镇硫铁矿④渣	0.7	0.8	0.79	0.73	0.52	0.41	0.55	0.39	1.07	0.43	0.49	1.42	1.05	0.8

① 数据引自黎彤，1976。

表 4-30 17 件尾矿样轻稀土、重稀土元素含量含量

序号	尾矿名称	稀土元素含量含量/10^{-6}		
		轻稀土含量	重稀土含量	Sc
1	金堆城钼尾矿	127.77	45.62	14.72
2	白河铅锌尾矿	142.85	34.56	7.22
3	旬阳铅锌尾矿	146.13	35.32	7.51
4	柞水银尾矿	159.86	42.96	13.05
5	柞水铁尾矿	148.62	31.75	11.51
6	山阳钒尾矿	78.75	60.23	2.82
7	潼关金尾矿	142.82	30.01	9.72
8	洋县钒钛磁铁尾矿	12.64	16.54	49.48
9	略阳杨家坝铁尾矿	90.37	32.58	14.96
10	略阳嘉陵铁尾矿	67.5	26.76	10.01
11	略阳红岩湾铜尾矿	46.49	33.29	44.79
12	略阳煎茶岭镍尾矿	72.45	10.27	5.59
13	略阳煎茶岭金尾矿	13.6	5.29	5.69
14	旬阳润景采锑尾矿	5.71	1.86	0.79
15	汉中火地沟铅锌尾矿	74.18	60.87	14.13
16	白河十里沟硫铁矿渣	41.53	21.02	20.51
17	白河卡子镇硫铁矿渣	68.53	33.97	19.23

表 4-31 17 件尾矿样稀土元素含量/最低工业品位×0.5

序号	元素	稀土元素含量/10^{-6}/最低工业品位①×0.5/10^{-6}		
		轻稀土元素	重稀土元素	Sc
	最低工业品位①×0.5/10^{-6}	350.00	250.00	7500
1	金堆城钼尾矿	0.37	0.18	0.14
2	白河铅锌尾矿	0.41	0.14	0.08
3	旬阳铅锌尾矿	0.42	0.14	0.08
4	柞水银尾矿	0.46	0.17	0.14
5	柞水铁尾矿	0.42	0.13	0.12
6	山阳钒尾矿	0.23	0.24	0.02
7	潼关金尾矿	0.41	0.12	0.1
8	洋县钒钛磁铁尾矿	0.04	0.07	0.5
9	略阳杨家坝铁尾矿	0.26	0.13	0.16
10	略阳嘉陵铁尾矿	0.19	0.11	0.1
11	略阳红岩湾铜尾矿	0.13	0.13	0.44
12	略阳煎茶岭镍尾矿	0.21	0.04	0.06
13	略阳煎茶岭金尾矿	0.04	0.02	0.06
14	旬阳润景采锑尾矿	0.02	0.01	0.008
15	汉中火地沟铅锌尾矿	0.21	0.24	0.142
16	白河十里沟硫铁矿渣	0.12	0.08	0.206
17	白河卡子镇硫铁矿渣	0.20	0.14	0.192

① 数据引自邵铁全等，2014。

表 4-32 17 件尾矿样稀土元素含量/最低工业品位

序号	元素	稀土元素含量/10⁻⁶/最低工业品位①/10⁻⁶		Sc
		轻稀土元素	重稀土元素	
	最低工业品位①/10⁻⁶	700.00	500.00	15000
1	金堆城钼尾矿	0.18	0.09	0.07
2	白河铅锌尾矿	0.20	0.07	0.04
3	旬阳铅锌尾矿	0.21	0.07	0.04
4	柞水银尾矿	0.23	0.09	0.07
5	柞水铁尾矿	0.21	0.06	0.06
6	山阳钒尾矿	0.11	0.12	0.01
7	潼关金尾矿	0.20	0.06	0.05
8	洋县钒钛磁铁尾矿	0.02	0.03	0.25
9	略阳杨家坝铁尾矿	0.13	0.07	0.08
10	略阳嘉陵铁尾矿	0.10	0.05	0.05
11	略阳红岩湾铜尾矿	0.07	0.07	0.22
12	略阳煎茶岭镍尾矿	0.10	0.02	0.03
13	略阳煎茶岭金尾矿	0.02	0.01	0.03
14	旬阳润景采锑矿尾矿	0.01	0.00	0.004
15	汉中火地沟铝锌尾矿	0.11	0.12	0.071
16	白河十里沟硫铁矿渣	0.06	0.04	0.103
17	白河卡子镇硫铁矿渣	0.10	0.07	0.096

① 数据引自邵厥年等，2014。

（4）稀散元素。稀散元素包括镓（Ga）、锗（Ge）、硒（Se）、铟（In）、碲（Te）、铼（Re）、铊（Tl）、镉（Cd）、铀（U）和钍（Th）等十种。本次分析的稀散元素有镉（Cd）、镓（Ga）、铟（In）、铀（U）、钍（Th）等五种，分析结果见表4-33，富集系数见表4-34～表4-37。各尾矿中稀散元素分布特征如下：

1）金堆城钼尾矿中，Cd、In、U含量与地壳克拉克值相比，富集系数分别4.8、4.68、1.71，呈相对富集状态。该尾矿中，稀散元素含量均未达到工业品位。

2）白河铅锌尾矿中，Cd、Ga、In、Th、U含量与地壳克拉克值相比，呈相对富集状态。其中，Ga、In、Th、U富集系数在1.31～2.03，Cd富集系数为15.13；其余稀散元素呈相对贫化特征。另外，Ga含量达到相应矿床的综合利用品位，是综合利用品位的1.18倍，其余稀散元素含量均未达到工业综合利用品位。

3）旬阳铅锌尾矿中，Cd、In、Th、U含量与地壳克拉克值相比，呈相对富集状态。其中，In、Th、U富集系数分别为1.35、1.78、1.59，Cd富集系数较高，为19.99，其余稀散元素呈相对贫化特征。该尾矿中，稀散元素含量均未达到工业综合利用品位。

4）柞水银尾矿中，Cd、In、Th、U含量与地壳克拉克值相比，富集系数在1.06～1.98，呈相对富集状态，其余稀散元素呈相对贫化特征。该尾矿中，稀散元素含量均未达到工业综合利用品位。

5）柞水铁尾矿中，Cd、In、Th、U含量与地壳克拉克值相比，富集系数在1.03～1.89，呈相对富集状态，其余稀散元素呈相对贫化特征。该尾矿中，稀散元素含量均未达到工业品位。

6）山阳钒尾矿中，Cd、U含量与地壳克拉克值相比，富集系数分别为20.94、13.47，呈相对富集状态，其余稀散元素呈相对贫化特征。该尾矿中，稀散元素含量均未达到工业品位。

7）潼关金尾矿、洋县钒钛磁铁尾矿、略阳嘉陵铁尾矿、略阳煎茶岭金尾矿中，Cd含量与地壳克拉克值相比，富集系数分别为2.74、1.19、1.92、2.94，呈相对富集状态，其余稀散元素呈相对贫化特征。该尾矿中，稀散元素含量均未达到工业综合利用品位。

8）略阳杨家坝铁尾矿中，Cd、In、U含量与地壳克拉克值相比，富集系数分别为1.88、1.72、5.09，呈相对富集状态，其余稀散元素呈相对贫化特征。该尾矿中，稀散元素含量均未达到工业综合利用品位。

9）略阳红岩湾铜尾矿中，Cd、In含量与地壳克拉克值相比，富集系数分别为1.33、1.1，呈相对富集状态，其余稀散元素呈相对贫化特征。该尾矿中，稀散元素含量均未达到工业综合利用品位。

10）略阳煎茶岭镍尾矿中，In 含量与地壳克拉克值相比，富集系数为 1.32，呈相对富集状态，其余稀散元素呈相对贫化特征。该尾矿中，稀散元素含量均未达到工业综合利用品位。

11）旬阳润景汞锑矿尾矿中，U 含量与地壳克拉克值相比，富集系数为 13.67，呈相对富集状态，其余稀散元素呈相对贫化特征。该尾矿中，稀散元素含量均未达到工业综合利用品位。

12）汉中火地沟铅锌尾矿中，Cd、In 含量与地壳克拉克值相比，集系数分别为 70.4、39.57，呈相对富集状态，其余稀散元素呈相对贫化特征；In 含量达到了相应矿床的边界品位，是边界品位的 3.96 倍，其余稀散元素含量均未达到工业品位。

13）白河十里沟硫铁矿渣中，Cd、Ga、In 含量与地壳克拉克值相比，系数分别为 1.95、1.08、1.1，呈相对富集状态，其余稀散元素呈相对贫化特征。该尾矿中，稀散元素含量均未达到工业综合利用品位。

14）白河卡子镇硫铁矿渣中，稀散元素含量与地壳克拉克值相比，富集系数均小于 1，呈相对贫化状态。

表 4-33　17 件尾矿样稀散元素含量

序号	元素	稀散元素含量/10^{-6}				
		Cd	Ga	In	Th	U
	检出限	0.02	0.1	0.005	0.05	0.05
	标样-花岗闪长岩	0.76	22	0.07	108	2.4
1	金堆城钼尾矿	0.96	16.94	0.47	3.3	2.91
2	白河铅锌尾矿	3.03	23.65	0.14	11.78	2.28
3	旬阳铅锌尾矿	4	16.45	0.24	10.31	2.7
4	柞水银尾矿	0.26	15.99	0.11	11.49	2.18
5	柞水铁尾矿	0.21	14.67	0.13	10.96	2.05
6	山阳钒尾矿	4.19	6.49	0.03	4.15	22.9
7	潼关金尾矿	0.55	13.75	0.07	3.89	0.8
8	洋县钒钛磁铁尾矿	0.24	15.63	0.06	0.32	0.12
9	略阳杨家坝铁尾矿	0.38	16.58	0.17	2.73	8.65
10	略阳嘉陵铁尾矿	0.38	7.95	0.06	4.61	1.69
11	略阳红岩湾铜尾矿	0.27	15.49	0.11	1.27	0.65
12	略阳煎茶岭镍尾矿	0.03	3.52	0.13	2.02	0.91
13	略阳煎茶岭金尾矿	0.59	1.58	0.01	0.52	1.1

序号	元素	稀散元素含量/10⁻⁶				
		Cd	Ga	In	Th	U
	检出限	0.02	0.1	0.005	0.05	0.05
	标样-花岗闪长岩	0.76	22	0.07	108	2.4
14	旬阳润景汞锑矿尾矿	0.17	0.92	0.07	0.33	23.24
15	汉中火地沟铅锌尾矿	14.08	13.79	3.96	3.15	1.44
16	白河十里沟硫铁矿渣	0.39	19.4	0.11	2.18	1.01
17	白河卡子镇硫铁矿渣	0.14	14.55	0.05	4.86	1.48

表 4-34　17 件尾矿样稀散元素含量/克拉克值

序号	元素	稀散元素含量/10⁻⁶/克拉克值[①]/10⁻⁶				
		Cd	Ga	In	Th	U
	克拉克值[①]/10⁻⁶	0.2	18	0.1	5.8	1.7
1	金堆城钼尾矿	4.8	0.94	4.68	0.57	1.71
2	白河铅锌尾矿	15.13	1.31	1.35	2.03	1.34
3	旬阳铅锌尾矿	19.99	0.91	2.35	1.78	1.59
4	柞水银尾矿	1.32	0.89	1.06	1.98	1.28
5	柞水铁尾矿	1.03	0.82	1.33	1.89	1.2
6	山阳钒尾矿	20.94	0.36	0.26	0.72	13.47
7	潼关金尾矿	2.74	0.76	0.66	0.67	0.47
8	洋县钒钛磁铁尾矿	1.19	0.87	0.58	0.05	0.07
9	略阳杨家坝铁尾矿	1.88	0.92	1.72	0.47	5.09
10	略阳嘉陵铁尾矿	1.92	0.44	0.57	0.8	1
11	略阳红岩湾铜尾矿	1.33	0.86	1.1	0.22	0.38
12	略阳煎茶岭镍尾矿	0.16	0.2	1.32	0.35	0.54
13	略阳煎茶岭金尾矿	2.94	0.09	0.06	0.09	0.65
14	旬阳润景汞锑矿尾矿	0.85	0.05	0.66	0.06	13.67
15	汉中火地沟铅锌尾矿	70.4	0.77	39.58	0.54	0.85
16	白河十里沟硫铁矿渣	1.95	1.08	1.1	0.38	0.59
17	白河卡子镇硫铁矿渣	0.71	0.81	0.52	0.84	0.87

①数据引自黎彤，1976。

表 4-35 17 件尾矿样稀散元素含量/边界品位×0.5

序号	元素	稀散元素含量/10^{-6}/边界品位[①]×0.5/10^{-6}		序号	元素	稀散元素含量/10^{-6}/边界品位[①]×0.5/10^{-6}	
		U	In			U	In
	边界品位[①]× 0.5/10^{-6}	150	0.5		边界品位[①]× 0.5/10^{-6}	150	0.5
1	金堆城钼尾矿	0.02	0.94	10	略阳嘉陵铁尾矿	0.02	0.12
2	白河铅锌尾矿	0.02	0.28	11	略阳红岩湾铜尾矿	0.004	0.22
3	旬阳铅锌尾矿	0.02	0.48	12	略阳煎茶岭镍尾矿	0.006	0.26
4	柞水银尾矿	0.02	0.22	13	略阳煎茶岭金尾矿	0.008	0.02
5	柞水铁尾矿	0.02	0.26	14	旬阳润景汞锑尾矿	0.16	0.14
6	山阳钒尾矿	0.16	0.06	15	汉中火地沟铅锌尾矿	0.01	7.92
7	潼关金尾矿	0.006	0.14	16	白河十里沟硫铁矿渣	0.006	0.22
8	洋县钒钛磁铁尾矿	0.0008	0.12	17	白河卡子镇硫铁矿渣	0.01	0.104
9	略阳杨家坝铁尾矿	0.06	0.34				

①数据引自邵厥年等，2014。

表 4-36 17 件尾矿样稀散元素含量/边界品位

序号	元素	稀散元素含量/10^{-6}/边界品位[①]/10^{-6}		序号	元素	稀散元素含量/10^{-6}/边界品位[①]×0.5/10^{-6}	
		U	In			U	In
	边界品位[①]/10^{-6}	300	1		边界品位[①]/10^{-6}	300	1
1	金堆城钼尾矿	0.01	0.47	10	略阳嘉陵铁尾矿	0.01	0.06
2	白河铅锌尾矿	0.01	0.14	11	略阳红岩湾铜尾矿	0.002	0.11
3	旬阳铅锌尾矿	0.01	0.24	12	略阳煎茶岭镍尾矿	0.003	0.13
4	柞水银尾矿	0.01	0.11	13	略阳煎茶岭金尾矿	0.004	0.01
5	柞水铁尾矿	0.01	0.13	14	旬阳润景汞锑矿尾矿	0.08	0.07
6	山阳钒尾矿	0.08	0.03	15	汉中火地沟铅锌尾矿	0.005	3.96
7	潼关金尾矿	0.003	0.07	16	白河十里沟硫铁矿渣	0.003	0.11
8	洋县钒钛磁铁尾矿	0.0004	0.06	17	白河卡子镇硫铁矿渣	0.005	0.052
9	略阳杨家坝铁尾矿	0.03	0.17				

①数据引自邵厥年等，2014。

表 4-37 17 件尾矿样稀散元素含量/最低工业品位

序号	元素	稀散元素含量/10^{-6}/最低工业品位[①]/10^{-6}				
		Cd	Ga	In	Th	U
	最低工业品位[①]/10^{-6}	100	20	5	120	1000
1	金堆城钼尾矿	0.01	0.85	0.09	0.003	0.01

序号	元素	稀散元素含量/10^{-6}/最低工业品位①/10^{-6}				
		Cd	Ga	In	Th	U
	最低工业品位①/10^{-6}	100	20	5	120	1000
2	白河铅锌尾矿	0.03	1.18	0.03	0.01	0.01
3	旬阳铅锌尾矿	0.04	0.82	0.05	0.01	0.01
4	柞水银尾矿	0.003	0.8	0.02	0.01	0.004
5	柞水铁尾矿	0.002	0.73	0.03	0.01	0.004
6	山阳钒尾矿	0.04	0.32	0.01	0.004	0.05
7	潼关金尾矿	0.01	0.69	0.01	0.004	0.002
8	洋县钒钛磁铁尾矿	0.002	0.78	0.01	0.0003	0.0002
9	略阳杨家坝铁尾矿	0.004	0.83	0.04	0.003	0.02
10	略阳嘉陵铁尾矿	0.004	0.4	0.01	0.01	0.003
11	略阳红岩湾铜尾矿	0.003	0.775	0.022	0.001	0.001
12	略阳煎茶岭镍尾矿	0.0003	0.176	0.026	0.002	0.002
13	略阳煎茶岭金尾矿	0.006	0.079	0.001	0.001	0.002
14	旬阳润景汞锑矿尾矿	0.002	0.046	0.013	0	0.047
15	汉中火地沟铅锌尾矿	0.14	0.69	0.79	0.003	0.003
16	白河十里沟硫铁矿渣	0.004	0.97	0.022	0.002	0.003
17	白河卡子镇硫铁矿渣	0.001	0.73	0.011	0.005	0.003

①数据引自邵厥年等，2014。

（5）贵金属元素。在有色金属西北矿产地质测试中心，采用电感耦合等离子体质谱分析和原子吸收分光光度法，对样品中的贵金属元素，包括 Au（金）、Ag（银）、Ru（钌）、Rh（铑）、Pd（钯）、Ir（铱）、Pt（铂）、Os（锇）的含量进行了分析测定，结果见表 4-38，相应元素富集系数见表 4-39～表 4-41。从中可以发现，各个现尾矿中的贵金属元素具有以下基本特征。

1）金堆城钼尾矿中，Ag、Au 含量分别为 665.33×10^{-9}、37.66×10^{-9}，与地壳克拉克值相比，富集系数分别为 9.42、8.32，表明 Ag、Au 在金堆城钼尾矿中，呈明显的相对富集状态，其余贵金属元素呈相对贫化特征。该尾矿中，贵金属元素均未达到边界品位×0.5。

2）白河铅锌尾矿中，Ag、Au 含量分别为 238.06×10^{-9}、28.07×10^{-9}，与地壳克拉克值相比，富集系数分别为 2.98、7.02，呈相对富集状态，其余贵金属元素呈相对贫化特征。该尾矿中，贵金属元素均未达到边界品位×0.5。

3）旬阳铅锌尾矿中，Ag、Au 含量分别为 445.28×10^{-9}、71.00×10^{-9}，与地壳克拉克值相比，富集系数分别为 5.57、17.75，呈明显相对富集状态，其余贵金属元素呈相对贫化特征。该尾矿中，贵金属元素均未达到边界品位×0.5。

4）柞水银尾矿中，Ag、Au 含量分别为 11084.59×10^{-9}、35.10×10^{-9}，与地壳克拉克值相比，富集系数分别为 226.06、8.77，呈非常明显的相对富集状态，其余贵金属元素呈相对贫化特征。该尾矿中，贵金属元素均未达到边界品位×0.5。

5）柞水菱铁尾矿中，Ag、Au 含量分别为 16240.18×10^{-9}、60.53×10^{-9}，与地壳克拉克值相比，富集系数分别为 203、15.13，呈明显的相对富集状态，其余贵金属元素呈相对贫化特征。该尾矿中，贵金属元素均未达到边界品位×0.5。

6）山阳钒矿尾矿中，Pt、Pd、Os、Ru、Au、Ag 含量与地壳克拉克值相比，呈相对富集状态。其中，Pt、Pd、Os、Ru、Au 富集系数分别为 1.89、3.82、6.68、2.18、11.18；Ag 富集系数高达 156.77，其余贵金属元素呈相对贫化特征。该尾矿中，贵金属元素虽未达到工业品位，但 Pt、Pd 含量分别是边界品位×0.5 的 1.26 倍、2.54 倍；Pd 含量达到边界品位，是边界品位的 1.27 倍。

7）潼关金尾矿中，Ag、Au 含量与地壳克拉克值相比，富集系数分别为 4.46、25.75，呈相对富集状态，其余贵金属元素呈相对贫化特征。该尾矿中，贵金属元素均未达到边界品位×0.5。

8）洋县钒钛磁铁矿尾矿中，只有 Au 含量较高，达 14.41×10^{-9}，与地壳克拉克值相比，富集系数为 3.6，呈相对富集状态，其余贵金属元素呈相对贫化特征。

9）略阳杨家坝铁尾矿中，Ag、Au 含量分别为 196.76×10^{-9}、37.72×10^{-9}，与地壳克拉克值相比，富集系数分别为 2.46、9.43，呈相对富集状态，其余贵金属元素呈相对贫化特征。该尾矿中，贵金属元素均未达到边界品位×0.5。

10）略阳嘉陵铁尾矿中，Au 含量较高，达 41.52×10^{-9}，与地壳克拉克值相比，富集系数为 10.38，呈相对富集状态，其余贵金属元素呈相对贫化特征。该尾矿中，贵金属元素均未达到边界品位×0.5。

11）略阳煎茶岭镍尾矿中，Ir、Os、Ru 含量分别是 1.70×10^{-9}、2.54×10^{-9}、4.20×10^{-9}，与地壳克拉克值相比，呈相对富集状态，富集系数分别为 1.7、2.54、4.2，其余贵金属元素呈相对贫化特征。该尾矿中，贵金属元素均未达到边界品位×0.5。

12）略阳煎茶岭金尾矿中，Ir、Os、Ru 含量分别是 1.86×10^{-9}、2.78×10^{-9}、5.26×10^{-9}，与地壳克拉克值相比，呈相对富集状态，富集系数分别为 1.86、2.78、5.26；Au 含量高达 620×10^{-9}，富集系数为 155，呈相对富集状态，其余贵金属元素呈相对贫化特征。该尾矿中，Au 含量达到边界品位，是边界品位的

1.24 倍，其余贵金属元素均未达到边界品位×0.5。

13）略阳红岩湾铜尾矿、旬阳润景汞锑矿尾矿、汉中火地沟铅锌尾矿、白河十里沟硫铁矿渣中，贵金属元素含量与地壳克拉克值相比，富集系数均小于 1，均呈相对贫化状态。

对以上 17 处金属尾矿的化学组成特征的综合分析可知，尾矿中主量元素铝、硅、铁、镁、钛等含量较高，同时含有大量的微量元素，但它们绝大部分相对富集程度不高，未达到目前技术条件下的工业品位或综合利用品位。但是由于尾矿中主量元素占比很高，将其中主量元素分离提取之后，微量元素就会得到数倍乃至数十倍相对富集，分离提取回收成本就会进一步降低，这样实现金属尾矿的全量资源化利用的可能性就会大大增加。

表 4-38　样品贵金属元素含量分析结果

编号	尾矿名称	贵金属元素含量分析结果/10^{-9}							
		Pt	Pd	Rh	Ir	Os	Ru	Ag	Au
1	金堆城钼尾矿	—	—	—	—	—	—	665.33	37.66
2	白河铅锌尾矿	1.61	0.83	0.08	0.12	0.13	0.27	238.06	28.07
3	旬阳铅锌尾矿	2.24	1.16	0.05	0.16	0.12	0.45	445.28	71.00
4	柞水银尾矿	0.70	1.22	0.11	0.07	0.08	0.13	18084.59	35.10
5	山阳钒尾矿	18.90	38.20	0.72	0.12	6.68	2.18	12541.33	44.72
6	潼关金尾矿	2.70	0.12	0.01	0.04	0.04	0.30	356.55	103.00
7	洋县钒钛磁铁矿尾矿	0.15	0.06	0.01	0.03	0.05	0.05	35.10	14.45
8	柞水菱铁尾矿	2.00	0.67	0.09	0.05	0.07	0.13	16240.18	60.53
9	略阳杨家坝铁尾矿	0.82	1.53	0.02	0.02	0.12	0.04	196.76	37.72
10	略阳嘉陵铁尾矿	1.95	0.77	0.06	0.05	0.08	0.25	79.99	41.52
11	略阳红岩湾铜尾矿	5.62	8.13	0.37	0.25	0.20	0.58	—	<100
12	略阳煎茶岭镍尾矿	4.73	0.82	0.38	1.70	2.54	4.20	—	<100
13	略阳煎茶岭金尾矿	0.90	1.11	0.59	1.86	2.78	5.26	—	620.00
14	旬阳润景汞锑矿尾矿	0.46	0.50	0.09	0.13	0.36	0.51	—	<100
15	汉中火地沟铅锌尾矿	0.87	0.14	0.07	0.09	0.01	0.09	—	<100
16	白河十里沟硫铁矿渣	4.77	1.59	0.01	0.06	0.10	0.09	—	<100
17	白河卡子镇硫铁矿渣	—	—	—	—	—	—	—	—

注：因白河十里沟硫铁矿渣与白河卡子镇硫铁矿渣原矿石成因相似，并处于同一成矿带，具有相似性质，故仅对白河十里沟硫铁矿渣中的贵金属元素进行了分析测试。

表 4-39　样品贵金属元素与克拉克值比值表

编号	尾矿名称	贵金属元素	Pt	Pd	Rh	Ir	Os	Ru	Ag	Au
		克拉克值[1]	10.06	10.38	1.00	1.00	1.00	1.00	79.89	4.00
1	金堆城钼尾矿		—	—	—	—	—	—	8.32	9.42
2	白河铅锌尾矿		0.16	0.08	0.08	0.12	0.13	0.27	2.98	7.02
3	旬阳铅锌尾矿		0.22	0.12	0.05	0.16	0.12	0.45	5.57	17.75
4	柞水银矿尾矿		0.07	0.12	0.11	0.07	0.08	0.13	226.06	8.77
5	山阳钒尾矿		1.89	3.82	0.72	0.12	6.68	2.18	156.77	11.18
6	潼关金尾矿		0.27	0.01	0.01	0.04	0.04	0.30	4.46	25.75
7	洋县钒钛磁铁矿尾矿		0.02	0.01	0.01	0.03	0.05	0.05	0.44	3.61
8	柞水菱铁尾矿	贵金属元素含量/10^{-9}/克拉克值[1]/10^{-9}	0.20	0.07	0.09	0.05	0.07	0.13	203.00	15.13
9	略阳杨家坝铁尾矿		0.08	0.15	0.02	0.02	0.12	0.04	2.46	9.43
10	略阳嘉陵铁尾矿		0.20	0.07	0.06	0.05	0.08	0.25	1.00	10.38
11	略阳红岩湾铜尾矿		0.56	0.81	0.37	0.25	0.20	0.58	—	—
12	略阳煎茶岭镍尾矿		0.47	0.08	0.38	1.70	2.54	4.20	—	—
13	略阳煎茶岭金尾矿		0.09	0.11	0.59	1.86	2.78	5.26	—	155.00
14	旬阳润景汞锑矿尾矿		0.05	0.05	0.09	0.13	0.36	0.51	—	—
15	汉中火地沟铅锌尾矿		0.09	0.01	0.07	0.09	0.01	0.09	—	—
16	白河十里沟硫铁矿渣		0.48	0.16	0.01	0.06	0.10	0.09	—	—
17	白河卡子镇硫铁矿渣		—	—	—	—	—	—	—	—

①数据引自黎彤，1976。

表 4-40　17 件尾矿样贵金属元素含量/边界品位×0.5

编号	尾矿名称	贵金属元素	Pt	Pd	Rh	Ir	Os	Ru	Ag	Au
		边界品位[1]×0.5/10^{-9}	15	15	10	10	10	10	40000	250
1	金堆城钼尾矿		—	—	—	—	—	—	0.02	0.16
2	白河铅锌尾矿		0.1	0.06	0	0.02	0.02	0.02	0	0.12
3	旬阳铅锌尾矿		0.14	0.08	0	0.02	0.02	0.04	0.02	0.28
4	柞水银尾矿		0.04	0.08	0.02	0	0	0.02	0.46	0.14
5	山阳钒尾矿		1.26	2.54	0.08	0.02	0.66	0.22	0.32	0.18
6	潼关金尾矿		0.18	0	0	0	0	0.04	0	0.42
7	洋县钒钛磁铁矿尾矿		0.02	0	0	0	0	0	0	0.06
8	柞水菱铁尾矿	贵金属元素含量/10^{-9}/边界品位[1]×0.5/10^{-9}	0.14	0.04	0	0	0	0.02	0.4	0.24
9	略阳杨家坝铁尾矿		0.06	0.1	0	0	0.02	0	0	0.16
10	略阳嘉陵铁尾矿		0.14	0.06	0	0	0.02	0	0	0.16
11	略阳红岩湾铜尾矿		0.38	0.54	0.04	0.02	0.02	0.06	—	—
12	略阳煎茶岭镍尾矿		0.32	0.06	0.04	0.18	0.26	0.42	—	—
13	略阳煎茶岭金尾矿		0.06	0.08	0.06	0.18	0.28	0.52	—	2.48
14	旬阳润景汞锑矿尾矿		0.04	0.04	0	0.02	0.04	0.06	—	—
15	汉中火地沟铅锌尾矿		0.06	0	0	0	0	0	—	—
16	白河十里沟硫铁矿渣		0.32	0.1	0	0	0.02	0	—	—
17	白河卡子镇硫铁矿渣		—	—	—	—	—	—	—	—

①数据引自邵厥年等，2014。

表 4-41 17 件尾矿样贵金属元素含量/边界品位

编号	尾矿名称	贵金属元素	Pt	Pd	Rh	Ir	Os	Ru	Ag	Au
		边界品位①/10⁻⁹	30	30	20	20	20	20	80000	500
1	金堆城钼尾矿		—	—	—	—	—	—	0.01	0.08
2	白河铅锌尾矿		0.05	0.03	0.00	0.01	0.01	0.01	0.00	0.06
3	旬阳铅锌尾矿		0.07	0.04	0.00	0.01	0.01	0.02	0.01	0.14
4	柞水银尾矿		0.02	0.04	0.01	0.00	0.00	0.01	0.23	0.07
5	山阳钒尾矿		0.63	1.27	0.04	0.01	0.33	0.11	0.16	0.09
6	潼关金尾矿		0.09	0.00	0.00	0.00	0.00	0.02	0.00	0.21
7	洋县钒钛磁铁矿尾矿		0.01	0.00	0.00	0.00	0.00	0.00	0.00	0.03
8	柞水菱铁尾矿	贵金属元素含量/10⁻⁹/边界品位①/10⁻⁹	0.07	0.02	0.00	0.00	0.00	0.01	0.20	0.12
9	略阳杨家坝铁尾矿		0.03	0.05	0.00	0.00	0.01	0.00	0.00	0.08
10	略阳嘉陵铁尾矿		0.07	0.03	0.00	0.00	0.00	0.01	0.00	0.08
11	略阳红岩湾铜尾矿		0.19	0.27	0.02	0.01	0.01	0.03	—	—
12	略阳煎茶岭镍尾矿		0.16	0.03	0.02	0.09	0.13	0.21	—	
13	略阳煎茶岭金尾矿		0.03	0.04	0.03	0.09	0.14	0.26	—	1.24
14	旬阳润景汞锑矿尾矿		0.02	0.02	0.00	0.01	0.02	0.03		
15	汉中火地沟铅锌尾矿		0.03	0.00	0.00	0.00	0.00	0.00		
16	白河十里沟硫铁矿渣		0.16	0.05	0.00	0.00	0.01	0.00	—	—
17	白河卡子镇硫铁矿渣		—	—	—	—	—	—		

①数据引自邵厥年等，2014。

4.3.3 矿物组成特征

针对选定的 10 处采集的尾矿样品，对其矿物组成特征进行了分析测试，结果如图 4-27~图 4-36 所示。

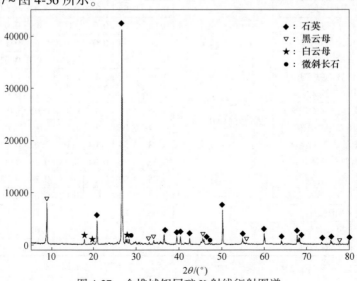

图 4-27 金堆城钼尾矿 X 射线衍射图谱

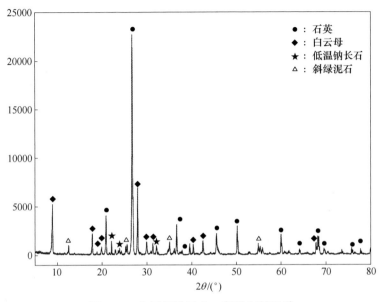

图 4-28　白河铅锌尾矿 X 射线衍射图谱

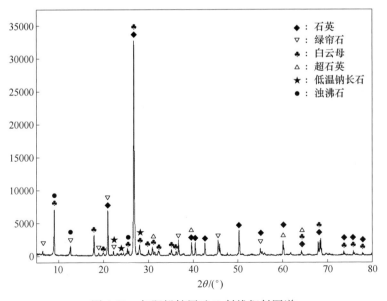

图 4-29　旬阳铅锌尾矿 X 射线衍射图谱

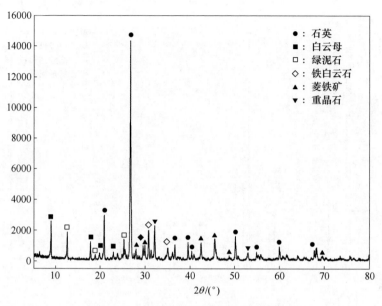

图 4-30　柞水银尾矿 X 射线衍射图谱

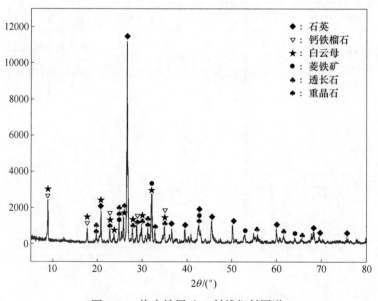

图 4-31　柞水铁尾矿 X 射线衍射图谱

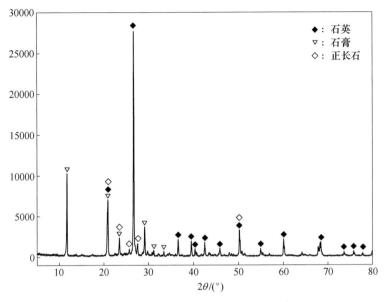

图 4-32 山阳钒尾矿 X 射线衍射图谱

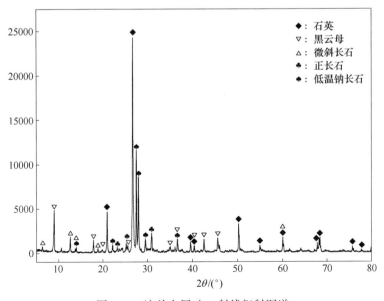

图 4-33 潼关金尾矿 X 射线衍射图谱

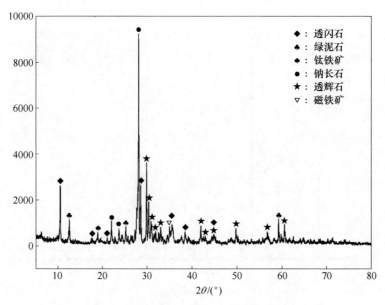

图 4-34　洋县钒钛磁铁尾矿 X 射线衍射图谱

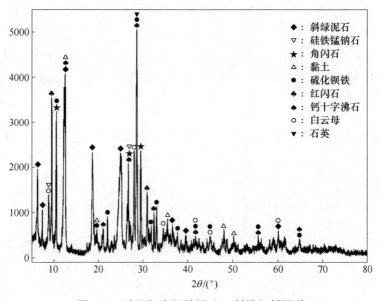

图 4-35　略阳杨家坝铁尾矿 X 射线衍射图谱

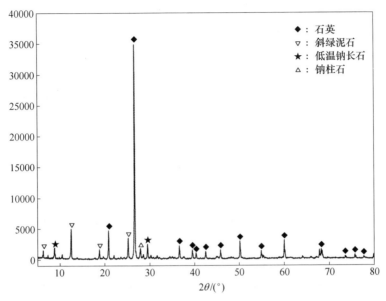

图 4-36 略阳嘉陵铁尾矿 X 射线衍射图谱

从图 4-27~图 4-36 中可以看出，各尾矿中的矿物组成具有以下特征：

（1）金堆城钼尾矿主要矿物成分为石英、黑云母、白云母、微斜长石，占比分别为 58.75%、20.71%、13.09%、1.60%，合量为 94.15%；

（2）白河铅锌尾矿主要矿物成分为石英、白云母、钠长石、绿泥石，占比分别为 47.53%、32.6%、13.19%、3.69%，合量为 97.01%；

（3）旬阳铅锌尾矿主要矿物成分为石英、白云母、绿泥石、超石英、低温钠长石、浊沸石，占比分别为 59.79%、15.68%、1.75%、5.45%、4.77%、10.03%，合量为 97.47%；

（4）柞水银尾矿主要矿物成分为石英、白云母、斜绿泥石、铁白云石、菱铁矿、重晶石，占比分别为 29.6%、29.2%、15.7%、10.5%、8.9%、3.4%，合量为 97.3%；

（5）柞水铁尾矿主要矿物成分为石英、钙铁榴石、白云母、菱铁矿、透长石、重晶石，占比分别为 31.84%、29.18%、18.84%、2.01%、9.01%、4.82%，合量为 95.7%；

（6）山阳钒尾矿主要矿物成分为石英、石膏、正长石以及炭质，占比分别为 36.63%、25.34%、19.23%、10.2%，合量为 91.4%；

（7）潼关金尾矿主要矿物成分为石英、黑云母、微斜长石、正长石、低温钠长石，占比分别为 42.38%、12.57%、6.62%、14.71%、21.14%，合量为 97.42%；

（8）洋县钒钛磁铁尾矿主要矿物成分为透闪石、绿泥石、钛铁矿、钠长石、透辉石、磁铁矿，占比分别为 22.5%、10.9%、4.3%、30.2%、20.1%、2.5%，合量为 90.5%；

（9）略阳杨家坝铁尾矿主要矿物成分为斜绿泥石、硅铁锰钠石、角闪石、黏土、硫化铁钡、红闪石、钙十字沸石、白云母、石英，占比分别为 8.76%、34.94%、1.7%、1.05%、0.94%、6.87%、15.91%、4.43%、16.57%，合量为 94.17%；

（10）略阳嘉陵铁尾矿主要矿物成分为：石英、斜绿泥石、低温钠长石、钠柱石，占比分别为 27.26%、46.69%、9.2%、12.73%，合量为 95.88%。

当然，除上述晶相矿物外，尾矿中还存在少量非晶相部分，占比在 2.58%~9.5%。

各尾矿中所含主要矿物组成、矿物分子式及定量分析详见表 4-42。

从以上尾矿的矿物组成分析结果可知，金属尾矿中晶相矿物占主要部分，总量占 90% 以上，非晶相均不足 10%；晶相矿物中，主要以石英、白云母、黑云母、绿泥石、长石、辉石等非金属矿物为主，金属矿物含量较低。

表 4-42 金属尾矿主要矿物组成一览表

序号	样品名称	矿物组成		占比/%
		矿物名称	分子式	
1	金堆城钼尾矿	石英	SiO_2	58.75
		黑云母	$KFeMg_2(AlSi_3O_{10})(OH)_2$	20.71
		白云母	$KAl_2(AlSi_3O_{10})(OH)_2$	13.09
		微斜长石	$K[AlSi_3O_8]$	1.60
		非晶相		5.85
2	白河铅锌尾矿	石英	SiO_2	47.53
		白云母	$K_2(Al_{3.74}Fe_{0.26})(Si_6Al_2O_{20})(OH)_4$	32.60
		低温钠长石	$Na(AlSi_3O_8)$	13.19
		斜绿泥石	$(Mg_{2.96}Fe_{1.55}Fe_{1.36}Al_{1.275})(Si_{2.622}Al_{1.376}O_{10})(OH)_8$	3.69
		非晶相		2.99
3	旬阳铅锌尾矿	石英	SiO_2	59.79
		白云母	$K_{0.86}Al_{1.94}(Al_{0.965}Si_{2.895}O_{10})((OH)_{1.744}F_{0.256})$	15.68
		绿泥石	$(Mg_{5.036}Fe_{4.964})Al_{2.724}(Si_{5.70}Al_{2.30}O_{20})(OH)_{16}$	1.75

序号	样品名称	矿物组成		占比/%
		矿物名称	分子式	
3	旬阳铅锌尾矿	超石英	SiO_2	5.45
		低温钠长石	$Na(AlSi_3O_8)$	4.77
		浊沸石	$CaAl_2Si_4O_{12}(H_2O)_2$	10.03
		非晶相		2.63
4	柞水银尾矿	石英	SiO_2	29.60
		白云母	$KAl_2(AlSi_3)O_{10}(OH)_2$	29.20
		斜绿泥石	$(Mg_5Al)(AlSi_3O_{10})(OH)_8$	15.70
		铁白云石	$CaMg_{0.32}Fe_{0.68}(CO_3)_2$	10.50
		菱铁矿	$FeCO_3$	8.90
		重晶石	$BaSO_4$	3.40
		非晶相		2.70
5	柞水铁尾矿	石英	SiO_2	31.84
		白云母	$KAl_2Si_3AlO_{10}(OH)_2$	29.18
		菱铁矿	$Fe(CO_3)$	18.84
		重晶石	$Ba(SO_4)$	2.01
		透长石	$KAlSi_3O_8$	9.01
		钙铁榴石	$Ca_3Fe_2(SiO_4)_3$	4.82
		非晶相		4.30
6	山阳钒尾矿	石英	SiO_2	36.63
		石膏	$Ca(SO_4)(H_2O)_2$	25.34
		正长石	$K_4Al_4Si_{12}O_{32}$	19.23
		炭质		10.20
		非晶相		8.60
7	潼关金尾矿	石英	SiO_2	42.38
		黑云母	$KMg_3AlSi_3O_{10}OHF$	12.57
		正长石	$K_4Al_4Si_{12}O_{32}$	6.62
		微斜长石	$KAlSi_3O_8$	14.71
		低温钠长石	$Na(AlSi_3O_8)$	21.14
		非晶相		2.58

序号	样品名称	矿物组成		占比/%
		矿物名称	分子式	
8	洋钒钛磁铁尾矿	透闪石	$Ca_2Mg_5Si_8O_{22} \cdot H_2O$	22.50
		绿泥石	$(Mg,Fe)_{4.75}Al_{1.25}[Al_{1.25}Si_{2.75}O_{10}](OH)_8$	10.90
		钛铁矿	$FeTiO_3$	4.30
		钠长石	$NaAlSi_3O_8$	30.20
		透辉石	$CaMgSi_2O_6$	20.10
		磁铁矿	Fe_3O_4	2.50
		非晶相		9.50
9	略阳杨家坝铁尾矿	石英	SiO_2	8.76
		斜绿泥石	$(Mg_{2.96}Fe_{1.55}Fe_{1.36}Al_{1.275})(Si_{2.622}Al_{1.376}O_{10})(OH)_8$	34.94
		白云母	$K_{0.77}Al_{1.93}(Al_{0.5}Si_{3.5})O_{10}(OH)_2$	1.70
		硅铁锰钠石	$Na_{1.03}Ca_{0.02}Mg_{0.45}Mn_{2.98}Fe_8Ti_{0.04}Al_{0.62}Si_{11.96}O_{31}(OH)_{12}$	4.05
		硫化铁钡	$BaFe_2S_4$	0.94
		红闪石	$Na_2Ca(Mg,Fe)_4Al(Si_7Al)O_2(OH)_2$	6.87
		黏土	$Al_2Si_2O_5(OH)_4$	15.91
		角闪石	$(K_{0.3}Na_{0.6})(Ca_{1.7}Mg_{0.3})(Mg_3FeFe_{0.5}Al_{0.3}Ti_{0.2})Al_{1.6}Si_{6.4}O_{22.5}(OH)_{1.5}$	4.43
		钙十字沸石	$Ca_{1.64}K_2Si_{10.67}Al_{5.33}O_{32}(H_2O)_{12}$	16.57
		非晶相		5.83
10	略阳嘉陵铁尾矿	石英	SiO_2	27.26
		斜绿泥石	$(Mg_{2.96}Fe_{1.55}Fe_{1.36}Al_{1.275})(Si_{2.622}Al_{1.376}O_{10})(OH)_8$	46.69
		钠柱石	$Cu_8(Si_4O_{11})_2(OH)_4(H_2O)$	9.20
		低温钠长石	$Na(AlSi_3O_8)$	12.73
		非晶相		4.12

通过上述对 17 件金属尾矿样品化学组成的分析，以及对其中 10 件样品粒径及矿物组成特征的分析可知，尾矿样品中主量元素合量均达 80% 以上，矿物组成主要为石英、白云母、黑云母、绿泥石、长石、辉石等非金属矿物，合量均大于 90%；金属矿物含量占比较低，不足 10%。因此，要想实现尾矿的大幅减量化，必须考虑主量元素的利用。此外，洋县钒钛磁铁矿中，主要矿物合量达到 99.93%，且微量元素具有较大的潜在价值。同时考虑到洋县钒钛磁铁矿责任有限公司对尾矿综合利用新技术的需求度高，结合项目"优先成果转化"的实施原则。因此，选择洋县钒钛磁铁矿为开展工艺试验的对象。

5 洋县钒钛磁铁尾矿全量资源化利用工艺流程试验

金属尾矿全量资源化利用技术适用于绝大部分金属尾矿。因此，本章以洋县钒钛磁铁尾矿（洋县钒钛磁铁矿责任有限公司）为例，在分析银尾矿基本特征的基础上，进一步分析揭示其试验原理。在此基础上，制订相应的试验方案，进而开展该尾矿的全量资源化利用工艺技术适应性试验研究。

5.1 样品基本特征

5.1.1 化学组成

5.1.1.1 主量元素组成

从4.3节中主量元素特征分析结果可知，洋县钒钛磁铁矿尾矿的主要成分以 SiO_2、Al_2O_3、CaO、Fe_2O_3、MgO 和 TiO_2 为主，含量分别为 40.4%、15.4%、12.7%、10.9%、9.09%、2.38%，这六种元素氧化物含量占比高达90.87%。另外，与地壳克拉克值相比，TiO_2、CaO、MgO、MnO、Fe_2O_3 虽然呈相对富集状态，但是均达不到矿床的边界品位，无法按现有矿产工业要求条件对其加以资源化利用。因此，要大幅度减少、消除其堆存，解决的主要矛盾是如何将其中含量排在前面的几种主量元素氧化物得到分离与资源化利用。

5.1.1.2 微量元素组成

从4.3节中微量元素特征分析结果可知，洋县钒钛磁铁矿尾矿样品中，Bi、Cd、Co、Cr、Mo、Sb、Au、Sc、V 含量与地壳克拉克值相比，呈相对富集状态。其中，Cd、Co、Cr、Mo、Sb、Au、Sc、V 富集系数在 1.03~5.23，Bi 富集系数为 15.23，其余元素均呈相对贫化状态。显然，与地壳背景含量相比，这些元素虽然有一定程度的富集，但其富集量尚不足在经济上具有资源化利用价值，每种微量元素的含量甚至未达到边界品位×0.5。然而，需要关注的是，如果采用全量资源化利用技术，将 Si、Fe、Al 等主量元素从尾矿中分离之后，微量元素必然会得到很大程度的富集。尤其如果不加利用，二次尾渣中，部分金属元素含量就会超标，甚至转化为危废。因此，对一些含量高的微量元素，如果通过进一步富集，达到经济上可利用的价值时，自然能加以利用，从而实现化害为利。

总体上来看，洋县钒钛磁铁尾矿的主要物质组分为 SiO_2、Al_2O_3、Fe_2O_3，还含有多种微量元素，但含量均较低。按现有矿产工业要求，它们均不具备利用的价值，这也是被废弃堆放的根本原因。

5.1.2 尾矿的矿物组成

根据 4.3 节中矿物组成的分析结果可知，洋县钒钛磁铁尾矿中所含的主要矿物是透闪石、钠长石、透辉石，相对含量分别为 22.5%、30.2%、20.1%，对应所含的元素都是主量元素；其次，还有绿泥石、钛铁矿、磁铁矿，其中也都是由主量元素构成，占比分别为 10.9%、4.3%、2.5%，结晶相矿物含量合计为90.5%，非晶相占 9.5%。

将烘干未粉碎的尾矿样品进行黏片、研磨及抛光后，进行显微镜观察及鉴定，得到尾矿显微结构特征如图 5-1 所示。通过光学显微镜检测与 X 射线衍射分析，结合化学分析结果，得到尾矿的矿物组成如表 5-1 所示。

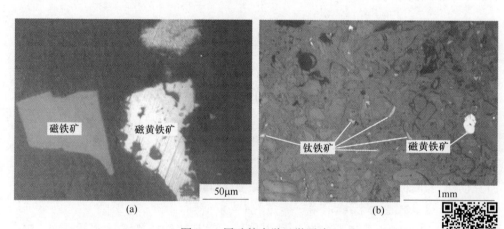

(a) (b)

图 5-1 尾矿的光学显微照片

彩色原图

表 5-1 洋县钒钛磁铁矿尾矿主要矿物组成 (%)

矿物	透闪石	绿泥石	钛铁矿	钠长石	透辉石	磁铁矿	其他
含量	22.5	10.9	4.3	30.2	20.1	2.5	9.5
分子式	$Ca_2Mg_5Si_8O_{22} \cdot H_2O$	$(Mg,Fe)_{4.75}Al_{1.25}$ $[Al_{1.25}Si_{2.75}O_{10}](OH)_8$	$FeTiO_3$	$NaAlSi_3O_8$	$CaMgSi_2O_6$	Fe_3O_4	

由图 5-1 和表 5-1 可知，尾矿中的主要成分是脉石矿物，约占总量的 94%。主要包括角闪石、辉石、斜长石、绿泥石和云母等，其中主要包含的元素是 Al、Ca、Mg、Si、Na，其合量占 77.43%；金属矿物约占总量的 6%，主要包括钛铁矿和磁铁矿等，主要包含的元素是 Fe、Ti，二者的合量占 13.28%。而原矿中脉石矿物约占 80%，主要包括角闪石、辉石、斜长石、绿泥石和云母，金属矿物约占 20%，主要包括钛磁铁矿和钛铁矿，并且金属矿物主要呈浸染状沿脉石矿物分布（于元进，2016；罗金华，等，2015）。经选矿之后，与原矿石相比，尾矿整体结构发生明显改变，并且钛铁矿为主要赋钛的矿物。

5.1.3 尾矿中元素分布与形貌特征

5.1.3.1 粒级分布特征

按照《散装矿产品取样、制样通则：粒度测定方法—手工筛分法》（国家市场监督管理总局，1987），将一定量的尾矿样进一步筛分为 850～300μm、300～180μm、180～150μm、150～75μm、75～38μm、38～28μm、28～23μm、23～2.5μm 八个粒级组别，对每个粒级组别进行称重，换算为百分比，结果如表 5-2 所示。

表 5-2　洋县钒钛磁铁矿尾矿粒度分布

粒径/μm	850～300	300～180	180～150	150～75	75～38	38～28	28～23	23～2.5
产率/%	10.26	20.46	14.50	33.64	14.30	3.76	1.32	1.76

由表 5-2 可知，该尾矿粒级主要集中于 +75μm 区间内，其占比为 78.86%；其次为 75～38μm 区间内，其占比为 14.3%。按照《尾矿堆积坝岩土工程技术规范》（国家市场监督管理总局，2010）中的尾矿分类，该尾矿属于尾粉砂。

5.1.3.2 元素分布特征

对 850～300μm、300～180μm、180～150μm、150～75μm、75～38μm、38～28μm、28～23μm、23～2.5μm 八个粒级组别的尾矿进行化学分析，得到不同粒级组别中，TiO_2、Fe_2O_3、Al_2O_3、SiO_2 的组分含量及变化特征，结果如图 5-2 所示。结合表 5-2，得到 TiO_2、Fe_2O_3、Al_2O_3、SiO_2 在不同粒级组别中的分布率，结果如表 5-3 所示。

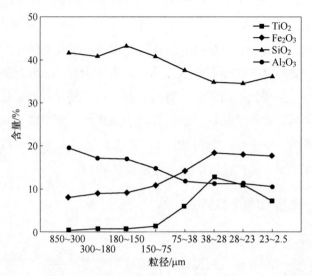

图 5-2 尾矿中不同粒径的 TiO_2、Fe_2O_3、SiO_2、Al_2O_3 含量

表 5-3 尾矿不同粒径中的 TiO_2、Fe_2O_3、SiO_2、Al_2O_3 分布 （%）

粒径/μm		850~300	300~180	180~150	150~75	75~38	38~28	28~23	23~2.5
氧化物	TiO_2	1.71	6.58	4.65	18.75	36.67	20.17	6.11	5.36
	Fe_2O_3	7.59	16.79	12.11	33.37	18.37	6.36	2.18	2.87
	Al_2O_3	13.02	22.88	16.04	32.13	10.99	2.76	0.97	1.21
	SiO_2	10.55	20.70	15.54	33.95	13.30	3.24	1.14	1.58

由图 5-2、表 5-3 可知，当粒度大于 28μm 时，该尾矿中 Fe_2O_3 和 TiO_2 含量首先随着粒度的减小而升高，当粒度小于 28μm 后，Fe_2O_3 和 TiO_2 含量逐渐降低，而 Al_2O_3 和 SiO_2 变化趋势刚好与 Fe_2O_3 和 TiO_2 呈相反特征。

由表 5-3 可知，该尾矿中 68.31% 的 TiO_2 集中分布于 −75μm 区间内；69.86% 的 Fe_2O_3、84.07% 的 Al_2O_3 和 80.74% 的 SiO_2，集中分布于 +75μm 区间内。

5.1.3.3 形貌特征

为搞清楚不同粒径中矿物的分布规律，对 +150μm、150~75μm、75~38μm、38~28μm、28~23μm 和 23~2.5μm 六个粒级组别的样品，进行 SEM 电子扫描镜下鉴定、能谱分析和 X 射线衍射分析。各粒级尾矿形貌如图 5-3 所示，其中，(a)~(f) 依次为 +150μm、150~75μm、75~38μm、38~28μm、28~23μm、23~2.5μm 粒级尾矿样品。部分能谱分析反映出的元素含量如表 5-4 所示，各点能谱分析结果如图 5-4~图 5-14 所示，各粒级尾矿 X 射线衍射图谱如图 5-15 所示。

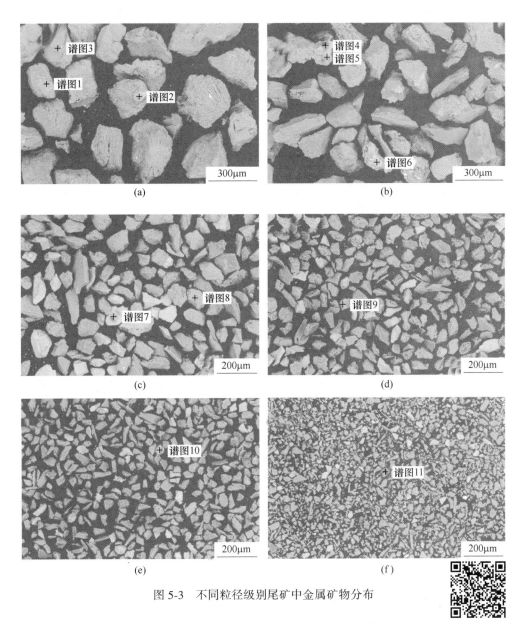

图 5-3　不同粒径级别尾矿中金属矿物分布

从图 5-3 中可知，不同粒径级别尾矿的形状均不规则，但总体上主要 *彩色原图* 有板状、粒状和长条状三种形态。由 4.3 节矿物组成特征可知，尾矿主要由透闪石 $Ca_2Mg_5Si_8O_{23} \cdot H_2O$、绿泥石 $(Mg, Fe)_{4.75}Al_{1.25}[Al_{1.25}Si_{2.75}O_{10}](OH)_8$、钛铁矿 $FeTiO_3$、钠长石 $NaAlSi_3O_8$、透辉石 $CaMgSi_2O_6$ 和磁铁矿 Fe_3O_4 等矿物组成，其中钛铁矿占到总量的 4.5%。

表 5-4   谱图 1~谱图 11 主要元素的原子百分比分析结果   (%)

谱图位号	元素									总量
	O	Al	Si	Ti	Fe	Mn	Mg	Ca	Na	
谱图 1	50.30	1.96	1.13	3.80	42.81	—	—	—	—	100
谱图 2	42.77	—	1.00	26.75	28.25	1.24	—	—	—	100.01
谱图 3	55.93	1.60	21.05	—	2.22		9.50	9.70		100
谱图 4	52.22	0.81	0.87	20.56	22.42	0.75	2.37	—	—	100
谱图 5	59.46	7.57	13.21	—	7.40	—	6.40	2.53	3.43	100
谱图 6	48.37	2.18	3.19	19.09	23.92	0.95	1.54	0.75		99.99
谱图 7	58.10	—	0.47	19.09	21.54	0.80	—	—	—	100
谱图 8	60.95	1.28	18.64	—	2.08	—	9.39	7.67		100.01
谱图 9	42.24	—		26.80	29.99	0.96	—			99.99
谱图 10	58.92	0.52	0.52	18.80	19.37	0.56	1.32	—		100.01
谱图 11	64.84	1.05	0.57	15.46	15.42	0.57	2.09	—	—	100

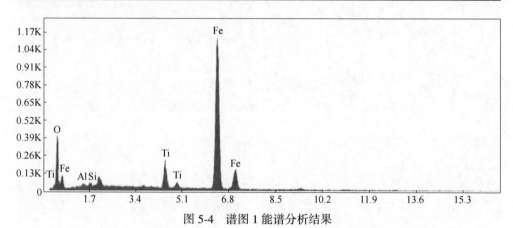

图 5-4   谱图 1 能谱分析结果

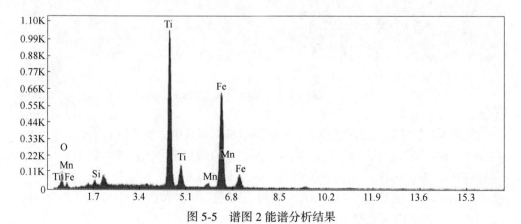

图 5-5   谱图 2 能谱分析结果

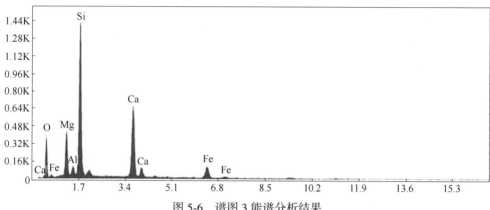

图 5-6　谱图 3 能谱分析结果

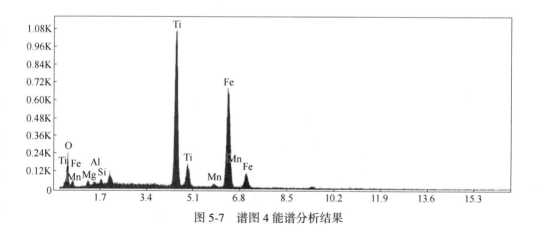

图 5-7　谱图 4 能谱分析结果

图 5-8　谱图 5 能谱分析结果

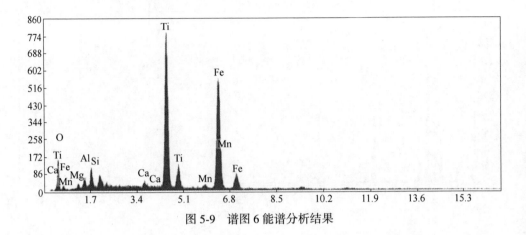

图 5-9   谱图 6 能谱分析结果

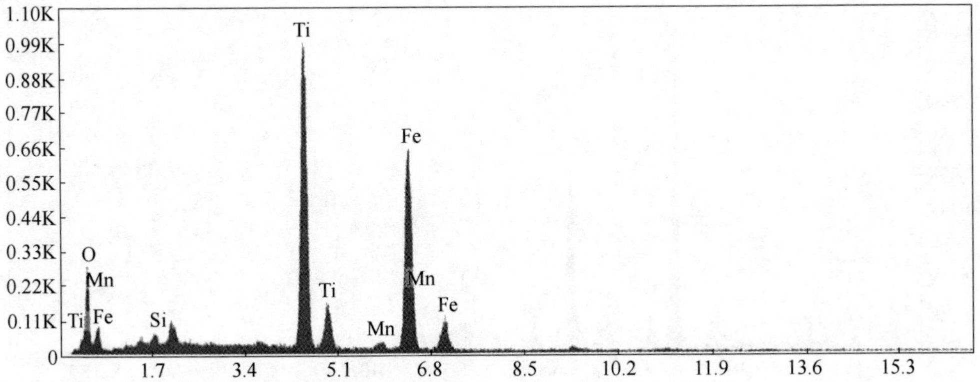

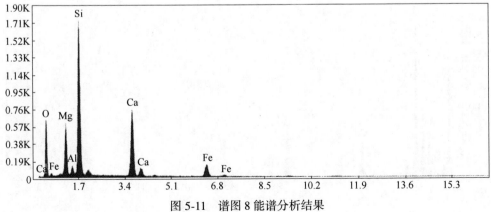

图 5-10   谱图 7 能谱分析结果

图 5-11   谱图 8 能谱分析结果

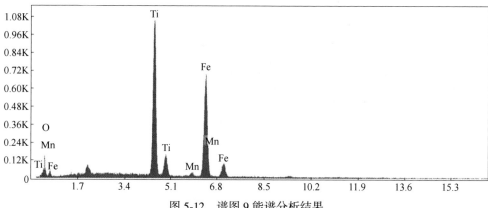

图 5-12 谱图 9 能谱分析结果

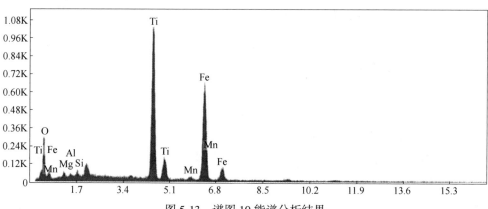

图 5-13 谱图 10 能谱分析结果

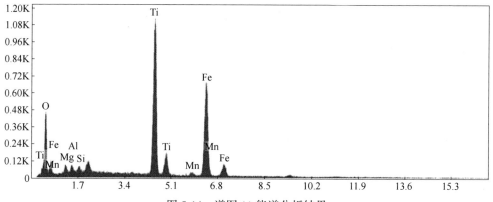

图 5-14 谱图 11 能谱分析结果

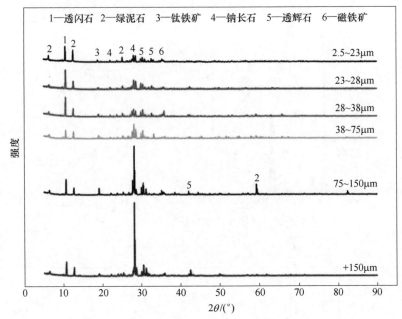

图 5-15 不同粒径级别尾矿的 X 射线衍射图谱

彩色原图

根据表 5-4 可知，谱图 1 位置物质的主要元素为 O、Fe、Ti，结合 XRD 分析结果推测该处矿物主要是钛铁矿和磁铁矿。根据表 5-4 中原子百分比可知该处物质化学式可简写为 $Fe_{0.4281}Ti_{0.038}O_{0.503}$，假设谱图 1 位置有 a 个钛铁矿和 b 个磁铁矿，结合化学简式可得：

$$1 \times a = 0.038; \quad 1 \times a + 3 \times b = 0.4281;$$

求得上述方程，得 $a = 0.038$，$b = 0.13$。

因此，谱图 1 位置物质成分主要是磁铁矿以及少量的钛铁矿。其中磁铁矿占比 $0.13/(0.13+0.038) = 77.38\%$，钛铁矿占比 $0.038/(0.13+0.038) = 22.62\%$。

结合谱图 1 位置各矿物含量的计算方法，以及尾矿各粒级的 XRD 分析结果，并根据表 5-4 位置各原子百分比计算可得，谱图 2 位置物质主要组成元素为 O、Fe、Ti，主要矿物中，磁铁矿占 1.83%、钛铁矿占 98.17%。

以下是按上述同样方法，分析得到的谱图 3~谱图 11 位置的物质组成：

谱图 3 位置处物质主要组成元素为 O、Si、Ca、Mg，主要矿物为透辉石；

谱图 4 位置物质主要组成元素为 O、Si、Ca，主要矿物中，钛铁矿占 97.07%、磁铁矿占 2.93%；

谱图 5 位置物质主要组成元素为 O、Si、Al，主要矿物中，绿泥石占 45.8%、钠长石占 54.2%；

谱图 6 位置物质主要组成元素为 O、Fe、Ti，主要矿物中，磁铁矿占

7.78%、钛铁矿占 92.22%；

谱图 7 位置物质主要组成元素为 O、Ti、Fe，主要矿物中，钛铁矿占95.90%、磁铁矿占 4.10%；

谱图 8 位置物质主要组成元素为 O、Si、Mg、Ca，主要矿物为脉石矿物；

谱图 9 位置物质主要组成元素为 O、Ti、Fe，主要矿物中，钛铁矿占96.20%、磁铁矿占 3.80%；

谱图 10 位置物质主要组成元素为 O、Ti、Fe，主要矿物中，钛铁矿占 99%、磁铁矿占 1%；

谱图 11 位置物质主要组成元素为 O、Ti、Fe，主要矿物为钛铁矿。

当尾矿粒级小于 75μm 时，由于细粒钛铁矿所需磁场力大，加之其密度、磁化系数与角闪石、辉石、绿泥石等矿物较为接近（李振乾，2017），所以采用弱磁选矿无法有效回收细粒钛铁矿，这可能是 −75μm 粒级尾矿中仍含有大量 TiO_2 的主要原因。当尾矿粒级大于 75μm 时，由于金属矿物主要与脉石矿物共生，所以通过弱磁选矿无法有效回收其中的金属矿物。因此，金属矿物解离程度低和采用弱磁选矿可能是导致钛、铁回收率不高的主要原因（肖军辉等，2021）。

5.2 试验原理与方案设计

根据样品的化学组成、矿物组成、元素分布与形貌特征研究结果，从尾矿全量资源化综合利用技术出发，介绍钒钛磁铁矿尾矿综合利用试验的工艺过程思路，并以此为基础，对试验过程中可能发生的化学反应进行热力学分析。与此同时，通过计算各反应的吉布斯自由能改变值及理论配比，确定各反应阶段的参数范围。在此基础上，设计试验方案，为后续试验提供理论及工艺参数依据。

5.2.1 工艺思路、过程及目的

根据前面对洋县钒钛磁铁矿尾矿的工艺矿物学特征的分析可知，该尾矿的主要物质组分为 SiO_2、Al_2O_3、CaO、Fe_2O_3、MgO 和 TiO_2，这六种元素氧化物含量占比高达 90.77%。此外，该尾矿中 Bi、Cd、Co、Cr、Mo、Sb、Au、Sc、V 含量与地壳克拉克值相比，也呈相对富集状态，其中，Cd、Co、Cr、Mo、Sb、Au、Sc、V 富集系数在 1.03～5.23，Bi 富集系数为 15.23，但按照现有矿产工业要求，均达不到矿床的边界工业品位，更谈不上工业品位，前已述及这也是其被废弃堆放的根本原因。显然，如果要加以利用，必须寻求新的思路与新的技术，而要实现减量化乃至无害化，解决的核心问题显然不仅仅考虑其中的微量元素的利用，而是需要考虑对主量元素与微量元素的同时分离、提取与资源化利用。从前面的矿物组分的分析结果来看，该尾矿所含主要矿物为以透闪石、绿泥石、钠长石、

透辉石等主量元素为主导的硅酸盐矿物，其次为钛铁矿、磁铁矿等氧化矿物，占比合计达90.5%。

由此可见，要实现洋县钒钛磁铁矿尾矿的全量资源化利用，即同时将该尾矿中的主量元素、微量元素得到分离提取利用。首先考虑的应当是，如何能够让其中占比例最大的主量元素，特别是 SiO_2、Al_2O_3、Fe_2O_3 等，得到分离提取、转化为产品利用。如果能够实现，尾矿减量化程度就会达到90%以上。而根据科研团队"取沙留金"的理论认识和前期研究发现，当尾矿中主量元素分离提取之后，剩余物质当中，微量元素又会得到高度富集，其相对含量至少达到原尾矿的10倍到20倍，甚至更高，进而可以作为继续用来分离、提取有关微量元素的物料。因此，基于前期研究成果，本次工艺试验的思路、过程和目的如下。

5.2.1.1　工艺思路

主要并依托前期固体废弃物全量资源化利用技术，并应用冶金地球化学观点和"取沙留金"式的尾矿利用研究思路，对该尾矿开展全量资源化利用技术的实验研究。实验过程中，先采用助剂、催化剂对尾矿进行活化，目的是破坏其所含矿物的原有结构，使尾矿中 SiO_2、Al_2O_3、Fe_2O_3 的氧化物、硅酸盐和碳酸盐矿物，在低温条件下能够转化为可溶性物质；然后采用水和酸分步浸出方式，使活化后的物质尽可能多地进入到溶液中；采用合适的方法，将 SiO_2、Al_2O_3、Fe_2O_3 等主要氧化物进行分离，并转化为高附加值产品；当主要组分分离后，微量元素也同时会得到高度浓缩富集，并转化为微量元素精矿粉，实现其产品化、价值化。

5.2.1.2　工艺过程及目的

根据上述工艺技术思路，拟采用团队提出的活化—水浸溶出—酸浸溶出工艺过程开展试验，实现洋县钒钛磁铁矿尾矿全量化综合利用的目的。其基本工艺流程思路如图5-16所示。

（1）活化试验。活化的目的是，充分破坏各矿物的稳定结构，使尾矿转化为可溶于水或酸的物质。在进行活化试验之前，通过热力学计算，分析尾矿各矿物与助剂在活化过程中可能发生的反应，为试验参数设计与试验方案制订奠定理论基础与参数依据。

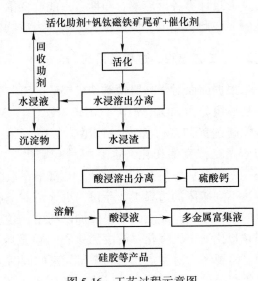

图5-16　工艺过程示意图

（2）水浸溶出试验。水浸溶出过程的目的是，分离出熟料中可溶于水及碱性溶液的相关物质（如铝酸钠、硅酸钠等），并通过过滤，使不溶于水及碱性溶液的物质（如铝硅酸钠、铁酸钠等）进入水浸渣。通过分析水浸溶出过程的反应机理，制订水浸溶出分离阶段的试验方案以及试验参数。

（3）酸浸溶出试验。酸浸溶出的目的是，使水浸渣和沉淀物中易溶于酸的物质进入酸浸溶液，并使其中的钙从水浸渣中得到分离，进入酸浸渣，由此实现尾矿中钙的分离提取。

（4）分离提取试验。对水浸溶液进行碳分，可从中分离出氢氧化铝、硅胶等产品；对酸浸溶液进行脱硅、分离、浓缩、结晶再分离等工艺流程，可得到硅胶、硫酸铝铁等产品；经过对主量元素 Al、Si、Fe、Ca 等分离之后的酸浸液，最终将升级为微量元素高度富集液。

（5）原料回收试验。水浸液碳分之后，过滤分离出氢氧化铝及硅胶等，剩余的水浸溶液中的 NaOH 同时转化为 Na_2CO_3。从水浸溶液中把氢氧化铝和硅胶分离后，对其浓缩，回收 Na_2CO_3，继续循环用于配制生料继续用来活化尾矿。

5.2.2 工艺试验方案设计

5.2.2.1 活化试验

为了使钒钛磁铁尾矿中的角闪石、辉石以及长石等造岩矿物得到活化，并能够使其中的 Si、Al 等组分得到溶出，加入一定量的碱、催化剂与尾矿混合之后，在一定温度下，热化反应一定时间，即可以实现该目的。影响活化效果的主要因素包括：活化助剂种类、活化温度、矿碱比（尾矿∶碱）、活化时间等。

A　活化助剂的选择

本试验在活化阶段选取碳酸钠作为助剂，原因如下：

（1）活化钒钛磁铁矿尾矿的目的是解决和实现各组分的分离与提取。其中钪一般可采用氢氧化钠、碳酸氢钠、碳酸钠为助剂进行活化，但使用前两种助剂在回收碱时无法直接循环利用，而且还会带来其他方面的影响。

（2）根据"爱采购" 2021 年 11 月 12 日陕西西安地区产品价格可知，碳酸钠（纯度 99%）价格为 2100 元/t，氢氧化钠（GB 209—2006，纯度 99%）价格为 5700 元/t，碳酸氢钠（GB 210—2004，纯度 98.5%）价格为 2800 元/t。因此，选择碳酸钠作为助剂同时有利于降低尾矿资源化利用成本。

（3）氢氧化钠是一种强腐蚀性的碱，易吸水潮解，不利于操作储存；碳酸氢钠在 50℃ 以上便开始逐渐分解，在潮湿空气中也会缓慢分解；而碳酸钠性质较为稳定，便于实际操作。

因此，从助剂使用效果、采购成本以及可操作性上综合考虑，本次试验选择碳酸钠作为活化阶段的助剂比较合适。

B 热力学分析

根据 XRD 分析结果，以及所送尾矿样品薄片的镜下鉴定结果可知，该尾矿主要由透闪石 $Ca_2Mg_5Si_8O_{23} \cdot H_2O$、绿泥石 $(Mg, Fe)_{4.75}Al_{1.25}[Al_{1.25}Si_{2.75}O_{10}](OH)_8$、钛铁矿 $FeTiO_3$、钠长石 $NaAlSi_3O_8$、透辉石 $CaMgSi_2O_6$ 和磁铁矿 Fe_3O_4 等矿物组成。这些矿物与碱共同活化会发生一系列反应，并通过分析各矿物与碳酸钠反应的吉布斯自由能，可在一定程度上反映、指示出各组分反应的温度条件及难易程度。

（1）脉石矿物与碳酸钠的反应。由前节可知，钒钛磁铁矿尾矿中脉石矿物占比大于 90%，所以脉石矿物与碳酸钠的反应是活化阶段的主要反应。尾矿样品中的脉石矿物主要有辉石（$CaAl_2SiO_6$）、钙长石（$CaAl_2Si_2O_8$）、透辉石（$CaMgSi_2O_6$）、钠长石（$NaAlSi_3O_8$）和透闪石（$Ca_2Mg_5Si_8O_{23} \cdot H_2O$），各脉石矿物与碳酸钠反应的方程式如下：

$$CaAl_2SiO_6 + Na_2CO_3 \Longrightarrow CaSiO_3 + 2NaAlO_2 + CO_2(g)$$

$$CaAl_2Si_2O_8 + 2Na_2CO_3 \Longrightarrow CaSiO_3 + Na_2SiO_3 + 2CO_2(g) + 2NaAlO_2$$

$$CaMgSi_2O_6 + Na_2CO_3 \Longrightarrow CaSiO_3 + Na_2SiO_3 + MgO + CO_2(g)$$

$$NaAlSi_3O_8 + 3Na_2CO_3 \Longrightarrow 3Na_2SiO_3 + NaAlO_2 + 3CO_2(g)$$

$$Ca_2Mg_5Si_8O_{23} \cdot H_2O + 6Na_2CO_3 \Longrightarrow 2CaSiO_3 + 6Na_2SiO_3 + 5MgO +$$
$$6CO_2(g) + H_2O(g)$$

通过 HSC chemistry6.0 软件计算，各脉石矿物与碳酸钠在 300~1300K（27~1227℃）温度段反应的吉布斯自由能改变值 ΔG 如图 5-17 所示。由图 5-17 可知，

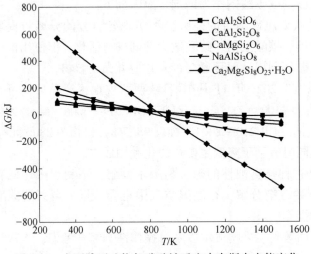

图 5-17 主要脉石矿物与碳酸钠反应吉布斯自由能变化

彩色原图

各脉石矿物与碳酸钠反应的吉布斯自由能改变值（ΔG）都随着温度的升高而逐渐降低，并且各脉石矿物与碳酸钠反应均需达到一定温度才能进行。其中，各脉石矿物与碳酸钠的反应温度由低到高依次为钠长石 $NaAlSi_3O_8$（554℃）、透闪石 $Ca_2Mg_5Si_8O_{23}\cdot H_2O$（587℃）、钙长石 $CaAl_2Si_2O_8$（655℃）、透辉石 $CaMgSi_2O_6$（719℃）、辉石 $CaAl_2SiO_6$（779℃）。所以脉石矿物与碳酸钠反应的难易程度由易到难依次为：钠长石→透闪石→钙长石→透辉石→辉石。

（2）金属矿物与碳酸钠的反应。铁、钛、钒主要存在于钛铁矿、磁铁矿等金属矿物中，显然要提高铁、钛、钒的浸出率，必须使金属矿物与碳酸钠发生反应，生成新的可溶于水或碱的新物质。尾矿样品中的金属矿物主要有磁铁矿（Fe_3O_4）、钛铁矿（$FeTiO_3$）、赤铁矿（Fe_2O_3）等，各金属矿物与碳酸钠的反应方程式如下：

$$4Fe_3O_4 + 6Na_2CO_3 + O_2(g) = 12NaFeO_2 + 6CO_2(g)$$
$$4FeTiO_3 + 6Na_2CO_3 + O_2(g) = 4NaFeO_2 + 4Na_2O\cdot TiO_2 + 6CO_2(g)$$
$$Fe_2O_3 + Na_2CO_3 = 2NaFeO_2 + CO_2(g)$$

通过 HSC chemistry6.0 软件计算，各金属矿物与碳酸钠在 300~1300K（27~1227℃）温度段内，反应的吉布斯自由能改变值 ΔG 如图 5-18 所示。

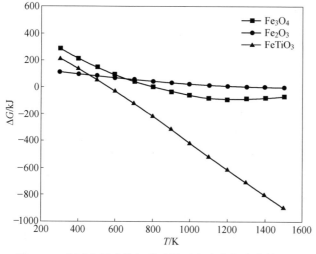

图 5-18　主要金属矿物与碳酸钠反应吉布斯自由能变化

彩色原图

由图 5-18 可知，金属矿物与碳酸钠反应的吉布斯自由能改变值（ΔG）总体上随着温度的升高而逐渐降低，并且各种矿物与碳酸钠反应均需达到一定温度才能进行。其中，金属矿物与碳酸钠的反应温度由低到高依次为钛铁矿 $FeTiO_3$（294℃）、磁铁矿 Fe_3O_4（529℃）、赤铁矿 Fe_2O_3（1121℃）。所以金属矿物与碳酸钠反应的难易程度由易到难依次为：钛铁矿→磁铁矿→赤铁矿。

C 参数设定

(1) 活化温度。活化温度是影响烧结熟料浸出率的主要因素之一，对尾矿各组分的溶出效果具有重要影响。若活化温度过低，会使热化学反应不彻底，难以有效破坏角闪石、辉石等各矿物结构的稳定性，导致各组分浸出率无法提高。若活化温度过高，则会使矿物发生熔融，表面出现玻璃质，各组分也难以溶出（巩睿鹏，2018）。结合 XRD 分析结果及各矿物与碳酸钠反应的吉布斯自由能可知，在活化过程中，随着反应体系温度的上升，各种矿物与碳酸钠的反应温度由低到高依次为钛铁矿（294℃）、磁铁矿（529℃）、钠长石（554℃）、透闪石（587℃）、钙长石（655℃）、透辉石（719℃）、赤铁矿（1121℃），而且钛铁矿、磁铁矿及大部分的脉石矿物在719℃即可实现反应。

因此，结合主要矿物发生反应所需的温度，为实现溶出效果和节能效果的平衡，本书选择820℃为最高温度。因此为了揭示该尾矿的活化特征，本次试验将活化温度设置为740℃、760℃、780℃、800℃、820℃。

(2) 矿碱比。在活化过程中，若碳酸钠用量不够，则会导致各组分与碳酸钠无法充分反应形成易溶的铝酸钠等产物，影响到 Si、Al、Fe、Ti 等组分的溶出，降低相应组分的浸出率（巩睿鹏，2018）；若碳酸钠用量过多，就会增加碳酸钠的配入量，不仅会增加体系内物料的流量，同时会生成其他副产物，使成本和碱消耗量增加（巩睿鹏，2018）。因此，碳酸钠的配入量不能过多，也不能过少。为更加科学地确定碳酸钠的最佳配入量，首先以尾矿的化学成分为依据，计算碳酸钠的理论最佳配入量。其中，SiO_2、Al_2O_3、Fe_2O_3、TiO_2 与碳酸钠的反应方程式如下：

$$SiO_2 + Na_2CO_3 =\!=\!= Na_2SiO_3 + CO_2(g)$$
$$Al_2O_3 + Na_2CO_3 =\!=\!= 2NaAlO_2 + CO_2(g)$$
$$Fe_2O_3 + Na_2CO_3 =\!=\!= 2NaFeO_2 + CO_2(g)$$
$$TiO_2 + Na_2CO_3 =\!=\!= Na_2O \cdot TiO_2 + CO_2(g)$$

以 1kg 洋县钒钛磁铁矿尾矿为例，计算 SiO_2、Al_2O_3、Fe_2O_3、TiO_2 与碳酸钠发生充分反应所需碳酸钠的质量。根据 4.3 节主量元素含量特征可知，1kg 尾矿中含有 404gSiO_2、154g 氧化铝、109g 氧化铁和 23.8g 二氧化钛，而二氧化硅、氧化铝、氧化铁、二氧化钛与碳酸钠均按 1:1 配比量参与反应。因此，要使 1kg 尾矿中的氧化铝、二氧化硅、氧化铁、二氧化钛充分反应，至少需加入 977.52g 碳酸钠，具体计算过程如下：

$$(404/60+154/102+109/160+23.8/80)\,mol \times 106g/mol = 977.52g$$

因此，理论上配入碳酸钠的质量至少是尾矿质量的 0.977 倍，为使各组分充分得到反应，本试验将矿碱比（尾矿:碱）设定为 1:1、1:1.1、1:1.2、1:1.3、1:1.4 进行配料，以通过试验，进一步确定试验条件下更合适的配比。

（3）活化时间。热化学反应是一个过程，需要一定时间。活化时间对尾矿各组分反应程度同样起着重要作用。若活化时间过短，会使各物相反应不充分，导致各组分溶出效果降低；若活化时间过长，则会使能耗增加，并容易出现过烧现象，同样影响各组分的溶出效果（巩睿鹏，2018）。因此，在活化过程中，需选择一个合适的活化时间。

本试验将活化时间设置为 5min、15min、25min、35min、45min 五个时间段开展试验，以进一步确定最优活化时间。

5.2.2.2 水浸溶出试验与参数设定

为了将尾矿中的各元素实现溶出，在活化的基础上，还需要通过水浸与酸浸过程，使可溶性物质进入相应类型液体，为后续分离提取奠定基础。

A 反应过程

理论上，活化阶段配入的碳酸钠质量至少是尾矿质量的 0.977 倍。为保证反应完全，活化阶段加入碱的量略高于理论值。因此，活化阶段将尾矿质量与配入碳酸钠质量的比值设定为 1:1、1:1.1、1:1.2、1:1.3、1:1.4。但在这样的配比条件下，又会导致水浸溶出阶段的溶液呈碱性。根据活化阶段各矿物与碳酸钠的反应方程式可知，活化之后的反应产物主要是 $CaSiO_3$、$NaAlO_2$、Na_2SiO_3、$NaFeO_2$ 和 Na_2TiO_3，这些产物大多属强碱弱酸盐。其中硅酸钙为难溶物，而偏硅酸钠 Na_2SiO_3、铝酸钠 $NaAlO_2$、铁酸钠 $NaFeO_2$ 等，则会发生不同程度的溶解与水解反应（龚银春，2010）。各反应方程式如下：

$$Na_2TiO_3 + nH_2O = Na_2TiO_3 \cdot nH_2O$$
$$Na_2TiO_3 \cdot nH_2O = 2NaOH + H_2TiO_3 + (n-2)H_2O$$
$$Na_2SiO_3 + nH_2O = Na_2SiO_3 \cdot nH_2O$$
$$Na_2SiO_3 \cdot nH_2O = 2NaOH + H_2SiO_3 + (n-2)H_2O$$
$$NaAlO_2 + nH_2O = NaAlO_2 \cdot nH_2O$$
$$NaAlO_2 \cdot nH_2O = NaOH + Al(OH)_3 + (n-2)H_2O$$
$$NaFeO_2 + nH_2O = NaFeO_2 \cdot nH_2O$$
$$NaFeO_2 \cdot nH_2O = NaOH + Fe(OH)_3\downarrow + (n-2)H_2O$$

根据以上反应方程式可知，水浸溶出后，硅酸钙、铁酸钠、钛酸钠不溶于水或碱性溶液，因此，会进入到水浸残渣中，而偏硅酸钠 Na_2SiO_3 和铝酸钠会进入水浸溶液。此外，由于偏硅酸钠与铝酸钠会进一步反应形成水合铝硅酸钠（陈滨，2008），导致溶出的铝会重新沉淀进入水浸渣，降低氧化铝的浸出率，其反应方程式如下：

$$Na_2SiO_3 + 2NaAlO_2 = 2Na_2O \cdot Al_2O_3 \cdot SiO_2\downarrow$$

因此，必须通过设置合适的水浸参数，来实现各组分浸出率的最大化。水浸溶出阶段影响水浸效果的主要因素有水浸温度、水浸时间、水浸固液比三个参数。

B　参数设定

(1) 水浸温度。物质的水解和溶解反应大多为吸热反应，当温度升高时可使溶液中各组分移动速度加快，由此促进水解和溶解效率（陈滨，2008）。但当温度过高时，同样会导致副反应的发生，造成铝和碱的损失；当温度降低时，会影响固态物的溶解速度及效果，导致部分元素未能充分溶解而仍以固态形式留在水浸残渣中，使各组分浸出率降低（陈滨，2008）。据前人研究，水浸温度一般控制在70℃左右效果较好（陈滨，2008）。因此，为了揭示水浸温度的影响特征，本次试验将水浸温度设为25℃、40℃、55℃、70℃、85℃，从中还可以确定最佳水浸温度。

(2) 水浸时间。水浸溶出过程中，水浸时间是影响溶出效果的主要因素之一。如果水浸时间过短，有用组分的溶解会不充分，导致铝等物质浸出率降低；若溶出时间过长，不仅影响生产效率，还会导致二次副反应的发生，造成铝等组分的损失（巩睿鹏，2018；陈滨，2008）。根据以往经验，水浸时间一般在15min左右，即可将有用组分溶解完全（孙悦，2018）。因此，本试验将水浸时间设置为5min、10min、15min、20min、25min，以揭示水浸时间的影响特征，同时确定最佳水浸时间。

(3) 水浸固液比。水浸固液比是指水浸溶出阶段，固体熟料质量与去离子水体积的比值（孙悦，2018）。固液比不仅决定了单位体积溶液所能处理的熟料质量，同时影响对熟料的溶出效果。

若体系中水的占比量过少，则不仅会使溶液中的碱浓度提高，溶液黏性变强，流动性减弱，溶解反应速率降低，还会导致过滤较慢，并且容易促进铝硅酸钠的产生，降低氧化铝等可溶性组分的溶出效果等；若加入水的占比量过多，虽然促进了溶液的流动性，相对加快了溶解反应速率，但同时使得反应体量变大，还会使溶液中氧化铝浓度降低，增加后续浓缩、蒸发的次数，增加能耗，使溶出成本升高（陈滨，2008；孙悦，2018）。

根据以往经验，水浸固液比一般在1:10左右，即可将有用组分溶解完全（陈滨，2008；孙悦，2018）。因此本试验将水浸固液比设置为1:6、1:8、1:10、1:12、1:14，以期能够在揭示其溶出规律的同时，确定最佳水浸固液比。

5.2.2.3　酸浸溶出试验与参数设定

为了将尾矿中的各元素实现分离提取，在水浸的基础上，过滤分离之后的水浸渣，还需要通过酸浸，使其中的可溶性物质也进入液体之中，为后续阶段的分离提取奠定基础。

A　反应过程

在采用酸浸溶出工艺处理水浸渣时，酸种类可选择盐酸、硫酸或者其他第三种酸。本书主要采用硫酸进行酸浸溶出试验，主要原因如下：

（1）盐酸具有挥发性，易腐蚀设备，不易操作，且容易损失。

（2）硫酸不易挥发，而且可使尾矿中的钙转化为硫酸钙沉淀析出，可用作建筑材料和水泥原料。

（3）硫酸价格低，易取得，大多数金属冶炼厂都有。

酸浸溶出阶段，水浸渣中的主要组分有铝硅酸钠、铁酸钠、钛酸钠和氢氧化铁等。加入硫酸后，水浸渣发生的主要反应方程如下：

$$NaAlSiO_4 + 2H_2SO_4 = H_4SiO_4 + Al_2(SO_4)_3 + Na_2SO_4$$
$$2Fe(OH)_3 + 3H_2SO_4 = Fe_2(SO_4)_3 + 6H_2O$$
$$Na_4TiO_4 + 2H_2SO_4 = H_4TiO_4 + 2Na_2SO_4$$
$$CaSiO_3 + H_2SO_4 + H_2O = CaSO_4 \downarrow + H_4SiO_4$$

酸浸溶液脱硅过滤得到含水硅胶，反应方程如下：

$$H_4SiO_4 = H_2SiO_3 + H_2O$$
$$H_2SiO_3 + mH_2O = SiO_2 \cdot (m+1)H_2O$$

B　参数设定

酸浸溶出阶段主要包括酸浓度、酸浸固液比、酸浸时间和酸浸温度等参数。主要参数设定及其依据如下。

（1）酸浓度及用量。酸浸过程中，若酸浓度不够，与水浸渣的反应将不充分，部分物质仍然无法溶解，并以酸浸渣的形式存在，使各组分浸出率降低；但酸用量过多时，会使成本、能耗和副产物增加。因此酸浓度必须适中（史国义，2020）。

水浸溶出阶段，主要溶出铝、碱、钾等轻金属以及部分的硅。因此本次试验可根据尾矿化学成分，大致估算所需要的酸。各组分与硫酸发生反应的方程式如下：

$$CaSiO_3 + H_2SO_4 + H_2O = CaSO_4 \downarrow + H_4SiO_4$$
$$Al_2O_3 + 3H_2SO_4 = Al_2(SO_4)_3 + 3H_2O$$
$$Fe_2O_3 + 3H_2SO_4 = Fe_2(SO_4)_3 + 6H_2O$$
$$MgO + H_2SO_4 = MgSO_4 + H_2O$$
$$Na_4TiO_4 + 2H_2SO_4 = H_4TiO_4 + 2Na_2SO_4$$
$$Na_2O + H_2SO_4 = H_2O + Na_2SO_4$$

根据尾矿中主量元素含量特征，核算得到，1kg 洋县钒钛磁铁尾矿样中，含有 404g 的二氧化硅、154g 的氧化铝、127g 的氧化钙、109g 的氧化铁、90.9g 的氧化镁、23.8g 的二氧化钛和 21.5g 的氧化钠。要使这些组分与硫酸发生完全反应至少需要 10L 的 1.898mol/L 硫酸溶液，即要使 10g 尾矿反应完全，至少需要 100mL 的 1.898mol/L 硫酸溶液，酸浓度计算过程如下：

$$(404/60 + 154/102 \times 3 + 127/56 + 109/160 \times 3 + 90.9/40 +$$
$$23.8/80 \times 2 + 21.5/40) \, mol/10L = 1.898mol/L$$

因此，为了揭示酸浸效果，并确定最佳酸浓度，本试验方案将硫酸浓度设置为 2mol/L、4mol/L、6mol/L、8mol/L、10mol/L 分别进行试验。

（2）酸浸固液比。酸浸固液比是指酸浸溶出阶段水浸渣质量与酸体积的比值。当酸浸固液比过高时（即单位质量的水浸渣中加入的酸体积较小），会使体系中酸含量偏低，导致酸溶液与水浸渣反应不完全，部分有用物质会继续残留在酸浸渣中，导致铝等组分的浸出率降低；当酸浸固液比过低时（即单位质量的水浸渣加入的酸体积较大），尽管会使水浸渣与硫酸充分反应，但容易导致体积过大，并有过量酸不发生反应，这会增加酸浸溶出成本（史国义，2020）。因此，酸浸固液比必须选择一个合适的范围。根据酸浓度计算过程可知，要使 10g 尾矿反应完全，至少需要 100mL 的 1.898mol/L 硫酸溶液，此时的酸浸固液比为 1∶10，它不仅能节约硫酸用量，也能使水浸残渣反应完全。

因此，为了揭示固液比对酸浸效果的影响及规律，并确定最佳酸浸固液比，本试验将酸浸固液比（水浸渣∶硫酸，g/mL）设置为 1∶6、1∶8、1∶10、1∶12、1∶14。

（3）酸浸时间。水浸渣与酸的反应也需要一定时间。当反应时间过长，会影响效率及过滤效果；当反应时间过短，会使水浸渣与酸反应不完全，导致氧化铝、氧化铁等不能得到充分的反应溶解，降低各组分的浸出率（史国义，2020）。

因此，本试验将酸浸时间设置为 2min、4min、6min、8min、10min，以分析酸浸时间的影响，并在此基础上，确定最优酸浸时间。

（4）酸浸温度。酸浸过程中，体系中化学反应速度一般很快，并且还会释放出大量的热，由此会导致反应体系温度快速上升而难以控制。因此，通常将酸浸温度设置为常温 20~40℃。

5.2.2.4 分离提取试验

（1）分离提 Ca。尾矿经过活化、水浸溶出、酸浸溶出后可依次得到熟料、水浸渣、酸浸渣，酸浸渣洗涤后得到硫酸钙。

（2）分离提 Si。脱硅的目的是在一定温度、时间等条件下，使得硅酸凝胶沉淀下来，实现从酸浸溶液中分离出 SiO_2。影响脱硅的主要因素为脱硅温度、脱硅时间。根据史国义（2020）对赤泥酸浸提取硅胶的研究，本次试验将硅胶脱硅温度设定为 40℃、50℃、60℃、70℃、80℃；脱硅时间设定为 5min、10min、15min、20min、25min。

（3）沉淀 Al 和 Fe。为了分离 Al 和 Fe，脱硅后得到脱硅滤液，调节 pH 值，可依次得到氢氧化铁沉淀、氢氧化铝沉淀和滤液。

（4）结晶分离 Mg。提 Al 和 Fe 之后，将剩余滤液进一步浓缩结晶，可得到硫酸镁晶体。

5.2.2.5 助剂钠碱回收

在以上活化、水浸溶出、酸浸溶出、分离提取等试验过程中，所用到的原料以碳酸钠和硫酸为主。其中，硫酸主要转移到产品中，无需回收；碳酸钠则绝大部分转移到碳分母液（即水浸原液通入二氧化碳后固液分离所得溶液）中，通过碳分后，回收母液中的碳酸钠，再返回用于和尾矿一起配料继续利用。

5.2.3 试验设备与试剂

5.2.3.1 试验设备

根据活化—水浸—酸浸工艺流程，结合实验室现有设备，开展试验研究所需主要仪器设备如表5-5所示。

除表5-5所列主要设备外，试验还需瓷方舟、瓷坩埚、银坩埚、陶瓷研钵、烧杯（250mL、500mL、1000mL）、抽滤瓶、布氏漏斗、量筒（100mL、1000mL）、锥形瓶、容量瓶（100mL、250mL）、移液管（1mL、2mL、5mL、50mL）、温度计、玻璃棒、比色皿、表面皿、吸耳球、玻璃珠等器具。

表 5-5　试验仪器与设备一览表

设备名称	生产厂家	用途
KQM-Y/B 型行星式球磨机	咸阳金宏通用机械有限公司	样品研磨
XY3000JB 型电子台秤	常州市幸运电子设备有限公司	称量
CP214 型电子天平	奥豪斯仪器有限公式	精确称量
SRJX-4-13 型箱式电阻炉	北京市永光明医疗仪器有限公司	活化
HF-RZ10.15 气氛 回转式电阻炉	陕西省咸阳市秦都区北郊产业园	活化
电热恒温水浴锅	北京中兴伟业仪器有限公司	溶出
79-1A 恒温磁力搅拌器	天津鑫博得仪器有限公司	溶出
SHB-B95 型循环水式真空泵	郑州长城科工贸有限公司	溶出
722 可见分光光度计	上海佑科仪器仪表有限公司	硅、铁测定
101-1 型电热鼓风干燥箱	北京科伟永兴仪器有限公司	烘干
万用电炉	北京科伟永兴仪器有限公司	加热

5.2.3.2 试验试剂

所用的试验材料主要如表5-6所示。由表可知，所用试剂主要用于熔样、活化助剂以及氧化铝、氧化铁和二氧化硅等各种氧化物含量的测定。

表 5-6 试验用主要试剂一览表

项目	用途	试 剂
试验所需试剂	尾矿活化	无水碳酸钠（分析纯）
	熟料浸出	硫酸（分析纯）、盐酸（分析纯）
分析测试所需试剂（固体样品分析）	熔样	氢氧化钠（粒状–优级纯）
	SiO₂ 的测定	盐酸（分析纯）、钼酸铵（分析纯）、硫酸（分析纯）、草酸（分析纯）、硫酸亚铁铵（分析纯）
	Al₂O₃ 的测定	二甲酚橙（优级纯）、盐酸（分析纯）、乙二胺四乙酸（分析纯）、乳酸（分析纯）、醋酸（分析纯）、氨水（分析纯）、醋酸钠（分析纯）、氟化钾（分析纯）、醋酸铅（分析纯）、氢氧化钠（分析纯）、酚酞（分析纯）
	Fe₂O₃ 的测定	邻菲罗啉（分析纯）、盐酸羟胺（分析纯）、醋酸（分析纯）、醋酸钠（分析纯）
	TiO₂ 的测定	磷酸（分析纯）、过氧化氢 30%（分析纯）

5.2.4 分析测试与计算

在各工艺试验阶段，需要对样品溶液及残渣中的有关元素（如 Si、Al、Fe 等）含量进行分析测定，以评价相应的试验效果。而这些工作都需要在试验过程中的每个工艺环节随时进行。

5.2.4.1 固体样品的分析

A 灼烧失量的测定

将在 $105 \sim 110℃$ 烘干的试样于 $1050 \pm 50℃$ 灼烧，直至恒重。以失去的质量计算灼烧失量的百分含量。

试样应通过 200 目筛。分析时应用三份试样进行。试样在 $105 \sim 110℃$ 烘干，主要是烘去吸附水。吸附水通常存在于矿物的表面或孔隙之中，形成很薄的膜，吸附的程度与矿石的性质、试样的研细程度及空气中的温度有关。对于含化合水较多的矿物或含硫较多的矿石烘干温度一般应为 $60 \sim 80℃$。灼烧失量主要来源于二氧化碳、化合水（结构水与结晶水），以及少量的硫、氟、氯及有机物等。

分析步骤：称取 $3 \sim 4g$ 试样，置于 30mL 扁形称量瓶中，放在 $105 \sim 110℃$ 的烘箱中，干燥 2h。取出，将瓶盖盖严，于干燥器中冷却至室温。

称取烘干后的试样（约 1g），置于已恒重的 30mL 铂坩埚中，放入高温炉中升温至 1050℃，并在此温度下保持 1h；取出稍冷，即放入干燥器中，冷却至室温，称量。重复灼烧（每次 30min），称量至恒重。当两次灼烧称量差值不超过 0.5mg，即认为恒重。

$$灼烧失量(\%) = (M_1 - M_2)/M \times 100$$

式中，M_1 为灼烧前试样质量与铂坩埚质量之和，g；M_2 为灼烧后试样与铂坩埚质量，g；M 为称样量，g。

B 样品分析溶液的制备

准确称取在 105~110℃ 烘干样品 0.2500g，置于 30mL 银坩埚中，加 3 滴无水乙醇湿润样品，使水分在样品升温中随乙醇的挥发或燃烧除去；再加 3g 氢氧化钠，置于 720~750℃ 的高温炉中，熔融 20min；取出，趁热将熔融物摇开，并使之均匀地附于坩埚内壁上，坩埚外部用去离子水急促冷却，然后将坩埚置于直径 9cm 的长颈玻璃漏斗上；漏斗插入已盛有 40mL 1∶1 盐酸及 50mL 沸水的 250mL 容量瓶中，加少量沸水于坩埚中，待稍剧烈作用后，再加入沸水浸出熔块；将溶液倒入容量瓶中，并立即将瓶中溶液摇匀，再加沸水于坩埚中，直至熔块全部浸出为止；用热水洗净坩埚，加 3mol/L 盐酸 5 滴洗净，最后用热水再次洗涤坩埚及漏斗，并立即摇匀溶液，使其全部溶解，冷却后定容混匀。

C SiO_2 的测定

移取 2~5mL 制备溶液（根据试样中 SiO_2 含量高低而定），置于 100mL 容量瓶中，加 40mL 的 1∶99 盐酸，摇匀；加 4mL10% 钼酸铵，摇匀；根据室温放置适当时间，加入 20mL 硫酸-草酸-硫酸亚铁铵混合还原液，以水定容，混匀，稍放置；在分光光度计上，于波长 700nm 处，1cm 比色皿，以水作参比，测量吸光度。

在试样分析的同时进行空白试验。即：移取 2~5mL 试剂空白制备溶液，按试样分析步骤进行。测量吸光度。将试液测得的吸光度减去空白吸光度，从吸光度-SiO_2 结果表中查出 SiO_2 的百分含量。

标准曲线的绘制：准确移取 0.05mg SiO_2/mL 标准溶液 0mL、1mL、2mL、3mL、4mL、5mL、6mL、7mL、8mL、9mL、10mL，分别置于一组预先盛有 40mL 1∶99 盐酸的 100mL 容量瓶中，摇匀，以下按试液分析步骤进行。测量其吸光度，减去空白吸光度，并与对应的试样 SiO_2% 绘制曲线，并制作相应拟合曲线（图 5-19）。

样品以 0.002g 发色时，上述各点标准溶液相当于 SiO_2% 为：0、2.50%、5.00%、7.50%、10.00%、12.50%、15.00%、17.50%、20.00%、22.50%、25.00%。

D Fe_2O_3 的测定

移取 5mL 分析制备溶液，置于 100mL 容量瓶中，加水 40mL，摇匀，加 20mL 混合还原显色液，摇匀，以水定容，混匀。在分光光度计上，于波长 500nm 处，1cm 比色皿，以水作参比，测量吸光度。

在试样分析的同时进行空白试验。即：移取 5mL 试剂空白制备溶液，按试样分析步骤进行。将试液测得的吸光度减去空白吸光度，从吸光度-Fe_2O_3 结果表

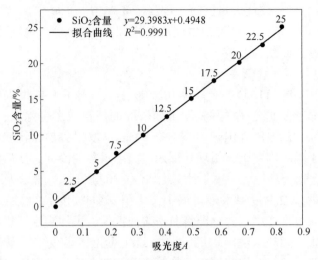

图 5-19　吸光度-SiO_2％拟合曲线

中查出 Fe_2O_3 的百分含量。

标准曲线的绘制：准确移取 0.05mg Fe_2O_3/mL 标准溶液 0mL、1mL、2mL、3mL、4mL、5mL、6mL、7mL、8mL、9mL、10mL，分别置于一组的 100mL 容量瓶中；各加水至 40mL 左右，摇匀；加入 20mL 还原显色混合液，以水定容，混匀，测量其吸光度。减去空白吸光度，与对应的试样 Fe_2O_3％绘制曲线，并制作相应拟合曲线（图 5-20）。

样品以 0.005g 发色时，上述各点标准溶液相当 Fe_2O_3％ 为：0、1.00%、2.00%、3.00%、4.00%、5.00%、6.00%、7.00%、8.00%、9.00%、10.00%。

E　Al_2O_3 的测定

分取 50mL 制备溶液，于 500mL 锥形瓶中，加 2mL 1∶1 乳酸，摇匀；加 20~25mL 0.05mol/L EDTA 溶液（视铝含量而定），摇匀；加 1 滴 0.25%二甲酚橙指示剂，用 1+1 氨水中和至溶液呈紫红色，立即用 3mol/L 盐酸调至黄色；加水稀至 150mL 左右，加热煮沸 2min，趁热加入 10mL pH 值为 5.2~5.7 的醋酸-醋酸钠缓冲溶液，摇匀；于冷水槽中冷却至室温，补加 1~2 滴二甲酚橙指示剂；用 0.0196mol/L 醋酸铅标准溶液滴定至溶液呈紫红色为第一终点（10~15s 不退色即可）；不记读数，立即加入 5mL 25%氟化钾溶液，煮沸 2~3min，取下，于冷水槽中冷却至室温，补加 1 滴二甲酚橙指示剂，用 0.0196mol/L 醋酸铅标准溶液滴定至紫红色，即为终点。

结果计算：

$$Al_2O_3(\%) = \frac{0.001 \times V}{0.05} \times 100 = 2V$$

式中，V 为第二终点耗 0.0196mol/L 醋酸铅标准溶液的体积，mL；0.001 为 1mL 0.0196mol/L 醋酸铅标准溶液相当于氧化铝的质量，g；0.05 为分取试样量，g。

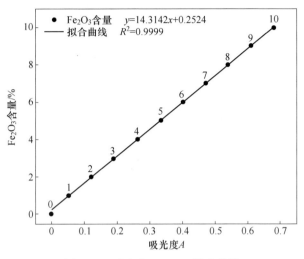

图 5-20　吸光度-Fe_2O_3%拟合曲线

F　TiO_2 的测定

移取 50mL 试液，于 100mL 容量瓶中。加入 20mL 硫酸-磷酸-盐酸混合液，摇匀。加 3mL 3%过氧化氢溶液，以水定容，混匀；在分光光度计 420nm 波长处，1cm 比色皿，以水作参比，测量吸光度。

在试样分析的同时进行空白试验，即：移取 50mL 试剂空白制备溶液于 100mL 容量瓶中，加入 20mL 硫酸-磷酸-盐酸混合液，加 3mL 3%过氧化氢溶液，摇匀；以水定容，混匀，测量吸光度。将试液测得的吸光度减去空白吸光度，从吸光度-TiO_2%结果表中查出 TiO_2 的百分含量。

标准曲线的绘制：移取 0mL、3mL、5mL、7mL、10mL、13mL、15mL、17mL 0.1mgTiO_2/mL 标准溶液于一组 100mL 容量瓶中，以下同试样分析步骤。测量其吸光度。减去空白吸光度，并与对应的试样 TiO_2%绘制曲线，并制作相应拟合曲线（图 5-21）。

样品以 0.05g 发色时，上述各点标准溶液相当 TiO_2% 为：0、0.60%、1.00%、1.40%、2.00%、2.60%、3.00%、3.40%。

G　CaO、MgO 的测定

准确称取 0.2498~0.2502g 的试样，于银坩埚中加入 3g 左右的氢氧化钠，置于 720℃的马弗炉中，加热 20min 使其熔融；用 40mL 1∶1 的盐酸定容于 250mL

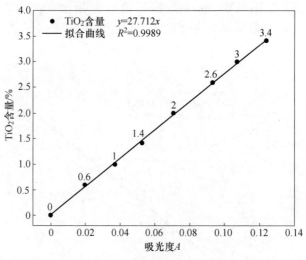

图 5-21　吸光度-TiO$_2$%拟合曲线

的容量瓶中待用；移取 100mL 制备溶液于 250mL 烧杯中，加热至沸腾；加 2 滴 0.2%甲基红指示剂，以氢氧化铵（1:1）中和至溶液呈黄色，并过量 3 滴，煮沸 3min，置冷水槽中冷却至室温；同时，加入一组空白试验；将溶液移入 250mL 容量瓶中，用去离子水定容，然后摇匀。用干的定性滤纸过滤，丢弃开始部分的滤液，滤液收置于干燥的烧杯中（或用滤液洗涤后的原烧杯中）；分取滤液 100mL，置于 500mL 锥形瓶中，加 20mL 的 10% KOH 溶液，摇匀；以 pH 试纸检查，使溶液 pH>12；加 3~5mL 的 1:4 三乙醇胺溶液，摇匀；加 0.03g 钙指示剂；以 0.00892mol/L EDTA 标准溶液滴定至溶液由酒红色变为亮蓝色，即为终点。用下式计算试样中 CaO、MgO 的含量为：

$$CaO(\%) = (V_1 - V_0) \times 0.0005/m \times 0.4 \times 0.4 \times 100$$

式中，V_1 为滴定试样时，所消耗的 EDTA 标液体积，mL；V_0 为滴定空白时，所消耗的 EDTA 标准溶液的体积，mL；0.0005 为 1mL 0.00892mol/L 的 EDTA 标液，相当于氧化钙的质量，g；m 为称得的样品质量，g。

　　H　Na$_2$O、K$_2$O 的测定

　　准确称取样品 2.0000g，置于铂皿中，加 10mL 1:1 硫酸，待样品完全被硫酸湿润后，加 20mL 40%氢氟酸，置于低温电热板上保温溶解；待氢氟酸蒸发后，补加氢氟酸 15mL，并低温蒸发至干；继续加热至白烟冒尽，冷却；加 5mL 的 1:2 盐酸溶液及 30mL 的热水，保温 5min，过滤；滤液置于 100mL 容量瓶中，以热水洗涤残渣 5~6 次，冷却至室温，以水定容，混匀；倒入 50mL 的烧杯中，与下述标准工作溶液同时在火焰光度计上测量氧化钠含量。

　　分别取 1mL、2mL、3mL、4mL、5mL、6mL 0.1mg/mL Na$_2$O 标准溶液，分

别置于一组 100mL 容量瓶中；各加 5mL 1∶2 盐酸溶液，以水定容，混匀；倒入 50mL 烧杯中，与样品溶液在相同条件下以火焰光度法测量。以测得标准工作溶液辐射强度所对应的 Na_2O 的质量（mg），绘制工作曲线。上述标准工作溶液，每毫升相当于 Na_2O 的质量分别为 0.001mg、0.002mg、0.003mg、0.004mg、0.005mg、0.006mg。以下是相应的计算式：

$$Na_2O(K_2O)(\%) = C/(2.00 \times 1000) \times 100$$

式中，C 为自工作曲线上查得辐射强度相当于 Na_2O 的质量，mg；2.00 为称样量，g。

I P_2O_5 的测定

试验过程中 P_2O_5 采用磷钒钼黄比色法进行测定。

首先绘制标准曲线。分别取 0mL、5mL、10mL、15mL、20mL、25mL 的磷标准溶液，分别移入 50mL 容量瓶中，用水稀释体积至 30mL；分别加入无色的 1∶1 硝酸 4mL，钒钼酸铵显色液 5mL，再用水稀释至刻度，摇匀；放置 20~30min 后，在 420nm 处测量其吸光度，并绘制标准曲线。

具体分析测试步骤如下：吸取 5mL 试样溶液溶置于 100mL 锥形瓶中；分别加入 0.5mol/L 的硫酸溶液 1mL、24mg/L 的过硫酸钾溶液 5mL，用水调整锥形瓶中溶液体积约 40mL；置于可调电炉上缓缓煮沸，并保持 15min 以上（使溶液体积为原来的 1/3 左右）取下；冷却至室温，移入 50mL 比色管中，按照测定标准曲线相同的操作进行，测定吸光度。

J MnO 的测定

试验过程中，以氟化铵掩蔽钙镁-EDTA 配位滴定法，对试样中的 MnO 的含量进行测定。

称取在 105~110℃ 烘干过的试样约 0.5g（精确至 0.0001g），置于银坩埚中，放入已升温至 650~700℃ 的马弗炉中灼烧 10min，取出；冷却后，加入 6~7g 的 NaOH 熔剂，再在 650~700℃ 的高温下熔融 25min，取出，冷却；将坩埚放入盛有 100mL 近沸腾水的烧杯中，盖上表面皿，适当加热；待熔块完全浸溶出后，取出坩埚，用水冲洗坩埚和盖；在不断搅拌下，一次性加入 25~30mL 的浓盐酸，加入 1mL 的浓硝酸，用热盐酸 1∶5 及水将坩埚和盖洗净；将溶液煮沸使溶液澄清，冷却至室温；移入 250mL 容量瓶中，用水稀释至标线，摇匀。

吸取上述溶液 50mL 移入至 400mL 烧杯中，加水约 200mL 稀释，再加入 10mL 的 1∶2 三乙醇胺；用 1∶1 的氨水调整溶液 pH 值至近 10 后，加入 25mL 氨-氯化铵缓冲溶液（pH＝10）；搅拌过程中，加入 35mL 的氟化铵溶液（250g/L），放置 2~3min；加入约 1g 的盐酸羟胺，并搅拌使其溶解；加入适量的酸性铬蓝-萘酚绿混合指示剂，溶液呈酒红色时，立即用 0.015mol/L EDTA 标准滴定溶液，滴定至纯蓝色。MnO 的质量分数按下式计算：

$$X_{MnO} = [(T_{MnO} \times V \times 5)/(m \times 1000)] \times 100$$

式中，T_{MnO} 为每毫升 EDTA 标准滴定溶液相当于 MnO 的质量，mg；V 为滴定时消耗 EDTA 标准滴定溶液的体积，mL；m 为试样质量，g。

K　微量元素、XRF、XRD、扫描电镜的测定

将样品按要求送至有色金属西北矿产地质测试中心，使用电感耦合等离子体发射光谱仪测定其中 Sc、V 的含量，使用 PW4400/40 型 X 荧光光谱仪测定其主量元素含量。

将样品按要求送至西安西北有色地质研究院有限公司岩矿鉴定中心完成 XRD 和扫描电镜分析。

5.2.4.2　溶出液的分析

A　全碱、Al_2O_3 的测定

取适量溶液于已加有 0.098mol/L EDTA 标准溶液（视试样中 Al_2O_3 的含量而定）的 300mL 锥形瓶中，加 15~25mL 0.3226mol/L 盐酸标准溶液（视试样中 N_T 的含量而定），加水至体积约 100mL，加热煮沸 2~3min，加 8 滴 1:5 绿光-酚酞混合指示剂，趁热用 0.3226mol/L 氢氧化钠标准溶液回滴至溶液呈微紫色，加入 10mL pH 值为 5.2~5.7 的醋酸-醋酸钠缓冲溶液，加 2 滴 0.5% 二甲酚橙指示剂，以 0.03226mol/L 醋酸铅标准溶液滴定至溶液由黄色变为紫红色，即为终点。

结果计算：

$$Al_2O_3(g/L) = \frac{5 \times V_4 - 1.645 \times V_3}{V}$$

$$Na_2O_T(g/L) = \frac{(V_1 - V_2) \times 10 + V_3}{V}$$

式中，V 为所取试样的体积，mL；V_1 为加入 0.3226mol/L 盐酸标准液的体积，mL；V_2 为回滴 0.3226mol/L 氢氧化钠标准液的体积，mL；V_3 为回滴 0.03226mol/L 醋酸铅标准液的体积，mL；V_4 为加入 0.098mol/L EDTA 标准液的体积，mL。

B　SiO_2 的测定

移取一定量试样（视溶液中 SiO_2 的含量而定），于已加有 50mL 水的 100mL 容量瓶中，加 6mL 3mol/L 盐酸，振荡使溶液澄清，加 4mL 10% 钼酸铵溶液，摇匀，视室温按规定时间发色后，加 20mL 还原液，以水定容，混匀。在分光光度计上，700nm 波长处，以水作参比进行吸光度的测量。

与试样分析同时进行空白试验，即于已加有 60mL 水的 100mL 容量瓶中，加 3mL 3mol/L 盐酸，以下同试样分析。

将测得试样的吸光度减去空白的吸光度，查 SiO_2 吸光度-含量对照表，即得 SiO_2 的含量。

标准曲线的绘制：取 6 个 100mL 容量瓶，分别加入 0.05mg/mL SiO_2 标准溶

液 0mL、1mL、3mL、5mL、7mL、9mL，加水至体积为 60mL，加 3mL 3mol/L 盐酸，摇匀。以下同试样分析步骤。测得的溶液吸光度减去空白吸光度，与相对应的 SiO_2 含量绘制标准曲线，并制作吸光度-SiO_2 含量对照表。

若取原液 1mL 时，上述 SiO_2 标准液的加入量，分别相当于试样中 SiO_2 含量为 0g/L、0.05g/L、0.15g/L、0.25g/L、0.35g/L、0.45g/L。

若取原液 0.5mL 时，上述 SiO_2 标准液的加入量，分别相当于试样中 SiO_2 含量为 0g/L、0.10g/L、0.30g/L、0.50g/L、0.70g/L、0.90g/L。

若取原液 0.1mL 时，上述 SiO_2 标准液的加入量，分别相当于试样中 SiO_2 含量为 0g/L、0.5g/L、1.5g/L、2.5g/L、3.5g/L、4.5g/L。

C Fe_2O_3 的测定

移取 5mL 溶液于 250mL 锥形瓶中，准确加入 20mL 水，在振荡的情况下，加入 25mL 3mol/L 盐酸，溶液澄清后，加 40mL 邻菲罗啉-盐酸羟胺-醋酸-醋酸钠混合液，摇匀。在分光光度计上，于 500nm 波长处，以水作参比进行光度测定。

与试样分析的同时进行空白试验。即在 250mL 锥形瓶中，加 50mL 水，加 40mL 混合发色液，测其吸光度。

测得试液的吸光度减去空白吸光度，查 Fe_2O_3 吸光度-含量对照表，求得 Fe_2O_3 的含量。

标准曲线的绘制：取 6 个 250mL 锥形瓶，分别加入 0.025mg/mL Fe_2O_3 标准溶液 0mL、1mL、3mL、5mL、7mL、9mL，加水调整体积为 50mL，摇匀。加 40mL 混合还原发色液，摇匀。按试样操作步骤，测其溶液的吸光度，减去空白吸光度，与其对应的 Fe_2O_3 含量绘制标准曲线，并制作吸光度-Fe_2O_3 含量对照表。

当取原液 5mL 时，上述 Fe_2O_3 标准液的加入量，分别相当于试样中 Fe_2O_3 的含量为 0g/L、0.005g/L、0.015g/L、0.025g/L、0.045g/L。

5.2.4.3 溶出率的计算

由于钒钛磁铁矿尾矿中的钒、钪、二氧化硅、氧化铝主要赋存于脉石矿物中，且二氧化硅与氧化铝含量总和为 55.8%（郭彩莲等，2020；胡神涛，2021）。因此，本书拟以硅、铝、铁等组分的溶出率为指标确定各工艺阶段的最佳工艺参数。其中，溶出率是指原料中的 Al_2O_3、Na_2O、SiO_2、Fe_2O_3、CaO、MgO、TiO_2 在溶出阶段进入溶液的相对含量。计算公式如下：

$$\eta = \left(1 - \frac{\eta_1 \times m_1}{\eta_2 \times m_2}\right) \times 100\%$$

式中，η_1 为浸出残渣中金属氧化物的质量分数；η_2 为原料中金属氧化物的质量分数；m_1 为浸出残渣的质量，g；m_2 为原料的质量，g。

5.3　工艺试验研究

根据尾矿样品特征以及上节确定的试验方案，开展活化-水浸-酸浸的单因素试验，并以硅、铝、铁等组分浸出率为指标，确定活化、水浸、酸浸等各工艺阶段的最佳试验参数。

5.3.1　活化试验

5.3.1.1　活化温度对各组分浸出率的影响

通过具体试验，研究活化温度对 SiO_2、Al_2O_3 浸出率的影响时，采取的是单因素变量法，且开展五组平行试验。控制的活化温度分别为 740℃、760℃、780℃、800℃、820℃，其他条件保持不变。其中，催化剂配比量是尾矿质量的 4‰，同时根据以前经验，先确定的活化时间为 30min，矿碱比为 1:1.1，水浸温度为 50℃，水浸时间为 15min，水浸固液比为 1:10，试验结果如表 5-7 和图 5-22所示。

表 5-7　活化温度对熟料各组分浸出率的影响

活化温度/℃		740	760	780	800	820
浸出率/%	SiO_2	1.69	6.20	14.44	14.49	11.21
	Al_2O_3	6.38	7.25	10.86	11.67	7.12

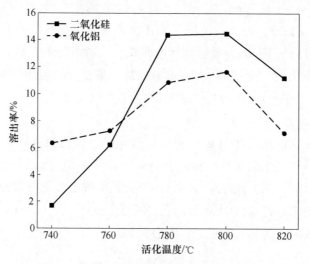

图 5-22　活化温度对熟料各组分浸出率的影响

由表 5-7 和图 5-22 可知，Al_2O_3、SiO_2 的浸出率随活化温度的升高呈现先升高后降低的趋势，并在活化温度为 800℃时，Al_2O_3、SiO_2 的浸出率均达到最大，分别为 11.67%、14.49%。由第 3 章热力学分析结果可知，活化温度的上升，能有效促进各组分的反应，使 SiO_2、Al_2O_3 浸出率升高；但温度过高会使矿物熔融，表面出现玻璃质，阻碍各组分的溶出，使 SiO_2、Al_2O_3 浸出率降低（李清宇，2017）。因此，结合试验数据及热力学分析结果，选取 800℃ 作为最佳活化温度。

5.3.1.2 矿碱比对各组分浸出率的影响

通过试验研究矿碱比对 SiO_2、Al_2O_3 浸出率的影响时，采取的是单因素变量法，开展五组平行试验。控制五个矿碱比参数，分别为 1:1、1:1.1、1:1.2、1:1.3 和 1:1.4，其他条件保持不变。

其中，催化剂配比是尾矿质量的 4‰，活化温度为 800℃，活化时间为 30min，水浸温度为 50℃，水浸时间为 15min，水浸固液比为 1:10，试验结果如表 5-8 和图 5-23 所示。

表 5-8　矿碱比对熟料各组分浸出率的影响

矿碱比（尾矿:碳酸钠）		1:1.0	1:1.1	1:1.2	1:1.3	1:1.4
浸出率/%	SiO_2	13.37	14.49	21.64	23.22	24.84
	Al_2O_3	7.64	11.67	12.68	13.87	13.96

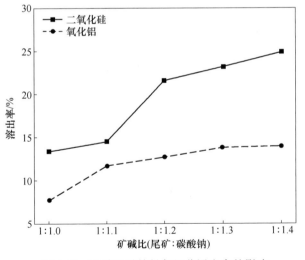

图 5-23　矿碱比对熟料各组分浸出率的影响

由表 5-8 和图 5-23 可知，（1）Al_2O_3、SiO_2 的浸出率随碳酸钠相对含量的增加而升高，并且 Al_2O_3、SiO_2 浸出率变化趋势逐渐变缓；（2）当矿碱比达到 1:1.3 之后，继续增加碳酸钠对 Al_2O_3 浸出率的影响不明显，而 SiO_2 的浸出率还在缓慢增加。这可能是因为在碳酸钠加入量较少时，各组分与碳酸钠无法得到充分反应，使得各组分浸出率较低；（3）随着碳酸钠用量的逐渐增加，与碱反应的原料随之增加，导致各组分浸出率逐渐升高；（4）当碳酸钠用量过多时，逐渐生成其他副产物，因而各组分浸出率基本保持不变（李清宇，2017）。因此，根据试验结果及原料成本，选取 1∶1.3 作为最佳矿碱比，此时 Al_2O_3、SiO_2 的浸出率分别为 13.87%、23.22%。

5.3.1.3　活化时间对各组分浸出率的影响

在研究活化时间对 SiO_2、Al_2O_3 浸出率的影响时，同样采取单因素变量法，开展五组平行试验。控制活化时间分别为 5min、15min、25min、35min、45min，其他条件保持不变。其中，催化剂配比是尾矿质量的 4‰，活化温度为 800℃，矿碱比为 1∶1.3，水浸温度为 50℃，水浸时间为 15min，水浸固液比为 1∶10。试验结果如表 5-9 和图 5-24 所示。

表 5-9　活化时间对熟料各组分浸出率的影响

活化时间/min		5	15	25	35	45
浸出率/%	SiO_2	11.31	22.53	23.22	24.97	18.17
	Al_2O_3	6.40	10.78	13.87	14.26	10.78

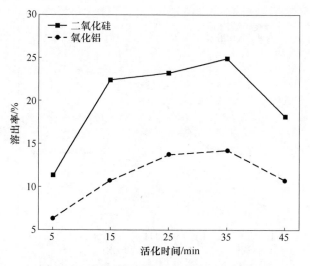

图 5-24　活化时间对熟料各组分浸出率的影响

由表 5-9 和图 5-24 可知，（1）Al_2O_3、SiO_2 的浸出率随活化时间的增加呈现先升高后降低的趋势，并在活化时间为 35min 时，Al_2O_3、SiO_2 的浸出率均达到最大，分别为 14.26%、24.97%。这可能是因为随着活化时间的增加，各组分与碳酸钠逐渐反应更加完全，与之相应各组分浸出率也逐渐上升；（2）当活化时间过长时，熟料表面逐渐熔融，阻碍了各组分的溶出，导致各组分浸出率逐渐下降，而且也会使能耗增加（李清宇，2017）。因此，本书选取35min作为最佳活化时间。

5.3.1.4 活化对尾矿形貌的影响

扫描电镜可以反映样品表面的形貌变化，通过对比尾矿与熟料的扫描电镜观察结果，可以推测矿物结构是否被破坏（彭杨，2021）。

对最佳条件下的熟料做了扫描电镜观测分析，结果如图5-25所示。

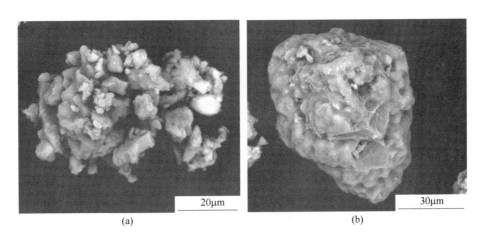

图5-25　熟料扫描电镜照片

由图5-25可知，尾矿配碱活化之后，其微观形貌特征发生了显著的变化。经活化之后的熟料以表面粗糙的不规则粒状集合体形态存在，整体粒度在$10\sim100\mu m$，而且表面出现许多沟壑与孔洞，且大部分颗粒较为疏松，甚至用手都可以碾碎。由于活化后的熟料，不仅空隙多，而且硬度小，易碎，这非常有利于各组分的溶出（彭杨，2021）。

5.3.2　水浸溶出试验

5.3.2.1　水浸温度对各组分浸出率的影响

在研究水浸温度对SiO_2、Al_2O_3浸出率的影响时，也采取单因素变量法，开展五组平行试验。控制水浸温度分别为25℃、40℃、55℃、70℃、85℃，其他条件保持不变。其中，催化剂配比是尾矿质量的4‰，活化温度为800℃，矿碱比为1∶1.3，活化时间为35min，水浸时间为15min、水浸固液比为1∶10，试验结果如表5-10和图5-26所示。

表 5-10　水浸温度对熟料各组分浸出率的影响

水浸温度/℃		25	40	55	70	85
浸出率/%	SiO₂	7.72	11.81	24.97	25.09	25.44
	Al₂O₃	7.17	10.48	14.26	15.74	16.78

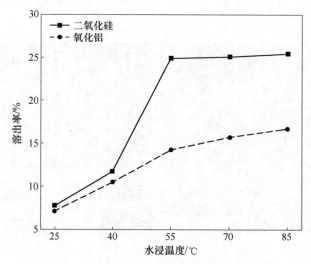

图 5-26　水浸温度对熟料各组分浸出率的影响

由表 5-10 和图 5-26 可知，（1）当水浸温度从 25℃升高至 85℃时，Al_2O_3、SiO_2 的浸出率分别从 7.17%、7.72%上升至 16.78%、25.44%，并且 Al_2O_3、SiO_2 浸出率变化趋势逐渐变缓；（2）当水浸温度达到 70℃之后，继续升高温度对 SiO_2 浸出率的影响不明显，而 Al_2O_3 的浸出率还在缓慢增加。这是因为随着水浸温度的升高，溶液中各组分移动速度加快，促进了水浸溶出阶段各反应的进行，从而使各组分浸出率升高；当温度过高时副反应发生，导致各组分浸出率基本保持不变（孙悦，2018；李清宇，2017）。因此，本书选取 70℃为最佳水浸温度。

5.3.2.2　水浸固液比对各组分浸出率的影响

通过试验研究水浸固液比对 SiO_2、Al_2O_3 浸出率的影响时，采取的是单因素变量法，开展五组平行试验。控制水浸固液比分别为 1∶6、1∶8、1∶10、1∶12 和 1∶14，其他条件保持不变。其中，催化剂配比是尾矿质量的 4‰，活化温度为 800℃，矿碱比为 1∶1.3，活化时间为 35min，水浸温度为 70℃、水浸时间为 15min，试验结果见表 5-11、图 5-27。

表 5-11　水浸固液比对熟料各组分浸出率的影响

固液比（熟料：水）		1：6	1：8	1：10	1：12	1：14
浸出率/%	SiO_2	14.53	19.79	25.10	25.71	26.01
	Al_2O_3	9.91	11.13	15.74	17.22	17.71

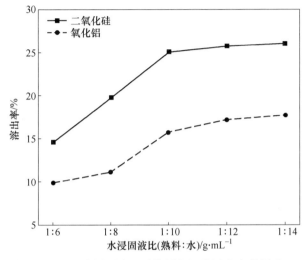

图 5-27　水浸固液比对熟料各组分浸出率的影响

由表 5-11 和图 5-27 可知，当水浸固液比从 1：6 降至 1：14 时，Al_2O_3、SiO_2 的浸出率分别从 9.91%、14.53% 上升至 17.71%、26.01%，并且 Al_2O_3、SiO_2 浸出率变化趋势逐渐变缓。这是因为当加入的水过少时，会使溶液中的碱浓度提高，溶液黏性变强，导致过滤较慢，并且容易促进铝硅酸钠的产生，降低氧化铝等可溶性组分的溶出效果；当加入的水过多时，则不仅使反应体量变大，还会使溶液中氧化铝浓度降低，增加后续浓缩、蒸发次数，使溶出成本升高（孙悦，2018；陈滨，2018）。因此，结合试验结果及溶出成本，选取 1：10 作为最佳水浸固液比。

5.3.2.3　水浸时间对各组分浸出率的影响

通过试验研究水浸时间对 SiO_2、Al_2O_3 浸出率的影响时，采取单因素变量法开展五组平行试验。控制水浸时间分别为 5min、10min、15min、20min、25min，其他条件保持不变。

其中，催化剂配比是尾矿质量的 4‰，活化温度为 800℃，矿碱比为 1：1.3，活化时间为 35min，水浸温度为 70℃，水浸固液比为 1：10，试验结果如表 5-12 和图 5-28 所示。

表 5-12   水浸时间对熟料各组分浸出率的影响

水浸时间/min		5	10	15	20	25
浸出率/%	SiO_2	21.33	28.23	25.10	24.74	24.08
	Al_2O_3	12.78	16.78	15.74	15.52	15.27

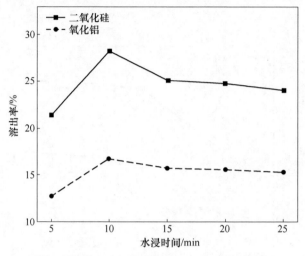

图 5-28   水浸时间对熟料各组分浸出率的影响

由表 5-12 和图 5-28 可知，（1）当水浸时间从 5min 延长至 10min 时，Al_2O_3、SiO_2 的浸出率分别从 12.78%、21.33% 上升至 16.78%、28.23%；（2）当水浸时间继续延长，至 25min 时，Al_2O_3、SiO_2 的浸出率降至 15.27%、24.08%，即在水浸时间为 10min 时，Al_2O_3、SiO_2 的浸出率达到最大。这说明熟料中 Al_2O_3、SiO_2 的浸出率随水浸时间的延长呈现先升高后降低的趋势。这是因为在水浸溶出过程中，当水浸时间过短时，有用组分溶解不充分，导致 Al_2O_3 等组分的浸出率较低；而当水浸时间过长时，则会导致二次副反应的发生，使 Al_2O_3 等组分进入水浸残渣，导致其浸出率降低（孙悦，2018；李清宇，2017）。因此，结合试验结果及理论分析，本书选取 10min 作为最佳水浸时间参数。

5.3.2.4   水浸溶出前后样品的分析与表征

对最佳条件下的水浸渣做扫描电镜分析，并将其与熟料对比后（图 5-29）发现，熟料经水浸溶出后微观形貌变化很大。

此时，水浸渣虽然整体仍以不规则粒状集合体形态存在，但粒度较熟料相比缩小许多，整体粒度在 10~60μm，并且表面被严重浸蚀，局部放大后发现原本较为平整的表面也变得粗糙不平，甚至出现许多孔洞（图 5-30）。

将水浸渣进行 XRD 分析，结果如图 5-31 所示。由图可知，水浸渣主要为非晶相物质，证明尾矿经活化、水浸后，矿物结构已经发生破坏。

熟料扫描电镜照片(×2000)　　　　　　　水浸渣扫描电镜照片(×5000)

图 5-29　熟料与水浸渣整体形貌对比

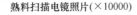

熟料扫描电镜照片(×10000)　　　　　水浸渣扫描电镜照片(×10000)

图 5-30　熟料与水浸渣局部形貌对比

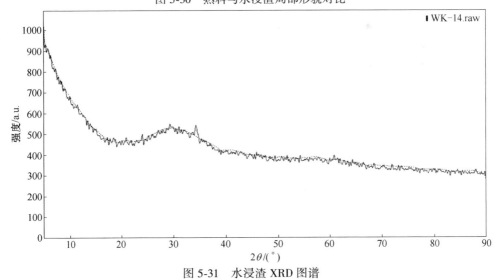

图 5-31　水浸渣 XRD 图谱

5.3.3　酸浸溶出试验

5.3.3.1　酸浸浓度对各组分浸出率的影响

通过试验研究酸浸浓度对 SiO_2、Al_2O_3、Fe_2O_3、TiO_2 浸出率的影响时，采取单因素变量法开展五组平行试验。控制硫酸浓度分别为 2mol/L、4mol/L、6mol/L、8mol/L、10mol/L，其他条件保持不变。其中，催化剂配比是尾矿质量的 4‰，活化温度为 800℃，矿碱比为 1∶1.3，活化时间为 35min，水浸温度为 70℃，水浸固液比为 1∶10，水浸时间为 10min，酸浸温度为常温，酸浸时间 2min，酸浸固液比为 1∶10，试验结果如表 5-13 和图 5-32 所示。

表 5-13　硫酸浓度对水浸残渣各组分浸出率的影响

硫酸浓度/mol·L⁻¹		2	4	6	8	10
浸出率 /%	SiO_2	78.62	96.91	97.43	98.26	98.74
	Fe_2O_3	65.16	85.94	95.09	97.27	99.23
	TiO_2	71.34	93.19	97.65	98.06	99.84
	Al_2O_3	85.50	97.10	98.55	98.65	98.67

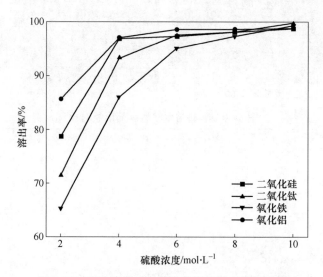

图 5-32　硫酸浓度对水浸渣各组分浸出率的影响

由表 5-13 和图 5-32 可知，（1）在硫酸浓度为 2~10mol/L 范围内，随着硫酸浓度的增加，水浸渣中 SiO_2、Al_2O_3、Fe_2O_3、TiO_2 的浸出率分别从 78.62%、85.50%、65.16%、71.34% 增加至 98.74%、98.67%、99.23%、99.84%，并始终保持上升趋势；（2）但当硫酸浓度大于 6mol/L 后，SiO_2、Al_2O_3、Fe_2O_3、

TiO$_2$浸出率变化趋势逐渐变缓。这是因为当硫酸浓度较低时，由于硫酸用量不够导致水浸渣反应不充分，使部分物质因硫酸不足而残留于酸浸渣中，造成各组分的浸出率较低；但当硫酸用量过多时，会造成酸的浪费，使成本和副产物增加（史国义，2020）。因此，结合溶出效果及物料成本，选取 6mol/L 作为最佳酸浓度参数，此时 SiO$_2$、Al$_2$O$_3$、Fe$_2$O$_3$、TiO$_2$ 浸出率分别为 97.43%、98.55%、95.09%、97.65%。

5.3.3.2 酸浸固液比对各组分浸出率的影响

通过试验研究酸浸固液比对 SiO$_2$、Al$_2$O$_3$、Fe$_2$O$_3$、TiO$_2$ 浸出率的影响时，同样采取单因素变量法开展五组平行试验。控制酸浸固液比分别为 1∶6、1∶8、1∶10、1∶12、1∶14，其他条件保持不变。其中，催化剂配比是尾矿质量的 4‰，活化温度为 800℃，矿碱比为 1∶1.3，活化时间为 35min，水浸温度为 70℃，水浸固液比为 1∶10，水浸时间为 10min，酸浸温度为常温，酸浸时间 2min，硫酸浓度为 6mol/L，试验结果如表 5-14 和图 5-33 所示。

表 5-14 酸浸固液比对水浸残渣各组分浸出率的影响

酸浸固液比		1∶6	1∶8	1∶10	1∶12	1∶14
浸出率/%	SiO$_2$	94.70	96.00	97.43	97.75	97.67
	Fe$_2$O$_3$	94.33	94.54	95.09	95.45	95.72
	TiO$_2$	95.86	96.98	97.65	97.92	97.96
	Al$_2$O$_3$	98.34	98.53	98.55	98.72	98.66

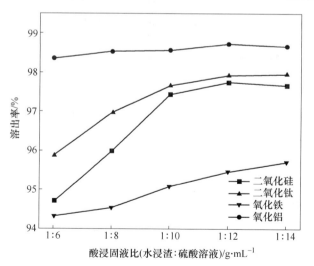

图 5-33 酸浸固液比对水浸渣各组分浸出率的影响

由表 5-14 和图 5-33 可知，当酸浸固液比从 1∶6 降至 1∶14 时，SiO$_2$、

Al_2O_3、Fe_2O_3、TiO_2 的浸出率分别从 94.70%、98.34%、94.33%、95.86% 上升至 97.67%、98.66%、95.72%、97.96%，并且当酸浸固液比在 1:10~1:14 变化时，浸出率变化趋势逐渐变缓。这是因为当体系中硫酸含量偏低时，酸溶液与水浸渣反应不完全，部分有用物质会进入酸浸渣，导致铝等组分的浸出率偏低；当硫酸溶液过量时，容易导致体系过大，并有过量酸不发生反应，增加酸浸溶出成本（史国义，2020）。因此，结合试验结果及物料成本，本书选取 1:10 作为最佳酸浸固液比。

5.3.3.3　酸浸时间对浸出率的影响

通过试验研究酸浸时间对 SiO_2、Al_2O_3、Fe_2O_3、TiO_2 浸出率的影响时，采取单因素变量法开展五组平行试验。控制酸浸时间分别为 2min、4min、6min、8min、10min，其他条件保持不变。

其中，催化剂配比是尾矿质量的 4‰，活化温度为 900℃，矿碱比为 1:1.3，活化时间为 40min，水浸温度为 70℃，水浸固液比为 1:10，水浸时间为 10min，酸浸温度为常温，酸浸固液比为 1:10，硫酸浓度为 3mol/L，试验结果如表 5-15 和图 5-34 所示。

表 5-15　酸浸时间对水浸残渣各组分浸出率的影响

酸浸时间/min		2	4	6	8	10
浸出率 /%	SiO_2	96.08	97.43	97.95	98.80	98.84
	Fe_2O_3	91.96	95.09	98.06	99.43	99.41
	TiO_2	96.61	97.65	98.87	99.60	99.75
	Al_2O_3	98.41	98.55	99.05	99.40	99.46

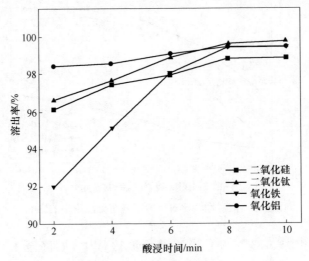

图 5-34　酸浸时间对水浸渣各组分浸出率的影响

由表 5-15 和图 5-34 可知，随着酸浸时间的增加，SiO_2、Al_2O_3、Fe_2O_3、TiO_2浸出率始终呈上升趋势，并且增长速率逐渐变缓；当酸浸时间大于 8min 时，SiO_2、Al_2O_3、Fe_2O_3、TiO_2浸出率基本保持不变。这是由于当反应时间不足时，水浸渣与酸反应不完全，导致各组分浸出率较低；而反应时间增加至 8min 后，各反应物基本转化完毕，浸出率趋于稳定（史国义，2020）。因此，本书选取最佳酸浸时间为 8min。

5.3.3.4 酸浸溶出前后样品的分析与表征

对最佳工艺条件下的酸浸渣进行扫描电镜分析观察，并将其与水浸渣对比，结果如图 5-35 所示。

(a)   (b)

图 5-35　水浸渣（a）与酸浸渣（b）扫描电镜图像对比

由图 5-35 可知，水浸渣经酸浸溶出后，其形貌发生十分明显的变化。水浸渣具有结块特点，但酸浸渣已经成为完全分散状态颗粒，且粒度急剧变小，形态上主要呈长柱状及部分粒状，粒度大小均未超过 30μm。

将酸浸渣进一步放大，并选取粒状（图 5-36、图 5-37）和长柱状（图 5-38）

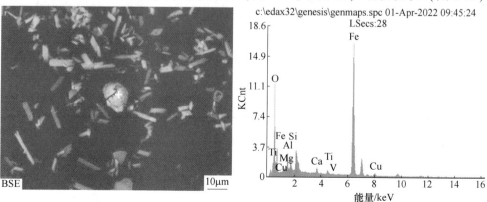

图 5-36　第一处粒状酸浸渣扫描电镜图像及能谱分析结果

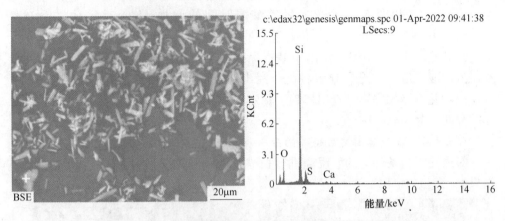

图 5-37　第二处粒状酸浸渣扫描电镜图像及能谱分析结果

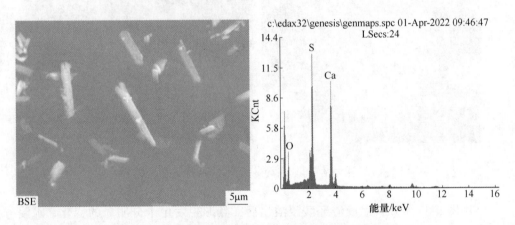

图 5-38　长柱状酸浸渣扫描电镜图像及能谱分析结果

的酸浸渣进行能谱分析，结果如表 5-16~表 5-18 所示。按照第 2 章中的谱图计算方法，确定粒状酸浸渣主要成分为氧化铁和二氧化硅，长柱状酸浸渣主要为硫酸钙。

表 5-16　第一处粒状酸浸渣原子百分比分析结果

元素	O	Mg	Al	Si	Ca	Ti	Fe	Cu	合计
原子百分比/%	66.34	1.19	3.80	2.29	0.62	0.48	24.47	0.81	100

表 5-17　第二处粒状酸浸渣原子百分比分析结果

元素	O	Si	S	Ca	合计
原子百分比/%	65.62	32.40	1.39	0.60	100.01

表 5-18　长柱状酸浸渣原子百分比分析结果

元素	O	S	Ca	合计
原子百分比/%	72.85	13.89	13.26	100

将酸浸渣进行 XRD 分析，分析结果如图 5-39 所示，由图可知，酸浸渣物相主要包括 $CaSO_4 \cdot 0.5H_2O$ 和 Fe_2O_3，其中 $CaSO_4 \cdot 0.5H_2O$ 占比 98.14%，Fe_2O_3 占比 1.86%。表明水浸渣经酸浸溶出后已被充分解离。

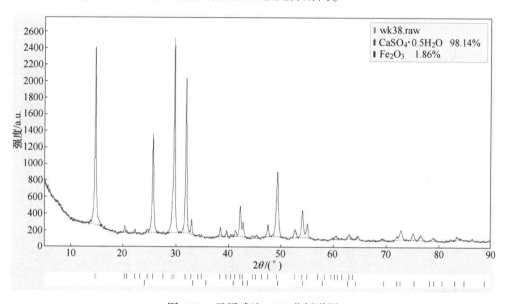

图 5-39　酸浸残渣 XRD 分析谱图

将酸浸渣进行 XRF 分析，结果如表 5-19 所示。由表可知，酸浸渣主要包含 CaO、SO_3、SiO_2 以及少量的 Na_2O、Al_2O_3 和 Fe_2O_3 等组分，前三者累计占比 94.41%，而 Na_2O、Al_2O_3、Fe_2O_3 分别占比 1.87%、1.4% 和 1.12%。

彩色原图

表 5-19　酸浸残渣化学组成　　　　　　　　　　　（wt%）

成分	SiO_2	Al_2O_3	Fe_2O_3	CaO	MgO	K_2O	Na_2O	P_2O_5	TiO_2	MnO	SO_3
含量	6.29	1.40	1.12	37.03	0.12	0.03	1.87	0.01	0.17	0.21	51.09

5.3.4　分离提取试验

5.3.4.1　脱硅及硅产品制备

A　脱硅试验

将磁铁尾矿在最佳活化、水浸、酸浸参数条件下，制备一批酸浸液，用于开展脱硅试验。酸浸液中的 SiO_2、Al_2O_3、Fe_2O_3 浓度分别为 19.1g/L、13.74g/L、15.54g/L。以该酸浸液为原料，开展脱硅试验，确定脱硅温度和脱硅时间对 SiO_2 析出率的影响。

（1）脱硅温度。将酸浸液置于恒温水浴中，在温度分别为 40℃、50℃、60℃、70℃、80℃条件下，保温 15min，过滤分离，得到硅胶和滤液。测定滤液中 SiO_2 的浓度，并计算不同脱硅温度下的 SiO_2 析出率，所得结果如表 5-20 和图 5-40 所示。

表 5-20 脱硅温度对 SiO_2 析出率的影响

脱硅温度/℃	40	50	60	70	80
SiO_2 析出率/%	83.25	85.99	88.94	93.14	94.76

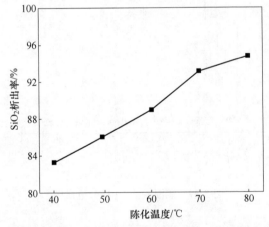

图 5-40 脱硅温度对 SiO_2 析出率的影响

由表 5-20 和图 5-40 可以看出，随着脱硅温度的升高，SiO_2 析出率逐渐上升。在脱硅温度达到 70℃ 之后，SiO_2 析出率上升的幅度逐渐变缓慢。根据以上试验结果，确定最优脱硅温度为 70℃。

（2）脱硅时间。将酸浸液置于温度为 70℃恒温水浴中，分别保温脱硅 5min、10min、15min、20min、25min，抽滤分离，得到硅胶和滤液。测定滤液中 SiO_2 的浓度，并计算不同脱硅温度下的 SiO_2 析出率，所得结果如表 5-21 和图 5-41 所示。

表 5-21 脱硅时间对 SiO_2 析出率的影响

脱硅时间/min	5	10	15	20	25
SiO_2 析出率/%	78.26	84.24	91.24	94.01	95.62

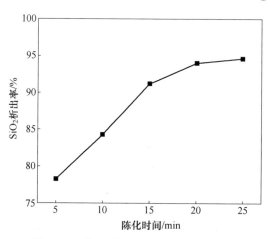

图 5-41 脱硅时间对 SiO₂ 析出率的影响

由表 5-21 和图 5-41 可以看出，随着脱硅时间的延长，SiO₂ 析出率逐渐增大，但当脱硅时间延长至 20min 后，SiO₂ 析出率趋于饱和。因此，最优脱硅时间选取为 20min。

B　硅产品制备

取一定体积的酸浸混合溶液置于 95℃ 的水浴中，保温 60min，过滤洗涤后即可得到含水硅胶（图 5-42）和滤液，将洗涤后的硅胶烘干磨细（图 5-43），进行 XRF 分析，结果如表 5-22 所示。由表 5-22 可知，干硅胶的主要物质组成为 SiO₂，占比 98.34%。经喷雾干燥后，可制备为白炭黑，经产品检测，其指标优于沉淀白炭黑一等品的指标要求《橡胶配合剂　沉淀水合二氧化硅》（HG/T 3061—2020）（附件）。

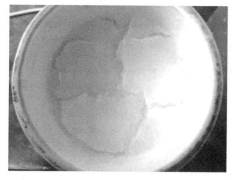

图 5-42 含水硅胶

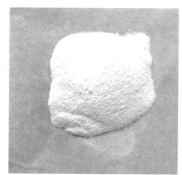

图 5-43 烘干后硅胶

彩色原图

表 5-22　硅胶主要化学组成　　　　（wt%）

成分	SiO₂	Al₂O₃	Fe₂O₃	CaO	MgO	TiO₂	SO₃
含量	98.34	0.11	0.12	0.15	0.08	0.75	0.10

5.3.4.2　硫酸钙

通过试验可知，尾矿经过活化、水浸溶出、酸浸溶出后可依次得到熟料（图5-44）、水浸渣（图5-45）、酸浸渣（图5-46），酸浸渣洗涤后得到硫酸钙。由表5-19可知，酸浸渣中氧化钙占比37.03%，可计算出酸浸残渣中硫酸钙占比89.93%，达到石膏一等品标准。

图5-44　熟料

图5-45　水浸渣

图5-46　酸浸渣

5.3.4.3　其他组分

将混合沉淀物加入酸浸液中溶解，得到混合溶液，将混合溶液脱硅过滤后得到硅胶和脱硅滤液。向脱硅滤液中缓慢加入碱性溶液调节pH值至3和6，可依次得到氢氧化铁沉淀、氢氧化铝沉淀和滤液，该滤液中主要含有硫酸镁等组分。将滤液进一步浓缩结晶、分离后可得到硫酸镁晶体和多金属溶液。

彩色原图

5.3.5　原料回收

取一定体积的水浸原液，向其中缓慢通入二氧化碳，直至溶液浑浊，随后停止通入二氧化碳，静置一段时间后溶液逐渐分层，并出现白色沉淀（图5-47），将其过滤烘干后得到混合沉淀物（图5-48）。

图5-47　碳分后的水浸原液

图5-48　混合沉淀物

彩色原图

对烘干的混合沉淀物进行化学分析，其成分如表5-23所示，由表可知，混合沉淀物中主要为氧化铝和二氧化硅，二者占比 35.43%。对滤液进行分析，其成分如表 5-24 所示，由表可知，滤液中含有大量的碱，可返回活化阶段参与配料。

表 5-23 混合沉淀物主要化学组成

成分	Al_2O_3	SiO_2	Fe_2O_3	TiO_2	LOI
含量/%	11.80	23.63	0.28	0	63.65

表 5-24 滤液化学成分指标

成分	Na_2O	SiO_2	Al_2O_3
含量/g·L^{-1}	42.41	5.06	0.49

5.3.6 工艺流程说明

洋县钒钛磁铁尾矿综合利用工艺流程包括活化、水浸溶出、酸浸溶出、分离提取和原料回收五大关键工艺环节，其基本过程及工艺参数如图 5-49 所示。

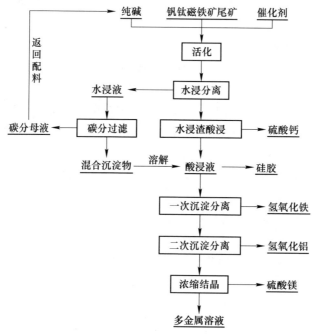

图 5-49 工艺流程图

（1）活化阶段。将干燥后研磨至 200 目以下的钒钛磁铁尾矿样品，按照矿碱比 1:1.1~1:1.4 加入 Na_2CO_3，并加入银尾矿质量 4‰的催化剂混匀，制成生料。将生料在马弗炉中 700~900℃ 条件下活化 5~45min，获得熟料。设置气体回收装置，将活化过程中释放的气体加以回收利用，其中 SO_3 用于制硫酸，在酸浸阶段使用；CO_2 用于水浸循环液的碳分。

（2）水浸溶出。将活化阶段制得的熟料，按照 1∶6~1∶14 固液比，在 25~85℃ 的温度条件下，以水为浸取剂，浸取 5~25min 后过滤，得到水浸溶液和水浸渣。其中，水浸渣用于下一步酸浸；水浸液则继续循环浸出。在水浸阶段，尾矿中 SiO_2、Al_2O_3 通过水浸溶出后，可分别溶出其中的 28.23%、16.78%。

（3）酸浸溶出。将水浸溶出阶段得到的水浸渣，与浓度为 2~6mol/L 的硫酸，按照固液比 1∶5~1∶10，在一定温度条件下反应 4~8min 之后，进行固液分离，得到酸浸渣和酸浸溶液。其中，酸浸渣配入活化原料中，可继续予以活化处置，酸浸液则用于后续的分离硅胶等产品，并制备净水剂等。在此阶段，SiO_2、Al_2O_3、Fe_2O_3 的酸浸浸出率均可达 95% 以上。结合水浸溶出阶段和酸浸溶出阶段，SiO_2、Al_2O_3、Fe_2O_3 获得总浸出率均高于 95%。

（4）分离提取。

1）脱硅并制备硅产品。将酸浸溶液置于一定温度的水浴中，脱硅，分离得到硅胶。硅胶脱水后，其 SiO_2 含量为 98.34%；硅胶经喷雾干燥后，制备的白炭黑，其指标优于沉淀白炭黑一等品《橡胶配合剂　沉淀水合二氧化硅》（HG/T 3061—2020）的纯度指标要求。

2）硫酸钙。通过试验可知，尾矿经过活化、水浸溶出、酸浸溶出后可依次得到熟料、水浸渣、酸浸渣，酸浸渣洗涤后得到硫酸钙。

3）其他产品。将混合沉淀物加入酸浸液中溶解，得到混合溶液，脱硅后得到滤液，调节 pH 值，可依次得到氢氧化铁沉淀、氢氧化铝沉淀和滤液。滤液浓缩结晶后可得到硫酸镁晶体和多金属溶液。

（5）碱回收循环利用。碳分母液经蒸发结晶，回收其中的碳酸钠，用于配置生料继续循环利用。

通过上述工艺流程，可实现洋县钒钛磁铁尾矿主要物质组分 SiO_2、Al_2O_3、Fe_2O_3 的分离提取，产出产品主要有硫酸钙、氢氧化铝、硅胶、氢氧化铁、硫酸镁。与此同时，还获得了用于进一步分离提取稀有、稀散、稀贵金属的微量元素高度富集溶液。全过程无二次废弃物排放，真正实现了尾矿的全量资源化利用。

5.4　工艺试验物料平衡计算

5.4.1　试验结果分析

表 5-25、表 5-26 为 1t 洋县钒钛磁铁尾矿经活化、溶出之后，物质组分和微量元素在浸取液、浸取残渣中的质量和浸出率。

表 5-25　1t 洋县钒钛磁铁尾矿各介质系统中物质组分质量分配表

成份	尾矿/kg	熟料浸取液/kg	浸取残渣/kg	浸出率/%	成份	尾矿/kg	熟料浸取液/kg	浸取残渣/kg	浸出率/%
SiO_2	398.00	393.11	4.89	98.77	Na_2O	22.10	21.56	0.54	97.57
Al_2O_3	156.00	154.69	1.31	99.16	P_2O_5	3.65	3.62	0.03	99.14
Fe_2O_3	131.00	126.86	4.14	96.84	TiO_2	24.50	20.33	4.17	82.97
CaO	103.00	101.05	1.95	98.11	MnO_2	2.20	2.07	0.13	93.89
MgO	95.20	94.96	0.24	99.75	SO_3	1.02	1.00	0.02	98.05
K_2O	3.09	3.07	0.02	99.27	合计	939.76	922.32	17.44	98.14

由表 5-25 可知，1t 洋县钒钛磁铁尾矿经活化之后，对其熟料的主要元素进行溶出试验发现，除 TiO_2 为 82.97% 外，其余组分浸出率均大于 90%。整体而言，经过活化之后，洋县钒钛磁铁尾矿中 98.14% 的主量元素得到分离，转化为高附加值产品。剩余物质中，各元素的相对含量见表 5-26。

表 5-26　1t 洋县钒钛磁铁尾矿各介质系统中微量元素质量分配表

元素	尾矿/g	浸取液/g	浸取残渣/g	浸出率/%	元素	尾矿/g	浸取液/g	浸取残渣/g	浸出率/%
Ag	0.04	0.02	0.02	55.15	In	6.70	0.06	0.44	95.91
Au	0.014	0.002	0.012	17.09	Sn	0.16	0.68	0.01	66.54
Cu	55.45	54.23	1.21	97.82	Cs	49.48	0.55	0.70	98.90
Pb	1.44	1.25	0.19	86.92	La	15.63	1.46	0.28	78.71
Zn	73.73	70.25	3.48	95.27	Ce	0.24	3.37	0.02	78.26
Cr	575.10	495.88	79.22	86.22	Pr	0.058	0.65	0.002	88.37
Co	60.68	58.16	2.52	95.84	Nd	1.03	3.42	0.34	91.86
V	45.84	278.84	218.47	99.11	Sm	0.56	1.26	0.01	95.30
Bi	281.36	0.03	2.51	41.15	Eu	1.85	0.68	0.39	97.51
Mo	0.13	0.67	1.48	49.63	Gd	4.31	1.50	0.94	96.31
Sb	0.06	2.31	0.04	95.06	Tb	0.73	0.28	0.21	97.03
Rb	1.34	5.41	0.68	97.92	Dy	3.72	1.91	0.30	97.17
Sr	2.43	408.65	97.01		Ho	1.33	0.35	0.06	97.20
Ba	5.52	54.38	0.11	85.54	Er	0.70	1.07	0.02	97.36
Ta	421.26	0.02	12.61	30.15	Tm	1.56	0.16	0.06	97.34
Li	63.57	6.27	9.19	93.46	Yb	0.29	0.87	0.01	96.44
Be	0.68	0.15	1.38	94.52	Lu	1.96	0.13	0.06	96.18
Sc	0.07	48.78	0.05	98.59	Y	10.04	9.77	0.01	97.34
Ga	12.39	15.35	27.91	98.22	Th	0.32	0.04	0.03	11.65
Cd	0.48	0.22	0.65	92.24	合计	1645.40	1529.09	311.30	92.93

由表 5-26 可知，洋县钒钛磁铁尾矿中主量元素分离提取之后的剩余组分中，除了 Au、Ag、Bi、Mo、Ta、Sn、La、Ce、Th 的浸出率相对较低，其余微量元素浸出率均大于 80%，而且洋县钒钛磁铁尾矿中所含微量元素的 92.93% 实现高度溶出，具有很大的分离利用价值。

5.4.2 物料平衡计算

根据实验室小试结果及理论计算可知，1t 尾矿可产出 1.705t 熟料。

本书以处理 1t 尾矿为基准，计算 1.705t 熟料在活化、水浸溶出、酸浸溶出、产品制备等阶段的物料平衡。

5.4.2.1 活化阶段

由活化试验结果可知，200g 尾矿按照 1∶1.3∶4‰ 的比例与 260g 碳酸钠、0.8g 催化剂混合活化后可获得 341g 熟料，则活化阶段的烧失量为 $1-341/(200+260+0.8) \approx 26\%$。

这一阶段的烧失包括吸附水、结晶水、生成的水和二氧化碳以及混合料的烟尘损失，活化阶段的物料平衡计算结果如表 5-27 所示。

表 5-27 活化阶段物料平衡计算表

| 成分 | 质量/kg | | | |
| | 配料阶段 | | 活化阶段 | |
	尾矿	碳酸钠	熟料	活化过程损失
SiO_2	404.00		404.00	
Al_2O_3	154.00		154.00	
Fe_2O_3	109.00		109.00	
CaO	127.00		127.00	
MgO	90.90		90.90	
TiO_2	23.80		23.80	
Na_2O	21.50	760.38	781.88	
K_2O	2.15		2.15	
MnO	2.11		2.11	
其他	65.54	539.62	10.16	595.00
合计	1000.00	1300.00	1705.00	595.00
总计	2300.00		2300.00	

注：表中数字均保留两位小数，数据由试验结果及理论计算所得。

5.4.2.2 水浸溶出阶段

由水浸溶出试验结果可知，在水浸阶段，100g 熟料与 1000mL 水在溶出后，得到 66g 水浸渣和 918mL 水浸液，200mL 水浸液碳分过滤后可得到 1.975g 混合沉淀物。

由此可知，1705kg 熟料与 17050L 水在溶出后，可得到水浸渣 1705×66% = 1125.3kg，水浸液 17050×91.8% = 15651.9L。水浸液碳分后可得到 15651.9÷200 ×1.975≈154.56kg

水浸溶出阶段的物料平衡计算结果如表 5-28 所示。

表 5-28 水浸溶出阶段物料平衡计算表

| 成分 | 质量/kg | | | | | | |
| | 进料准备 | | 浸出过程 | | | 水浸液产物 | |
	熟料	水	水浸液	水浸渣	蒸发量	混合沉淀物	滤液
SiO_2	404.00		114.05	289.95		36.52	77.53
Al_2O_3	154.00		25.84	128.16		18.24	7.60
Fe_2O_3	109.00		0.59	108.41		0.43	0.16
CaO	127.00		1.93	125.07			1.93
MgO	90.90		4.10	86.80			4.10
TiO_2	23.80		0.32	23.48			0.32
Na_2O	781.88		650.29	131.59			650.29
K_2O	2.15		1.22	0.93			1.22
MnO	2.11		0.35	1.76			0.35
其他	10.16		1.01	9.15		0.99	0.02
H_2O		17050.00	15431.90	220.00	1398.10	98.38	15334.52
合计	1705.00	17050.00	16231.60	1125.30	1398.10	154.56	16077.04
总计	18755.00		18755.00			16231.60	

注：表中数字均保留两位小数，数据由试验结果及理论计算所得。

5.4.2.3 酸浸溶出阶段

由酸浸溶出试验结果可知，在酸浸溶出阶段，100g 水浸渣与 1000mL 3mol/L 硫酸溶液在溶出后，得到 950mL 酸浸液和 4.9g 酸浸渣。

由此可知，1125.3kg 水浸渣与 11252L 3mol/L 硫酸溶液在溶出后，可得到酸浸渣 1125.3×4.9%≈55.1397kg，酸浸液 11252L×95%≈10689.4L。

酸浸渣洗涤后可得到硫酸钙产品，混合沉淀物溶解于酸浸液中可得到混合溶液。

由于在产品转化过程中，各组分均会产生一定损失，以10%计算，则产品转化率为90%。结合表5-29中各组分质量，可估算出处理1t尾矿所得产品质量分别为：

硅胶：296.25kg×90%≈266.6kg；

氢氧化铝：145.30kg×90%÷102g/mol×78g/mol×2≈200.0kg；

氢氧化铁：107.86kg×90%÷160g/mol×107g/mol×2≈129.8kg；

硫酸镁：86.49kg÷40g/mol×120g/mol×90%≈233.5kg；

硫酸钙：20.42kg÷56g/mol×136g/mol≈49.59kg；

多金属结晶：（26.75+145.30×0.1+107.86×0.1+104.20+86.49+21.13+130.56+0.91+1.64）×90%≈287.24kg。

表 5-29　酸浸溶出阶段的物料平衡

进　料				出　料					
水浸渣		混合沉淀物		酸浸渣		硅胶		脱硅滤液	
成分	质量/kg	成分	质量/kg	成分	质量/kg	成分	质量/kg	成分	质量/kg
SiO_2	289.95	SiO_2	36.52	SiO_2	3.47	SiO_2	296.25	SiO_2	26.75
Al_2O_3	128.16	Al_2O_3	18.24	Al_2O_3	0.77	Al_2O_3	0.33	Al_2O_3	145.30
Fe_2O_3	108.41	Fe_2O_3	0.43	Fe_2O_3	0.62	Fe_2O_3	0.36	Fe_2O_3	107.86
CaO	125.07	H_2O	98.38	CaO	20.42	CaO	0.45	CaO	104.20
MgO	86.80	其他	0.99	MgO	0.07	MgO	0.24	MgO	86.49
TiO_2	23.48	合计	154.56	TiO_2	0.09	TiO_2	2.26	TiO_2	21.13
Na_2O	131.59	3mol/L 的硫酸		Na_2O	1.03	其他	1.36	Na_2O	130.56
K_2O	0.93	成分	质量/kg	K_2O	0.02	H_2O	4956.91	K_2O	0.91
MnO	1.76	H_2SO_4	3308.09	MnO	0.12	合计	5477.25	MnO	1.64
其他	9.15	H_2O	9417.43	其他	28.17	蒸发量		其他	3851.35
H_2O	220.00	合计	12725.52	H_2O	0.36	H_2O	562.65	H_2O	3996.80
合计	1125.30			合计	55.14	合计	562.65	合计	8472.99
总计	14005.38			总计	55.14	总计	14005.38		

注：表中数字均保留两位小数，数据由试验结果及理论计算所得。

5.4.3　物耗与能耗分析

5.4.3.1　碱耗

由于矿碱比为1∶1.3。因此处理1t尾矿需配入1.3t碳酸钠。经活化、水浸溶出后，有83.17%的 Na_2O 进入水浸溶液，即有83.17%的碱进入水浸原液，该部分碱可回收利用；另有 16.83%的碱残留于水浸渣中，这部分碱在酸浸阶段生成盐而造成损耗，还有极少数的碱残留于酸浸渣中。

因此，处理 1t 尾矿最多消耗碳酸钠 1.3×16.83%≈0.219t。

5.4.3.2 催化剂及酸耗

（1）催化剂消耗量。催化剂的加入量为尾矿的 4‰，则处理 1t 尾矿需消耗催化剂 1×4‰=0.004t。

（2）酸耗。在酸浸溶出阶段，需配入大量硫酸来溶解水浸渣，其中一部分硫酸与水浸渣反应生成硫酸盐而造成损耗，剩余部分进入溶液，可循环利用。由第 4 章可知，水浸渣中各组分平均浸出率为 97.21%，而水浸渣各组分与硫酸发生如下反应：

$$CaSiO_3 + H_2SO_4 + H_2O === CaSO_4 \downarrow + H_4SiO_4$$
$$Al_2O_3 + 3H_2SO_4 === Al_2(SO_4)_3 + 3H_2O$$
$$Fe_2O_3 + 3H_2SO_4 === Fe_2(SO_4)_3 + 6H_2O$$
$$MgO + H_2SO_4 === MgSO_4 + H_2O$$
$$TiO_2 + 2H_2SO_4 === Ti(SO_4)_2 + 2H_2O$$
$$Na_2O + H_2SO_4 === H_2O + Na_2SO_4$$
$$K_2O + H_2SO_4 === H_2O + K_2SO_4$$
$$MnO + H_2SO_4 === H_2O + MnSO_4$$

以处理 1kg 水浸渣为例，计算硫酸消耗的量。1kg 水浸渣中含有 257.7g 二氧化硅、113.9g 氧化铝、111.1g 氧化钙、96.3g 氧化铁、77.1g 氧化镁、20.9g 二氧化钛、115.8g 氧化钠、1.6g 氧化锰和 0.8g 氧化钾，要使这些组分反应完全至少需要 16.811mol 硫酸，计算过程如下：

257.7/60+ 113.9/102×3 + 111.1/56 + 96.3/160×3 + 77.1/40 + 20.9/80×2 + 115.8/40+1.6/71 +0.8/94≈16.811mol

而浓硫酸浓度为 18.4mol/L，密度为 1.84g/cm³，故处理 1kg 水浸渣所需的浓硫酸质量为 16.811/18.4×1.84≈1.681kg。由物料平衡计算结果可知，1t 尾矿产出 1.1253t 水浸渣。因此，处理 1t 尾矿需消耗硫酸 1.681×1.1253≈1.892t。

5.4.3.3 水耗

在活化—水浸—酸浸过程中，水耗主要包括蒸发损耗、水浸渣吸附损耗和酸浸渣吸附损耗。

在水浸阶段，处理 100g 熟料时，需用水 1000mL，溶出后得到 918mL 水浸液，损失的部分可近似作为蒸发损耗与水浸渣吸附损耗，一共损耗 82g 水。同理，在酸浸阶段，处理 100g 水浸残渣配入 1L 溶液，溶出后得到 950mL 酸浸液，共损耗 50g 水。

由物料平衡计算结果可知，1t 尾矿对应 1.7050t 熟料和 1.1253t 水浸渣。因此，处理 1t 尾矿的水耗为 82/1000×1.705×10+50/1000×1.1253×10≈1.961t。

5.4.3.4　能耗

本次能耗计算主要针对活化和水浸溶出过程中的加热能耗，未计算磨矿、搅拌等工艺产生的机械能耗。

（1）活化阶段。尾矿中参与反应的主要化学成分为 SiO_2（40.4%）、Al_2O_3（15.4%）、Fe_2O_3（10.9%），则可以将尾矿的分子式简写为 $Si_{0.404}Al_{0.308}Fe_{0.218}O_{1.597}$，计算其相对分子质量 M 为：

$$M = 28 \times 0.404 + 27 \times 0.308 + 56 \times 0.218 + 16 \times 1.597$$
$$= 57.388 \text{g/mol}$$

已知 $C_{Al} = 23.76 \text{J/(mol·K)}$，$C_{Si} = 19.66 \text{J/(mol·K)}$，$C_{Fe} = 25.76 \text{J/(mol·K)}$，$C_O = 16.70 \text{J/(mol·K)}$，则可以计算出尾矿的比热容 C 为：

$$C = (23.76 \times 0.308 + 25.76 \times 0.218 + 19.66 \times 0.404 + 16.70 \times 1.597)/57.388$$
$$= 0.829 \text{J/(g·K)}$$

已知处理 1t 尾矿，活化阶段需配入 1.3t 碳酸钠，则生料总量为 2.3t。将生料由常温（25℃）加热至 900℃所需热量 $Q_{尾矿}$ 和 $Q_{碳酸钠}$ 分别为：

$$Q_{尾矿} = C_{尾矿} \times m_{尾矿} \times \Delta T = 0.829 \times 1 \times 10^6 \times (900 - 25) = 0.725 \text{GJ}$$

$$Q_{碳酸钠} = C_{碳酸钠} \times m_{碳酸钠} \times \Delta T = 1.042 \times 1 \times 10^6 \times (900 - 25) = 0.912 \text{GJ}$$

活化过程中，尾矿中的 Al_2O_3 与 Na_2CO_3 发生如下反应：

$$Al_2O_3 + Na_2CO_3 \xrightarrow{\hspace{1cm}} 2NaAlO_2 + CO_2(g)$$

当温度为 900℃时，该反应的反应热 ΔH 约为 47.59kJ/mol。尾矿中 Al_2O_3 的含量为 15.4%，则 1t 尾矿在活化阶段参与反应的 Al_2O_3 的摩尔数为：

$$n_{Al_2O_3} = 1 \times 10^6 \times 15.4\%/102 = 1.51 \times 10^3 \text{mol}$$

由此可以算出活化过程中 Al_2O_3 与碳酸钠反应所需的热量为：

$$Q_{Al_2O_3反应} = n_{Al_2O_3} \times \Delta H_{900℃} = 1.51 \times 10^3 \times 47.59 = 0.072 \text{GJ}$$

活化过程中，尾矿中的 Fe_2O_3 与碳酸钠发生如下反应：

$$Fe_2O_3 + Na_2CO_3 \xrightarrow{\hspace{1cm}} 2NaFeO_2 + CO_2(g)$$

当温度为 900℃时，该反应的反应热 ΔH 约为 68.847kJ/mol。尾矿中 Fe_2O_3 的含量为 10.9%，则 1t 尾矿在活化阶段参与反应的 Fe_2O_3 的摩尔数为：

$$n_{Fe_2O_3} = 1 \times 10^6 \times 10.9\%/160 = 681.25 \text{mol}$$

由此可以算出活化过程中 Fe_2O_3 与碳酸钠反应所需的热量为：

$$Q_{Fe_2O_3反应} = n_{Fe_2O_3} \times \Delta H_{900℃} = 681.25 \times 68.847 = 0.047 \text{GJ}$$

活化过程中，尾矿中的 SiO_2 与碳酸钠发生如下反应：

$$SiO_2 + Na_2CO_3 \xrightarrow{\hspace{1cm}} Na_2SiO_3 + CO_2(g)$$

当温度为 900℃时，该反应的反应热 ΔH 约为 33.504kJ/mol。尾矿中 SiO_2 的

含量为 40.4%，则 1t 尾矿在活化阶段参与反应的 SiO_2 的摩尔数为：

$$n_{Al_2O_3} = 1 \times 10^6 \times 40.4\%/60 = 6.73 \times 10^3 \, mol$$

由此可以算出活化过程中 SiO_2 与 Na_2CO_3 反应所需的热量为：

$$Q_{SiO_2反应} = n_{SiO_2} \times \Delta H_{900℃} = 6.73 \times 10^3 \times 33.504 = 0.225GJ$$

综上，活化能耗为：

$$\begin{aligned} Q_{活化} &= Q_{尾矿} + Q_{碳酸钠} + Q_{Al_2O_3反应} + Q_{Fe_2O_3反应} + Q_{SiO_2反应} \\ &= 0.725 + 0.912 + 0.072 + 0.047 + 0.225 \\ &= 1.981GJ \end{aligned}$$

（2）水浸溶出阶段。已知在水浸溶出阶段，处理 1t 尾矿时，共需用水 17.05t，其中，1.40t 水为水耗，需从常温加热至 65℃；其余的水则为循环用水，循环用水的温度在两个轮次之间约降低 20℃，即循环用水只需将溶液加热 20℃。已知水的比热容为 4.2 J/（g·K），则溶出阶段的加热能耗为：

$$\begin{aligned} Q_{溶出} &= C_水 \times m_水 \times \Delta T = 4.2 \times 1.40 \times (65 - 20) + 4.2 \times (17.05 - 1.40) \times 20 \\ &= 1.341GJ \end{aligned}$$

（3）总能耗。利用本工艺处理 1t 尾矿所需加热总能耗为：

$$Q_{总} = Q_{活化} + Q_{水浸溶出} = 1.981 + 1.341 = 3.322GJ$$

已知 1kg 标煤产生 0.29307×10^5 kJ（7000kcal），将总能耗折合成标煤，为 0.1134t。

6 典型金属尾矿综合利用试验结果简析

参照第 5 章洋县钒钛磁铁尾矿综合利用工艺流程试验，对秦岭陕西段其他九处金属尾矿开展全量资源化利用技术适应性试验。在试验过程中的相应工艺流程环节，对各金属尾矿浸取液样品和浸取渣样品的物质组分和微量元素含量进行分析测试。并以 1t 金属尾矿为基本单位，计算各金属尾矿中物质组分和微量元素在尾矿中的质量，以及经活化后在浸取液、浸取残渣中的质量和浸出率。对各金属尾矿全量资源化利用的基本工艺条件和活化-溶出试验结果总结如下。

6.1 金堆城钼尾矿

6.1.1 基本工艺条件

活化条件：温度 825℃，时间 30min，碱矿比 1.3；
水浸溶出：温度 70℃，浸取时间 10min，液固比 10mL/g；
酸浸溶出：温度 25℃，浸取时间 6min，液固比 10mL/g，酸浓度 6mol/L。

6.1.2 工艺试验结果

表 6-1、表 6-2 为 1t 金堆城钼尾矿经活化、溶出之后，物质组分和微量元素在浸取液、浸取残渣中的质量和浸出率。

表 6-1　1t 金堆城钼尾矿各介质系统中物质组分质量分配表

元素	尾矿/kg	熟料浸取液/kg	浸取残渣/kg	浸出率/%	元素	尾矿/kg	熟料浸取液/kg	浸取残渣/kg	浸出率/%
SiO_2	686.81	668.00	18.81	97.26	Na_2O	4.89	4.60	0.29	94.03
Al_2O_3	110.41	108.41	2.00	98.18	P_2O_5	4.58	4.55	0.03	99.29
Fe_2O_3	44.81	43.61	1.20	97.32	TiO_2	8.96	7.81	1.14	87.23
CaO	33.64	33.19	0.45	98.66	MnO	1.73	1.63	0.10	93.99
MgO	27.55	27.53	0.03	99.91	SO_3	12.01	11.96	0.05	99.55
K_2O	42.74	42.69	0.05	99.89	合计	978.14	953.97	24.17	97.53

由表 6-1 可知，金堆城钼尾矿经活化之后，对其熟料的主要元素进行溶出试验发现，除 TiO_2 浸出率为 87.23% 之外，其余组分浸出率均大于 90%。整体而言，经过活化之后，金堆城钼尾矿中 97.53% 的主量元素得到分离，转化为高附加值产品。剩余物质中，各元素的相对含量见表 6-2。

表 6-2 1t 金堆城钼尾矿各介质系统中微量元素质量分配表

元素	尾矿/g	浸取液/g	浸取残渣/g	浸出率/%	元素	尾矿/g	浸取液/g	浸取残渣/g	浸出率/%
Ag	0.67	0.60	0.06	90.81	Cd	0.96	0.94	0.02	97.64
Au	0.04	0.03	0.01	77.92	In	0.47	0.46	0.00	98.98
Cu	104.72	102.81	1.91	98.18	Sn	14.64	14.07	0.57	96.11
Pb	18.25	17.90	0.36	98.05	Cs	11.15	11.14	0.02	99.85
Zn	230.67	230.09	0.58	99.75	La	28.21	22.37	5.84	79.30
Co	8.50	6.94	1.56	81.68	Ce	57.13	40.52	16.62	70.91
V	91.45	90.31	1.14	98.76	Pr	7.17	6.04	1.13	84.23
W	84.83	83.37	1.46	98.28	Nd	28.20	24.48	3.73	86.78
Bi	3.20	2.89	0.31	90.35	Sm	5.62	5.09	0.53	90.58
Mo	175.57	174.98	0.60	99.66	Eu	1.44	1.35	0.09	93.65
Sb	2.09	1.99	0.11	94.87	Gd	5.08	4.66	0.42	91.75
Rb	341.14	340.65	0.49	99.86	Tb	0.79	0.75	0.04	94.38
Sr	77.72	63.65	14.07	81.90	Dy	4.71	4.51	0.21	95.57
Ba	789.61	746.39	43.21	94.53	Ho	0.92	0.89	0.03	96.22
Nb	20.04	13.42	6.62	66.98	Er	2.73	2.64	0.09	96.65
Ta	0.67	0.38	0.29	56.82	Tm	0.38	0.37	0.01	97.00
Zr	121.04	92.00	29.04	76.01	Yb	2.71	2.64	0.08	97.21
Hf	3.06	2.33	0.74	76.00	Lu	0.39	0.38	0.01	97.19
Li	50.07	49.26	0.81	98.38	Y	27.91	27.12	0.80	97.15
Be	8.79	8.71	0.08	99.13	U	2.91	2.68	0.23	92.19
Sc	14.72	14.59	0.13	99.14	Th	3.30	1.68	1.62	50.84
Ga	16.94	16.51	0.43	97.47	合计	2370.62	2234.56	136.06	94.26

由表6-2可知，金堆城钼尾矿经主量元素分离提取之后的剩余组分中，除了 Au、Nb、Ta、Zr、Hf、La、Ce、Th 元素的浸出率较低，其余微量元素浸出率均大于80%，而且金堆城钼尾矿中所含微量元素的94.26%实现高度溶出。

6.2 白河铅锌尾矿

6.2.1 基本工艺参数

活化条件：温度780℃，时间30min，碱矿比1.3；
水浸溶出：温度70℃，浸取时间10min，液固比10mL/g；
酸浸溶出：温度25℃，浸取时间6min，液固比10mL/g，酸浓度6mol/L。

6.2.2 工艺试验结果

表6-3、表6-4为1t白河铅锌尾矿经活化、溶出之后，物质组分和微量元素在浸取液、浸取残渣中的质量和浸出率。

表6-3   1t白河铅锌尾矿各介质系统中物质组分质量分配表

元素	尾矿/kg	熟料浸取液/kg	浸取残渣/kg	浸出率/%	元素	尾矿/kg	熟料浸取液/kg	浸取残渣/kg	浸出率/%
SiO_2	576.00	525.82	50.18	91.29	Na_2O	11.80	10.06	1.74	85.22
Al_2O_3	211.00	205.25	5.75	97.27	P_2O_5	1.25	1.22	0.03	97.33
Fe_2O_3	39.50	37.93	1.57	96.04	TiO_2	5.85	5.30	0.55	90.53
CaO	13.40	13.13	0.27	98.01	MnO_2	2.59	2.47	0.12	95.20
MgO	15.90	15.63	0.27	98.33	SO_3	3.06	2.89	0.17	94.57
K_2O	51.70	51.00	0.70	98.64	合计	932.05	870.70	61.35	93.42

由表6-3可知，1t白河铅锌尾矿经活化之后，对其熟料的主要元素进行溶出试验发现，除 Na_2O 浸出率为85.22%之外，其余组分浸出率均大于90%。整体而言，经过活化之后，白河铅锌尾矿中93.42%的主量元素得到分离，转化为高附加值产品。剩余物质中，各元素的相对含量见表6-4。

表 6-4 1t 白河铅锌尾矿各介质系统中微量元素质量分配表

元素	尾矿/g	浸取液/g	浸取残渣/g	浸出率/%	元素	尾矿/g	浸取液/g	浸取残渣/g	浸出率/%
Ag	0.24	0.20	0.04	84.08	Cd	3.03	2.95	0.08	97.49
Au	0.03	0.02	0.01	57.26	In	0.14	0.13	0.00	97.39
Cu	16.50	15.87	0.63	96.17	Sn	6.17	5.85	0.32	94.84
Pb	122.88	120.94	1.94	98.42	Cs	7.07	6.87	0.20	97.13
Zn	828.74	760.41	68.34	91.75	La	35.03	33.58	1.45	95.86
Cr	251.47	195.48	55.99	77.74	Ce	65.59	55.85	9.75	85.14
Co	8.81	8.46	0.35	96.05	Pr	7.77	7.41	0.36	95.34
Ni	21.51	12.71	8.80	59.08	Nd	27.87	26.53	1.34	95.19
V	93.52	91.09	2.43	97.40	Sm	5.22	4.96	0.25	95.17
Bi	0.13	0.10	0.03	74.28	Eu	1.37	1.31	0.06	95.66
Mo	2.06	1.62	0.44	78.56	Gd	4.29	4.05	0.24	94.49
Sb	1.82	1.62	0.20	88.82	Tb	0.63	0.60	0.03	95.28
Rb	142.94	139.55	3.39	97.63	Dy	3.83	3.64	0.19	95.14
Sr	76.56	70.96	5.60	92.68	Ho	0.75	0.72	0.04	94.87
Ba	512.51	460.06	52.44	89.77	Er	2.05	1.93	0.12	94.16
Nb	14.52	12.09	2.43	83.27	Tm	0.31	0.29	0.02	93.82
Ta	1.15	1.01	0.14	87.59	Yb	2.23	2.09	0.14	93.77
Zr	160.09	100.61	59.48	62.85	Lu	0.29	0.27	0.02	92.31
Hf	4.05	2.55	1.50	62.96	Y	20.18	19.12	1.06	94.73
Li	17.98	17.00	0.99	94.52	U	2.28	2.04	0.24	89.51
Be	2.42	2.38	0.04	98.41	Th	11.78	10.09	1.69	85.66
Sc	7.22	6.87	0.35	95.11	合计	2518.68	2234.67	284.01	88.72
Ga	23.65	22.80	0.85	96.39					

由表 6-4 可知，白河铅锌尾矿经主量元素分离提取之后的剩余组分中，除了 Au、Cr、Ni、Bi、Mo、Zr、Hf 浸出率较低之外，其余微量元素浸出率均大于 80%，而且白河铅锌尾矿中所含微量元素的 88.72% 实现高度溶出，具有很大的分离利用价值。

6.3 旬阳铅锌尾矿

6.3.1 基本工艺参数

活化条件：温度 780℃，时间 30min，碱矿比 1.3；
水浸溶出：温度 70℃，浸取时间 10min，液固比 10mL/g；
酸浸溶出：温度 25℃，浸取时间 6min，液固比 10mL/g，酸浓度 6mol/L。

6.3.2 工艺试验结果

表 6-5、表 6-6 为 1t 旬阳铅锌尾矿经活化、溶出之后，物质组分和微量元素

在浸取液、浸取残渣中的质量和浸出率。

表 6-5　1t 旬阳铅锌尾矿各介质系统中物质组分质量分配表

元素	尾矿/kg	熟料浸取液/kg	浸取残渣/kg	浸出率/%	元素	尾矿/kg	熟料浸取液/kg	浸取残渣/kg	浸出率/%
SiO_2	666.00	595.48	70.52	89.41	Na_2O	8.78	5.66	3.12	64.49
Al_2O_3	131.00	129.01	1.99	98.48	P_2O_5	1.31	1.28	0.03	97.83
Fe_2O_3	30.40	28.77	1.63	94.63	TiO_2	5.68	4.78	0.90	84.17
CaO	16.70	16.37	0.33	98.00	MnO_2	1.02	0.97	0.05	95.44
MgO	15.70	15.51	0.19	98.80	SO_3	5.92	3.33	2.59	56.20
K_2O	30.10	29.62	0.48	98.42	合计	912.61	830.78	81.83	91.03

由表 6-5 可知，1t 旬阳铅锌尾矿经活化之后，对其熟料的主要元素进行溶出试验发现，除 Na_2O、SO_3 溶出率分别为 64.49%、56.2% 之外，其余物质组分浸出率均大于或接近于 90%。整体而言，经过活化之后，旬阳铅锌尾矿中 91.03% 的主量元素得到分离，转化为高附加值产品。剩余物质中，各元素的相对含量见表 6-6。

表 6-6　1t 旬阳铅锌尾矿各介质系统中微量元素质量分配表

元素	尾矿/g	浸取液/g	浸取残渣/g	浸出率/%	元素	尾矿/g	浸取液/g	浸取残渣/g	浸出率/%
Ag	0.45	0.38	0.06	86.39	In	0.235	0.231	0.004	98.24
Au	0.07	0.06	0.01	86.99	Sn	2.77	2.42	0.35	87.32
Cu	81.49	78.56	2.93	96.41	Cs	5.75	5.53	0.23	96.02
Pb	326.00	302.09	23.90	92.67	La	34.70	32.59	2.11	93.91
Zn	947.16	937.78	9.38	99.01	Ce	66.20	53.31	12.89	80.53
Co	23.25	21.39	1.85	92.02	Pr	8.02	7.54	0.48	93.97
V	91.16	88.35	2.80	96.92	Nd	29.87	28.13	1.74	94.18
Bi	0.18	0.16	0.02	90.29	Sm	5.96	5.61	0.35	94.07
Mo	1.28	0.69	0.59	53.56	Eu	1.38	1.09	0.29	78.85
Sb	2.39	1.68	0.71	70.16	Gd	4.78	4.38	0.40	91.71
Rb	107.01	103.80	3.20	97.01	Tb	0.66	0.61	0.05	92.98
Sr	102.44	88.19	14.25	86.09	Dy	3.86	3.55	0.30	92.13
Nb	10.46	7.28	3.17	69.65	Ho	0.76	0.70	0.06	91.78
Ta	0.77	0.63	0.14	81.98	Er	2.03	1.86	0.17	91.54
Zr	121.51	59.69	61.82	49.12	Tm	0.29	0.27	0.02	91.53
Hf	3.12	1.62	1.50	51.86	Yb	1.87	1.70	0.17	91.11
Li	19.26	18.63	0.63	96.71	Lu	0.29	0.26	0.02	91.55
Be	1.81	1.77	0.04	97.90	Y	20.78	18.98	1.79	91.38
Sc	7.51	7.18	0.33	95.57	U	2.70	2.48	0.22	91.94
Ga	16.45	16.02	0.43	97.38	Th	10.31	8.13	2.19	78.78
Cd	4.00	3.91	0.09	97.67	合计	2070.98	1919.24	151.73	92.67

由表6-6可知，旬阳铅锌尾矿经主量元素分离提取之后的剩余组分中，除了Mo、Sb、Nb、Zr、Hf、Eu、Th的浸出率较低之外，其余微量元素浸出率均大于80%，而且旬阳铅锌尾矿中所含微量元素的92.67%实现高度溶出，具有很大的分离利用价值。

6.4 柞水银尾矿

6.4.1 基本工艺参数

活化条件：温度750℃，时间30min，碱矿比1.3；
水浸溶出：温度70℃，浸取时间10min，液固比10mL/g；
酸浸溶出：温度26℃，浸取时间6min，液固比10mL/g，酸浓度6mol/L。

6.4.2 工艺试验结果

表6-7、表6-8为1t柞水银尾矿经活化、溶出之后，物质组分和微量元素在浸取液、浸取残渣中的质量和浸出率。

表 6-7 1t 柞水银尾矿各介质系统中物质组分质量分配表

元素	尾矿/kg	熟料浸取液/kg	浸取残渣/kg	浸出率/%	元素	尾矿/kg	熟料浸取液/kg	浸取残渣/kg	浸出率/%
SiO_2	460.00	449.07	10.93	97.62	Na_2O	5.42	4.87	0.55	89.78
Al_2O_3	168.00	166.15	1.85	98.90	P_2O_5	1.73	1.72	0.01	99.21
Fe_2O_3	115.00	110.09	4.91	95.73	TiO_2	5.11	4.67	0.44	91.37
CaO	42.70	42.51	0.19	99.56	MnO_2	3.72	3.36	0.36	90.26
MgO	11.30	11.13	0.17	98.51	SO_3	19.40	17.04	2.36	87.84
K_2O	34.50	34.33	0.17	99.50	合计	866.88	844.93	21.95	97.47

由表6-7可知，尾矿中所含物质主量元素除Na_2O浸出率为89.78%、SO_3浸出率为87.84%之外，其余组分浸出率均大于90%，整体而言，经过活化之后，尾矿中97.47%的主量元素得到溶出分离，并转化为高附加值产品，包括水玻璃、硅微粉、净水剂，以及微量元素富集液。

表 6-8　1t 柞水银尾矿各介质系统中微量元素质量分配表

元素	尾矿/g	浸取液/g	浸取残渣/g	浸出率/%	元素	尾矿/g	浸取液/g	浸取残渣/g	浸出率/%
Ag	18.08	17.49	0.59	96.72	Cd	0.26	0.23	0.04	85.59
Au	0.04	0.03	0.01	84.04	In	0.11	0.10	0.00	97.60
Cu	934.06	917.31	16.75	98.21	Sn	3.42	3.04	0.38	88.77
Pb	820.00	804.25	15.75	98.08	Cs	22.59	22.41	0.17	99.25
Zn	62.17	60.22	1.95	96.86	La	38.99	37.82	1.17	97.01
Co	136.46	131.78	4.68	96.57	Ce	70.05	59.09	10.96	84.35
V	104.87	102.29	2.58	97.54	Pr	8.64	8.30	0.33	96.12
W	2.45	0.46	1.99	18.83	Nd	31.72	30.45	1.27	95.99
Bi	4.55	4.49	0.06	98.62	Sm	6.65	6.38	0.27	95.87
Mo	1.20	0.64	0.56	53.40	Eu	3.81	3.66	0.15	96.10
Sb	45.73	40.50	5.23	88.57	Gd	8.14	7.88	0.26	96.85
Rb	167.63	166.39	1.24	99.26	Tb	0.78	0.75	0.03	96.32
Sr	539.23	529.99	9.25	98.29	Dy	4.53	4.36	0.17	96.25
Ba	8979.33	8592.43	386.90	95.69	Ho	0.83	0.80	0.03	96.04
Nb	10.44	9.37	1.06	89.81	Er	2.20	2.10	0.10	95.55
Ta	0.90	0.84	0.06	93.04	Tm	0.34	0.32	0.01	95.71
Zr	108.59	61.66	46.93	56.78	Yb	2.20	2.10	0.10	95.44
Hf	2.81	1.72	1.10	61.08	Lu	0.30	0.28	0.01	94.96
Li	27.73	26.26	1.46	94.72	Y	23.64	22.73	0.91	96.14
Be	2.09	2.08	0.01	99.37	U	2.18	2.04	0.14	93.63
Sc	13.05	12.81	0.24	98.18	Th	11.49	10.40	1.09	90.52
Ga	15.99	15.62	0.37	97.70	合计	12240.26	11723.88	516.38	95.78

　　依据表 6-8 所列出的实验和分析测试结果可知，柞水银尾矿经活化之后，其中仅有 W（钨）、Mo（钼）、Zr（锆）、Hf（铪）浸出率较低，分别是 18.83%、53.40%、56.78%、61.08%，其余微量元素浸出率绝大部分大于 90%，少部分接近 90%，个别大于 85% 或接近 85%。整体而言，柞水银尾矿中，上述微量元素所含质量的 95.78% 微量元素实现高度溶出与富集。

6.5　柞水铁尾矿

6.5.1　基本工艺参数

　　活化条件：温度 760℃，时间 30min，碱矿比 1.3；
　　水浸溶出：温度 70℃，浸取时间 15min，液固比 10mL/g；
　　酸浸溶出：温度 25℃，浸取时间 6min，液固比 15mL/g，酸浓度 6mol/L。

6.5.2 工艺试验结果

表 6-9、表 6-10 为 1t 柞水铁尾矿经活化、溶出之后，物质组分和微量元素在浸取液、浸取残渣中的质量和浸出率。

表 6-9　1t 柞水铁尾矿各介质系统中物质组分质量分配表

元素	尾矿/kg	熟料浸取液/kg	浸取残渣/kg	浸出率/%	元素	尾矿/kg	熟料浸取液/kg	浸取残渣/kg	浸出率/%
SiO_2	419.00	399.83	19.17	95.42	P_2O_5	1.35	1.19	0.16	88.24
Al_2O_3	156.00	152.13	3.87	97.52	TiO_2	4.09	3.16	0.93	77.18
Fe_2O_3	119.00	50.48	68.52	42.42	MnO_2	4.02	1.79	2.23	44.59
CaO	13.00	12.84	0.16	98.74	SO_3	54.60	47.28	7.32	86.59
MgO	9.08	8.74	0.34	96.31	合计	821.35	715.13	106.22	87.07
K_2O	38.40	38.12	0.28	99.28					

由表 6-9 可知，1t 柞水铁尾矿经活化后，对其熟料的主要元素进行溶出试验发现，Fe_2O_3、TiO_2、MnO_2 浸出率较低，分别为 42.42%、77.18%、44.59%，其余组分浸出率均大于 90%，或接近于 90%。整体而言，经过活化之后，柞水铁尾矿中 87.07% 的主量元素得到分离，转化为高附加值产品。剩余物质中，各元素的相对含量见表 6-10。

表 6-10　1t 柞水铁尾矿各介质系统中微量元素质量分配表

元素	尾矿/g	浸取液/g	浸取残渣/g	浸出率/%	元素	尾矿/g	浸取液/g	浸取残渣/g	浸出率/%
Ag	16.24	15.67	0.57	96.49	In	0.13	0.11	0.02	83.04
Au	0.06	0.04	0.02	73.73	Cs	19.10	18.76	0.35	98.19
Cu	919.42	764.09	155.33	83.11	La	36.08	34.47	1.61	95.54
Pb	9.74	8.13	1.61	83.49	Ce	66.88	51.32	15.56	76.73
Zn	27.03	20.22	6.81	74.79	Pr	8.08	7.62	0.46	94.29
V	74.81	34.45	40.36	46.05	Nd	28.82	26.99	1.83	93.64
Bi	2.49	2.29	0.20	92.02	Sm	5.81	5.35	0.47	91.94
Sb	62.62	41.28	21.35	65.91	Eu	2.95	2.28	0.67	77.20
Rb	168.35	165.87	2.48	98.53	Gd	4.96	4.48	0.49	90.21
Sr	1802.53	1767.71	34.81	98.07	Tb	0.60	0.56	0.04	93.25
Ba	6613.02	4372.34	2240.69	66.12	Dy	3.25	3.05	0.20	93.91
Nb	9.48	1.09	8.38	11.54	Ho	0.65	0.60	0.04	93.73
Ta	0.83	0.64	0.19	76.52	Er	1.82	1.70	0.12	93.38
Zr	99.46	43.53	55.93	43.77	Tm	0.27	0.25	0.02	92.94
Hf	2.70	1.30	1.40	48.01	Yb	1.91	1.79	0.12	93.57
Li	12.52	10.57	1.94	84.47	Lu	0.28	0.26	0.02	92.21
Be	1.79	1.75	0.03	98.25	Y	18.01	16.86	1.15	93.60
Sc	11.51	10.92	0.59	94.84	U	2.05	1.81	0.24	88.23
Ga	14.67	11.77	2.90	80.23	Th	10.96	8.94	2.02	81.58
Cd	0.21	0.11	0.10	53.58	合计	10062.10	7460.97	2601.13	94.15

由表6-10可知，柞水铁尾矿经主量元素分离提取之后的剩余组分中，除 Au、Zn、V、Ba、Nb、Ta、Zr、Hf、Cd、Ce、Eu 的浸出率较低之外，其余微量元素浸出率均大于80%，而且柞水铁尾矿中所含微量元素的94.15%实现高度溶出，具有很大的分离利用价值。

6.6   山阳钒尾矿

6.6.1   基本工艺参数

活化条件：温度 800℃，时间 30min，碱矿比 1.4；

水浸溶出：温度 70℃，浸取时间 15min，液固比 10mL/g；

酸浸溶出：温度 25℃，浸取时间 6min，液固比 10mL/g，酸浓度 6mol/L。

6.6.2   工艺试验结果

表 6-11、表 6-12 为 1t 山阳钒尾矿经活化、溶出之后，物质组分和微量元素在浸取液、浸取残渣中的质量和浸出率。

表 6-11   1t 山阳钒尾矿各介质系统中物质组分质量分配表

元素	尾矿/kg	熟料浸取液/kg	浸取残渣/kg	浸出率/%	元素	尾矿/kg	熟料浸取液/kg	浸取残渣/kg	浸出率/%
SiO_2	398.00	378.46	19.54	95.09	Na_2O	0.51	0.13	0.38	25.11
Al_2O_3	27.90	27.13	0.77	97.25	P_2O_5	3.56	3.55	0.01	99.68
Fe_2O_3	10.60	10.17	0.43	95.95	TiO_2	1.46	1.25	0.21	85.82
CaO	41.60	41.46	0.14	99.67	SO_3	109.00	107.86	1.14	98.95
MgO	3.50	3.48	0.02	99.40	CO_2	314.00	314.00	0.00	100.00
K_2O	15.30	15.17	0.13	99.13	合计	925.43	902.65	22.77	97.54

由表6-11可知，1t 山阳钒尾矿经活化之后，对其熟料的主要元素进行溶出试验发现，除 Na_2O 浸出率低，为 25.11%，TiO_2 浸出率为 85.82%之外，其余组分浸出率均大于90%。整体而言，经过活化之后，山阳钒尾矿中97.54%的主量元素得到分离，转化为高附加值产品。剩余物质中，各元素的相对含量见表6-12。

表 6-12 1t 山阳钒尾矿各介质系统中微量元素质量分配表

元素	尾矿/g	浸取液/g	浸取残渣/g	浸出率/%	元素	尾矿/g	浸取液/g	浸取残渣/g	浸出率/%
Ag	12.54	11.98	0.56	95.53	Ga	6.49	6.37	0.12	98.19
Au	0.04	0.03	0.01	76.57	Cd	4.19	4.16	0.03	99.25
Cu	75.79	74.12	1.67	97.80	In	0.026	0.03	0.00	96.77
Pb	27.94	21.27	6.67	76.12	Sn	1.52	1.36	0.16	89.73
Zn	113.01	112.20	0.81	99.28	Cs	1.02	0.96	0.06	94.10
Cr	654.51	559.25	95.25	85.45	La	25.87	25.62	0.25	99.04
Co	2.33	1.96	0.37	84.31	Ce	26.29	25.79	0.50	98.10
Ni	110.07	60.84	49.23	55.27	Pr	4.59	4.56	0.04	99.17
V	1479.75	1474.80	4.95	99.67	Nd	17.63	17.50	0.13	99.25
W	6.33	4.97	1.36	78.46	Sm	3.30	3.27	0.03	99.11
Bi	0.34	0.31	0.03	91.99	Eu	1.07	0.99	0.08	92.28
Mo	35.76	35.43	0.32	99.10	Gd	3.72	3.68	0.04	98.93
Sb	24.15	22.62	1.53	93.67	Tb	0.65	0.65	0.00	99.32
Rb	38.82	38.30	0.53	98.64	Dy	4.48	4.45	0.03	99.27
Sr	124.30	120.27	4.03	96.76	Ho	1.05	1.04	0.01	99.35
Ba	5212.68	4916.21	296.47	94.31	Er	3.34	3.32	0.02	99.31
Nb	5.56	4.26	1.30	76.67	Tm	0.48	0.47	0.00	99.15
Ta	0.36	0.29	0.07	80.77	Yb	2.83	2.80	0.03	98.95
Zr	57.92	31.07	26.85	53.64	Lu	0.37	0.36	0.01	98.62
Hf	1.18	0.54	0.64	45.54	Y	43.31	43.05	0.25	99.42
Li	7.78	7.55	0.23	97.05	U	22.90	22.63	0.27	98.82
Be	0.73	0.72	0.01	98.34	Th	4.15	4.01	0.14	96.55
Sc	2.82	2.76	0.06	98.00	合计	8173.95	7678.79	495.16	93.94

由表 6-12 可知，山阳钒尾矿经主量元素分离提取之后的剩余组分中，除 Au、Pb、Ni、W、Ag、Zr、Hf 的浸出率较低之外，其余微量元素浸出率均大于 80%，而且山阳钒尾矿中所含微量元素的 93.94% 实现高度溶出，具有很大的分离利用价值。

6.7　潼关金尾矿

6.7.1　基本工艺参数

活化条件：温度 820℃，时间 30min，碱矿比 1.4；

水浸溶出：温度 70℃，浸取时间 15min，液固比 10mL/g；

酸浸溶出：温度 25℃，浸取时间 6min，液固比 15mL/g，酸浓度 6mol/L。

6.7.2　工艺试验结果

表 6-13、表 6-14 为 1t 潼关金尾矿经活化、溶出之后，物质组分和微量元素在浸取液、浸取残渣中的质量和浸出率。

由表 6-13 可知，1t 潼关金尾矿经活化之后，对其熟料的主要元素进行溶出试验发现，所有元素浸出率均大于 90%。经过活化之后，潼关金尾矿中 94.74%的主量元素得到分离，转化为高附加值产品。剩余物质中，各元素的相对含量见表 6-13。

表 6-13　1t 潼关金尾矿各介质系统中物质组分质量分配表

元素	尾矿/kg	熟料浸取液/kg	浸取残渣/kg	浸出率/%	元素	尾矿/kg	熟料浸取液/kg	浸取残渣/kg	浸出率/%
SiO_2	651.81	608.67	43.14	93.38	Na_2O	16.42	15.35	1.07	93.51
Al_2O_3	131.95	126.75	5.20	96.06	P_2O_5	2.92	2.89	0.04	98.99
Fe_2O_3	53.94	52.79	1.15	97.87	TiO_2	6.40	5.96	0.43	93.24
CaO	61.53	61.23	0.30	99.51	MnO_2	1.73	1.72	0.02	99.01
MgO	25.79	25.55	0.23	99.09	SO_3	5.81	5.55	0.25	95.62
K_2O	39.10	38.45	0.65	98.34	合计	997.40	944.92	52.48	94.74

表 6-14 1t 潼关金尾矿各介质系统中微量元素质量分配表

元素	尾矿/g	浸取液/g	浸取残渣/g	浸出率/%	元素	尾矿/g	浸取液/g	浸取残渣/g	浸出率/%
Ag	0.36	0.32	0.03	90.75	Cd	0.55	0.46	0.09	84.05
Cu	81.44	80.38	1.06	98.70	In	0.07	0.06	0.00	97.36
Pb	202.74	201.83	0.90	99.55	Sn	1.79	1.61	0.18	90.20
Zn	48.71	44.45	4.26	91.26	Cs	1.01	0.97	0.03	96.86
Cr	404.29	307.24	97.05	76.00	La	35.13	33.85	1.28	96.34
Co	7.53	7.23	0.30	95.99	Ce	67.18	57.78	9.40	86.01
V	69.44	67.33	2.10	96.97	Pr	7.67	7.37	0.30	96.10
W	76.28	72.04	4.24	94.44	Nd	26.99	25.99	1.00	96.29
Bi	5.48	5.34	0.14	97.47	Sm	4.60	4.44	0.16	96.55
Mo	2.97	2.44	0.53	82.10	Eu	1.25	1.20	0.05	95.98
Sb	1.65	1.54	0.11	93.58	Gd	3.98	3.80	0.18	95.58
Rb	91.86	89.66	2.20	97.60	Tb	0.55	0.53	0.02	96.44
Sr	312.18	301.36	10.81	96.54	Dy	3.19	3.06	0.13	95.99
Ba	1309.33	1103.91	205.42	84.31	Ho	0.60	0.58	0.02	95.95
Nb	6.88	5.64	1.24	81.99	Er	1.78	1.69	0.08	95.43
Ta	0.40	0.34	0.06	84.66	Tm	0.23	0.22	0.01	94.51
Zr	182.83	85.85	96.98	46.96	Yb	1.70	1.60	0.10	94.26
Hf	4.17	2.04	2.13	48.85	Lu	0.23	0.22	0.02	93.07
Li	7.78	7.31	0.47	93.92	Y	17.75	17.05	0.69	96.10
Be	0.99	0.96	0.03	97.45	U	0.80	0.64	0.16	80.43
Sc	9.72	9.46	0.25	97.40	Th	3.89	2.72	1.17	70.03
Ga	13.75	13.19	0.56	95.95	合计	3021.67	2575.74	445.93	95.24

由表 6-14 可知，潼关金尾矿中 Au 元素富集在浸取残渣中；其主量元素分离提取之后的剩余组分中，除 Cr、Zr、Hf、Th 的浸出率较低之外，其余微量元素浸出率均大于 80%，而且潼关金尾矿中所含微量元素的 95.24% 实现高度溶出，具有很大的分离利用价值。

6.8　略阳杨家坝铁尾矿

6.8.1　基本工艺参数

活化条件：温度 840℃，时间 30min，碱矿比 1.4；

水浸溶出：温度 70℃，浸取时间 15min，液固比 10mL/g；

酸浸溶出：温度 25℃，浸取时间 6min，液固比 10mL/g，酸浓度 10mol/L。

6.8.2　工艺试验结果

表 6-15、表 6-16 为 1t 略阳杨家坝铁尾矿经活化、溶出之后，物质组分和微量元素在浸取液、浸取残渣中的质量和浸出率。

由表 6-15 可知，1t 略阳杨家坝铁尾矿经活化之后，对其熟料的主要元素进行溶出试验发现，除 Na_2O、TiO_2 及 MnO_2 浸出率分别为 89.44%、77.36%、88.16% 之外，其余组分浸出率均大于 90%。整体而言，经过活化之后，略阳杨家坝铁尾矿中 96.01% 的主量元素得到分离，转化为高附加值产品。剩余物质中，各元素的相对含量见表 6-16。

表 6-15　1t 略阳杨家坝铁尾矿各介质系统中物质组分质量分配表

元素	尾矿/kg	熟料浸取液/kg	浸取残渣/kg	浸出率/%	元素	尾矿/kg	熟料浸取液/kg	浸取残渣/kg	浸出率/%
SiO_2	396.00	372.26	23.74	94.01	Na_2O	9.19	8.22	0.97	89.44
Al_2O_3	73.50	72.68	0.82	98.89	P_2O_5	2.68	2.64	0.04	98.51
Fe_2O_3	100.00	92.85	7.15	92.85	TiO_2	6.75	5.22	1.53	77.36
CaO	75.90	75.19	0.71	99.06	MnO_2	2.13	1.88	0.25	88.16
MgO	205.00	204.34	0.66	99.68	SO_3	19.10	19.07	0.03	99.82
K_2O	10.60	10.55	0.05	99.57	合计	900.85	864.91	35.94	96.01

表 6-16 1t 略阳杨家坝铁尾矿各介质系统中微量元素质量分配表

元素	尾矿/g	浸取液/g	浸取残渣/g	浸出率/%	元素	尾矿/g	浸取液/g	浸取残渣/g	浸出率/%
Ag	0.20	0.16	0.04	81.48	In	0.17	0.16	0.01	92.58
Au	0.04	0.02	0.02	55.28	Sn	1.77	1.14	0.64	64.10
Cu	320.94	314.50	6.44	97.99	Cs	0.96	0.95	0.01	99.24
Pb	7.92	7.55	0.37	95.32	La	25.23	22.61	2.62	89.60
Zn	67.46	65.27	2.19	96.75	Ce	38.40	33.45	4.95	87.11
Co	81.65	79.30	2.36	97.11	Pr	4.64	4.25	0.38	91.71
V	202.47	200.43	2.04	98.99	Nd	17.61	16.31	1.29	92.66
Bi	0.28	0.23	0.05	82.33	Sm	3.50	3.30	0.20	94.31
Mo	4.44	3.85	0.60	86.60	Eu	0.99	0.95	0.05	95.28
Sb	4.72	4.11	0.61	87.12	Gd	3.36	3.19	0.17	94.91
Rb	25.86	25.64	0.22	99.15	Tb	0.49	0.47	0.02	95.69
Sr	62.54	57.78	4.75	92.40	Dy	3.29	3.17	0.12	96.39
Ba	372.73	355.42	17.30	95.36	Ho	0.67	0.65	0.02	96.66
Nb	6.45	4.46	1.99	69.16	Er	1.94	1.88	0.06	96.79
Ta	0.45	0.29	0.16	64.70	Tm	0.27	0.27	0.01	96.78
Zr	79.47	19.48	59.99	24.51	Yb	1.92	1.85	0.06	96.63
Hf	2.09	0.67	1.42	31.85	Lu	0.29	0.28	0.01	96.48
Li	14.50	13.83	0.67	95.39	Y	20.35	19.76	0.59	97.10
Be	0.56	0.56	0.01	98.54	U	8.65	7.65	1.00	88.46
Sc	14.96	13.98	0.97	93.50	Th	2.73	2.05	0.69	74.85
Ga	16.58	16.24	0.33	97.99	合计	1423.90	1308.43	115.47	91.89
Cd	0.38	0.33	0.04	88.08					

由表 6-16 可知，略阳杨家坝铁尾矿中主量元素分离提取之后的剩余组分中，除 Au、Nb、Ta、Zr、Hf、Sn、Th 的浸出率较低之外，其余微量元素浸出率均大于 90%，而且略阳杨家坝铁尾矿中所含微量元素的 91.89% 实现高度溶出，具有很大的分离利用价值。

6.9　略阳嘉陵铁尾矿

6.9.1　基本工艺参数

活化条件：温度 780℃，时间 30min，碱矿比 1.4；

水浸溶出：温度 70℃，浸取时间 15min，液固比 10mL/g；

酸浸溶出：温度 25℃，浸取时间 6min，液固比 10mL/g，酸浓度 6mol/L。

6.9.2　工艺试验结果

表 6-17、表 6-18 为 1t 略阳嘉陵铁尾矿经活化、溶出之后，物质组分和微量元素在浸取液、浸取残渣中的质量和浸出率。

表 6-17　1t 略阳嘉陵铁尾矿各介质系统中物质组分质量分配表

元素	尾矿/kg	熟料浸取液/kg	浸取残渣/kg	浸出率/%	元素	尾矿/kg	熟料浸取液/kg	浸取残渣/kg	浸出率/%
SiO_2	621.00	575.77	45.23	92.72	Na_2O	14.40	13.16	1.24	91.37
Al_2O_3	94.00	92.14	1.86	98.03	P_2O_5	2.74	2.72	0.02	99.28
Fe_2O_3	82.80	81.78	1.02	98.77	TiO_2	2.47	2.18	0.29	88.45
CaO	45.70	45.48	0.22	99.53	MnO_2	1.40	1.37	0.03	98.20
MgO	43.20	42.98	0.22	99.49	SO_3	2.73	2.66	0.07	97.36
K_2O	13.60	13.44	0.16	98.84	合计	924.04	873.70	50.34	94.55

由表 6-17 可知，1t 略阳嘉陵铁尾矿经活化之后，对其熟料的主要元素进行溶出试验发现，除 TiO_2 浸出率 88.45% 之外，其余组分浸出率均大于 90%。整体而言，经过活化之后，略阳嘉陵铁尾矿中 94.55% 的主量元素得到分离，转化为高附加值产品。剩余物质中，各元素的相对含量见表 6-18。

表 6-18　1t 略阳嘉陵铁尾矿各介质系统中微量元素质量分配表

元素	尾矿/g	浸取液/g	浸取残渣/g	浸出率/%	元素	尾矿/g	浸取液/g	浸取残渣/g	浸出率/%
Ag	0.08	0.06	0.02	69.60	Cd	0.38	0.34	0.05	87.17
Au	0.04	0.03	0.01	71.67	In	0.06	0.06	0.00	97.65
Cu	25.48	24.95	0.52	97.94	Sn	1.78	1.66	0.12	93.13
Pb	11.44	11.09	0.36	96.89	Cs	1.66	1.62	0.04	97.50
Zn	53.16	49.51	3.65	93.13	La	17.10	16.59	0.51	97.00
Cr	144.80	38.73	106.06	26.75	Ce	30.55	27.93	2.62	91.42
Co	15.77	15.53	0.24	98.48	Pr	3.49	3.37	0.11	96.81
Ni	63.39	48.10	15.28	75.89	Nd	13.06	12.69	0.36	97.21
V	51.11	49.56	1.56	96.96	Sm	2.49	2.44	0.05	97.80
Bi	0.07	0.06	0.01	89.18	Eu	0.81	0.80	0.01	98.49
Mo	0.95	0.56	0.39	59.32	Gd	2.60	2.54	0.06	97.74
Sb	2.00	1.89	0.11	94.43	Tb	0.39	0.38	0.01	98.11
Rb	43.27	42.33	0.94	97.82	Dy	2.43	2.38	0.05	98.01
Sr	110.07	107.30	2.76	97.49	Ho	0.49	0.48	0.01	97.72
Ba	466.08	445.84	20.24	95.66	Er	1.53	1.49	0.04	97.61
Nb	2.96	2.16	0.80	72.89	Tm	0.22	0.21	0.01	97.36
Ta	0.31	0.26	0.05	84.51	Yb	1.42	1.37	0.04	96.95
Hf	1.47	0.01	1.46	0.60	Lu	0.23	0.22	0.01	96.37
Li	14.19	14.03	0.15	98.93	Y	17.45	17.13	0.32	98.18
Be	0.86	0.84	0.02	98.09	U	1.69	1.56	0.13	92.26
Sc	10.01	9.92	0.10	99.05	Th	4.61	3.66	0.95	79.43
Ga	7.95	7.71	0.24	96.97	合计	1129.87	969.38	160.48	85.80

由表 6-18 可知，略阳嘉陵铁尾矿中主量元素分离提取之后的剩余组分中，除 Au、Ag、Cr、Ni、Mo、Nb、Hf、Th 的浸出率较低之外，其余微量元素浸出率均大于 80%，而且略阳嘉陵铁尾矿中所含微量元素的 85.80% 实现高度溶出，具有很大的分离利用价值。

由表 6-19 可知，研究开发的金属尾矿综合利用技术，最终确定的金属尾矿活化温度 750~900℃，活化时间为 30~40min，碱矿比为 1.3~1.4；水浸温度 65~70℃，水浸浸取时间 10~15min，水浸液固比 10mL/g；酸浓度 3~5mol/L，酸浸液固比 10~15mL/g，酸浸温度 25~26℃，酸浸浸取时间 3~4min。

将各金属尾矿主量元素、微量元素的浸出率汇总（表 6-20、表 6-21）。结果表明，金属尾矿综合利用后，其中 87.07%~98.14%（均值 94.75%）的主量元素得到分离，转化为高附加值产品；所含 74.15%~95.78%（均值为 89.54%）的微量元素实现高度溶出于富集。经计算，主量元素提取率为 90% 时，微量元素可富集 10 倍；主量元素提取率为 95% 时，微量元素可富集 20 倍。

表 6-19 金属尾矿综合利用工艺条件汇总

试验条件 尾矿	活化 温度/℃	活化 时间/min	碱矿比	水浸溶出 温度/℃	水浸溶出 时间/min	液固比	酸浸溶出 浓度/mol·L⁻¹	液固比	温度/℃	时间/min	脱硅 温度	脱硅 时间
金堆城钼尾矿	825	30	1.3	70	10	10	3	10	25	3		
白河铅锌尾矿	780	30	1.3	70	10	10	3	10	25	3		
旬阳铅锌尾矿	780	30	1.3	70	10	10	3	10	25	3		
柞水银尾矿	750	30	1.3	70	10	10	3	10	26	3	70℃	20 min
柞水菱铁尾矿	760	30	1.3	70	15	10	3	15	25	3		
山阳钒尾矿	800	30	1.4	70	15	10	3	10	25	3		
潼关金尾矿	820	30	1.4	70	15	10	3	15	25	3		
钒钛磁铁矿尾矿	800	35	1.4	70	10	10	6	10	25	8		
略阳杨家坝铁尾矿	840	30	1.4	70	15	10	5	10	25	3		
略阳嘉陵铁尾矿	780	30	1.4	70	15	10	3	10	25	3		

表 6-20 金属尾矿样品主量元素浸出结果 (%)

成分 尾矿	SiO_2	Al_2O_3	Fe_2O_3	CaO	MgO	K_2O	Na_2O	P_2O_5	TiO_2	MnO	合计
金堆城钼尾矿	97.26	98.18	97.32	98.66	99.91	99.89	94.03	99.29	87.23	93.99	97.53
白河铅锌尾矿	91.29	97.27	96.04	98.01	98.33	98.64	85.22	97.33	90.53	95.20	93.42
旬阳铅锌尾矿	89.41	98.48	94.63	98.00	98.80	98.42	64.49	97.83	84.17	95.44	91.03

续表6-20

成分\尾矿	SiO_2	Al_2O_3	Fe_2O_3	CaO	MgO	K_2O	Na_2O	P_2O_5	TiO_2	MnO	合计
柞水银尾矿	97.62	98.90	95.73	99.56	98.51	99.50	89.78	99.21	91.37	90.26	97.47
柞水铁尾矿	95.42	97.52	42.42	98.74	96.31	99.28	15.09	88.24	77.18	44.59	87.07
山阳钒尾矿	95.09	97.25	95.95	99.67	99.40	99.13	25.11	99.68	85.82	98.95	97.54
潼关金尾矿	93.38	96.06	97.87	99.51	99.09	98.34	93.51	98.99	93.24	99.01	94.74
洋县钒钛磁铁尾矿	98.77	99.16	96.84	98.11	99.75	99.27	97.57	99.14	82.97	93.89	98.14
略阳杨家坝铁尾矿	94.01	98.89	92.85	99.06	99.68	99.57	89.44	98.51	77.36	88.16	96.01
略阳嘉陵铁尾矿	92.72	98.03	98.77	99.53	99.49	98.84	91.37	99.28	88.45	98.20	94.55
平均浸出率	94.50	97.97	90.84	98.89	98.93	99.09	74.56	97.75	85.83	89.77	94.75

表6-21 金属尾矿样品微量元素浸出结果 (%)

元素	金堆城钼尾矿	白河铅锌尾矿	旬阳铅锌尾矿	柞水银尾矿	柞水菱铁尾矿	山阳钒尾矿	潼关金尾矿	洋县钒钛磁铁尾矿	略阳铁尾矿	略阳嘉陵铁尾矿	平均浸出率
Ba	94.53	89.77	—	95.69	66.12	94.31	84.31	85.54	95.36	95.66	80.13
Be	99.13	98.41	97.90	99.37	98.25	98.34	97.45	94.52	98.54	98.09	98.00
Bi	90.35	74.28	90.29	98.62	92.02	91.99	97.47	41.15	82.33	89.18	84.77
Cd	97.64	97.49	97.67	85.59	53.58	99.25	84.05	92.24	88.08	87.17	88.28
Ce	70.91	85.14	80.53	84.35	76.73	98.10	86.01	78.26	87.11	91.42	83.86
Co	81.68	96.05	92.02	96.57	—	84.31	95.99	95.84	97.11	98.48	93.12

续表6-21

元素	金堆城钼尾矿	白河铅锌尾矿	旬阳铅锌尾矿	柞水银尾矿	柞水菱铁尾矿	山阳钒尾矿	潼关金尾矿	洋县钒钛磁铁尾矿	略阳铁尾矿	略阳嘉陵铁尾矿	平均浸出率
Cs	99.85	97.13	96.02	99.25	98.19	94.10	96.86	98.90	99.24	97.50	97.70
Cu	98.18	96.17	96.41	98.21	83.11	97.80	98.70	97.82	97.99	97.94	96.23
Dy	95.57	95.14	92.13	96.25	93.91	99.27	95.99	97.17	96.39	98.01	95.98
Er	96.65	94.16	91.54	95.55	93.38	99.31	95.43	97.36	96.79	97.61	95.78
Eu	93.65	95.66	78.85	96.10	77.20	92.28	95.98	97.51	95.28	98.49	92.10
Ga	97.47	96.39	97.38	97.70	80.23	98.19	95.95	98.22	97.99	96.97	95.65
Gd	91.75	94.49	91.71	96.85	90.21	98.93	95.58	96.31	94.91	97.74	94.85
Hf	76.00	62.96	51.86	61.08	48.01	45.54	48.85	—	31.85	0.60	47.42
Ho	96.22	94.87	91.78	96.04	93.73	99.35	95.95	97.20	96.66	97.72	95.95
In	98.98	97.39	98.24	97.60	83.04	96.77	97.36	95.91	92.58	97.65	95.55
La	79.30	95.86	93.91	97.01	95.54	99.04	96.34	78.71	89.60	97.00	92.23
Li	98.38	94.52	96.71	94.72	84.47	97.05	93.92	93.46	95.39	98.93	94.76
Lu	97.19	92.31	91.55	94.96	92.21	98.62	93.07	96.18	96.48	96.37	94.89
Mo	99.66	78.56	53.56	53.40	—	99.10	82.10	49.63	86.60	59.32	73.55
Nb	66.98	83.27	69.65	89.81	11.54	76.67	81.99	—	69.16	72.89	69.11
Nd	86.78	95.19	94.18	95.99	93.64	99.25	96.29	91.86	92.66	97.21	94.31
Pb	98.05	98.42	92.67	98.08	83.49	76.12	99.55	86.92	95.32	96.89	92.55

续表 6-21

元素	金堆城钼尾矿	白河铅锌尾矿	旬阳铅锌尾矿	柞水银尾矿	柞水菱铁尾矿	山阳钒尾矿	潼关金尾矿	洋县钒钛磁铁尾矿	略阳铁尾矿	略阳嘉陵铁尾矿	平均浸出率
Pr	84.23	95.34	93.97	96.12	94.29	99.17	96.10	88.37	91.71	96.81	93.61
Rb	99.86	97.63	97.01	99.26	98.53	98.64	97.60	97.92	99.15	97.82	98.34
Sb	94.87	88.82	70.16	88.57	65.91	93.67	93.58	95.06	87.12	94.43	87.22
Sc	99.14	95.11	95.57	98.18	94.84	98.00	97.40	98.59	93.50	99.05	96.94
Sm	90.58	95.17	94.07	95.87	91.94	99.11	96.55	95.30	94.31	97.80	95.07
Sn	96.11	94.84	87.32	88.77	—	89.73	90.20	66.54	64.10	93.13	85.64
Sr	81.90	92.68	86.09	98.29	98.07	96.76	96.54	97.01	92.40	97.49	93.72
Ta	56.82	87.59	81.98	93.04	76.52	80.77	84.66	30.15	64.70	84.51	74.07
Tb	94.38	95.28	92.98	96.32	93.25	99.32	96.44	97.03	95.69	98.11	95.88
Th	50.84	85.66	78.78	90.52	81.58	96.55	70.03	11.65	74.85	79.43	71.99
Tm	97.00	93.82	91.53	95.71	92.94	99.15	94.51	97.34	96.78	97.36	95.61
U	92.19	89.51	91.94	93.63	88.23	98.82	80.43	—	88.46	92.26	90.61
V	98.76	97.40	96.92	97.54	46.05	99.67	96.97	99.11	98.99	96.96	92.84
Y	97.15	94.73	91.38	96.14	93.60	99.42	96.10	97.34	97.10	98.18	96.11
Yb	97.21	93.77	91.11	95.44	93.57	98.95	94.26	96.44	96.63	96.95	95.43
Zn	99.75	91.75	99.01	96.86	74.79	99.28	91.26	95.27	96.75	93.13	93.79
Zr	76.01	62.85	49.12	56.78	43.77	53.64	46.96	—	24.51	—	51.71
合计	94.26	88.72	92.67	95.78	74.15	93.94	85.24	92.93	91.89	85.80	89.54

7 效 益 分 析

根据试验中确定的各金属尾矿基本工艺参数条件和工艺试验成果，结合产品的当前市场价格调研，以洋县钒钛磁铁尾矿为例，对其在利用全量资源化新技术条件下的经济效益进行了分析评价。以每处理 1t 银尾矿作为基本评价元素，估算主量元素的产品收益和微量元素的潜在价值，并总结了金属尾矿全量资源化利用后的生态与社会效益。

7.1 直接经济效益

7.1.1 计算方法

参照贵阳铝镁设计院和中铝山西新材料有限公司，对铝土矿综合利用新技术工业化试验《两组分新技术生产氧化铝工业试生产总结报告》（中铝国际技术发展有限公司等，2019）和两组分赤泥资源化利用半工业化试验《赤泥综合利用新技术半工业化试验报告》（中铝国际技术发展有限公司等，2020）《烟化炉水淬渣资源化利用工业化试验报告》（汉中锌业有限责任公司等，2022）《白河硫铁矿渣资源化利用工业化试验报告》（汉中锌业有限责任公司等，2022）经济效益测算方法，按照 20 万吨/年尾矿处理规模，计算处理 1t 金属尾矿分离利用的完全成本，以及所获主量元素产品的税后利润。计算过程如下。

7.1.1.1 成本与费用

（1）主要原辅材料及规格：

尾矿，单价 0 元/t；

苛碱（NaOH 含量≥99%），单价 2800 元/t；

工业硫酸（H_2SO_4 含量≥98%），单价 200 元/t；

石灰乳，单价 350 元/t。

（2）燃料及动力：

煤气：单价 0.31 元/m^3；

动力电：单价 0.43 元/（kW·h）；

蒸汽：单价 107.13 元/t；

新水：单价 1.79 元/t。

（3）工资及福利费：工资及福利费按照每处理 1t 尾矿需消耗 18.18 元计。

（4）制造费用：折旧费用按使用年限法进行计算，残值率取 5%，平均折旧年限按 10 年计取，房屋折旧按 20 年计取。

维修费按照国家相关规定，同时参照我国企业实际情况，维修费按项目固定资产原值的 2% 计。

其他费用为从制造费用中扣除折旧费、修理费后的其余费用。

（5）管理费用：管理费用包括摊销费及其他管理费用，摊销费包括无形资产和其他资产。无形资产自生产期起十年摊销完毕，其他资产自生产期起五年内摊销完毕。

（6）财务费用：财务费为企业筹集生产经营所需资金发生的费用。

（7）营业费用：营业费用是指企业在销售产品过程中发生的各项费用以及专设销售机构的各项经费。

7.1.1.2 营业收入、税金、利润及分配

（1）产品销售收入。

硅粉：单价 1000 元/t（SiO_2>95% 的市场调研价格 1000~2000 元/t，取最低值）；

硅胶：单价 2000 元/t（沉淀白炭黑市场调研价格 4000 元/t，按 5 折计算）；

净水剂：单价 1300 元/t（市场调研价格 1300~2400 元/t，取最低值）；

结晶硫酸镁：单价 400 元/t（硫酸镁网，2022 年 3 月 24 日）；

二氧化钛：单价 20500 元/t（上海有色网，2022 年 3 月 24 日）。

（2）销售税金及附加。

计算的税金包括增值税、其他税及所得税。

增值税计算其纳税额：销项税额减进项税额；增值税按 13% 计取。

其他税包括城建税、教育费附加等税种，根据国家规定，城建税按增值税的 5% 计征，教育费附加按增值税的 4% 计征。

所得税依照有关规定按 25% 计征。

企业应缴纳的增值税＝销售产品增值税-生产过程中已缴纳的增值税；

营业税金及附加＝企业应缴纳的增值税×0.09；

企业纳税（所得税）＝利润总额×0.25+营业税金及附加。

7.1.1.3 微量元素价值

将主量元素按 95% 提取率计算，微量元素可富集 20 倍。分离提取主量元素之后计算每个金属尾矿中富集达到工业品位（矿产资源工业要求手册，2014）的微量元素的种类。依据长江有色金属网、金投网、上海有色网的金属报价，金属的提取率取 90%，计算每件金属尾矿中微量元素的潜在价值。微量元素金属报价如下：

钨（W）：单价 276 元/kg（上海有色网，2022 年 3 月 24 日）；

钒（V）：单价 2500 元/kg（金投网，2022 年 3 月 24 日）；

钼（Mo）：单价 370 元/kg（上海有色网，2022 年 3 月 24 日）；

铷（Rb）：单价 80 万元/kg（上海有色网，2022 年 3 月 24 日）；

铌（Nb）：单价 625 元/kg（上海有色网，2022 年 3 月 24 日）；

锆（Zr）：单价 187.5 元/kg（上海有色网，2022 年 3 月 24 日）；

钪（Sc）：单价 3.2 万元/kg（金投网，2022 年 3 月 24 日）；

镓（Ga）：单价 2425 元/kg（上海有色网，2022 年 3 月 24 日）；

铟（In）：单价 1325 元/kg（金投网，2022 年 3 月 24 日）；

铯（Cs）：单价 70 万元/kg（上海有色网，2022 年 3 月 24 日）；

钇（Y）：单价 300 元/kg（长江有色金属网，2022 年 3 月 24 日）；

钴（Co）：单价 564 元/kg（长江有色金属网，2022 年 3 月 24 日）；

铜（Cu）：单价 73.7 元/kg（长江有色金属网，2022 年 3 月 24 日）；

铅（Pb）：单价 15.2 元/kg（长江有色金属网，2022 年 3 月 24 日）；

锌（Zn）：单价 26.25 元/kg（长江有色金属网，2022 年 3 月 24 日）；

银（Ag）：单价 5200 元/kg（长江有色金属网，2022 年 3 月 24 日）。

7.1.2 结果分析

按照上述计算方法，以洋县钒钛磁铁尾矿为例，对其经全量资源化技术利用后经济效益进行了计算。其中，在微量元素转化的产品微量元素"精矿粉"中，多种四稀（稀有、稀散、稀土和稀贵）元素已达到了工业品位，可提供给冶炼厂，其作为提取四稀元素的原料，具有极高的经济价值。在本书中，仅计算了微量元素的潜在经济效益。计算结果如下：

每处理 1t 洋县钒钛磁铁尾矿的完全成本见表 7-1，处理 1t 洋县钒钛磁铁尾矿的经济效益见表 7-2，微量元素预估价值见表 7-3。

表 7-1 处理 1t 洋县钒钛磁铁尾矿的完全成本估算

序号	项目	单位	单价/元·单位$^{-1}$	单耗/单位·（t 产品）$^{-1}$	单位成本/元·（t 产品）$^{-1}$
1	原材料				
1.1	尾矿	t	0	1	0
1.2	碳酸钠	t	2100	0.219	459.9
1.3	催化剂	t	8000	0.004	32.00
1.4	硫酸	t	200	1.892	378.4
1.5	包装	个	10	4	40.00
	小计				910.3

序号	项目	单位	单价/元·单位$^{-1}$	单耗/单位·（t产品）$^{-1}$	单位成本/元·（t产品）$^{-1}$
2				燃料	
2.1	标煤	t	840	0.1134	95.256
	小计				95.256
3				动力	
3.1	动力电	kW·h	0.43	389.62	167.54
3.2	蒸汽	t	107.13	1.43	153.20
3.3	新水	t	1.79	1.58	2.83
	小计				323.56
4	其他		工资、制造、营业、管理、财务等		79.69
5	完全成本				1408.806

表7-2 处理1t洋县钒铁磁铁尾矿的主量元素产品收益估计

名称	单价/元·t^{-1}	产量/t	单位收益/元
硅胶	2000	0.2666	533.2
氢氧化铝	4000	0.2000	800
氢氧化铁	1000	0.1298	129.8
硫酸镁（无水）	2000	0.2335	467
硫酸钙	300	0.04959	14.877
产品收益			1944.877
净利润			536.071
企业纳税			140.398
税后利润			395.673

由表7-1和表7-2可知：每处理1t洋县钒钛磁铁尾矿，原料成本为910.3元，燃料费95.256元，动力费323.56元，其他费用79.69元，完全成本1408.806元。处理1t洋县钒钛磁铁尾矿，主量元素所得产品收益为1944.877元，净利润536.071元，企业纳税140.398元，税后利润395.673元。

由表7-3可知，分离提取主量元素之后，洋县钒钛磁铁尾矿中钒、钴、钪、镓四种微量元素得到10~20倍的高度富集，达到工业品位。每处理1t洋县钒钛磁铁尾矿，这四种微量元素的潜在价值达2105.47元。若1000万吨洋县钒钛磁铁尾矿得到综合利用，其微量元素潜在价值达210.547亿元。

表 7-3　处理 1t 洋县钒钛磁铁尾矿的微量元素潜在价值（理论计算结果）

微量元素	尾矿含量 /g·t^{-1}	工业品位 /g·t^{-1}	精矿粉		所得金属 质量/kg	市场单价 /元/kg	价值 /元	1000 万吨尾矿	
			含量 /g·t^{-1}	F_g				金属 总量/t	总价值 /亿元
Co	60.68	300	2174.77	7.26	0.055	564	31.02	550	3.102
V	281.36	7000	10083.78	1.43	0.253	2500	632.5	2530	63.25
Sc	49.48	200	1773.27	8.87	0.044	32000	1408	440	140.8
Ga	15.63	20	560.25	28.01	0.014	2425	33.95	140	3.395
合计							2105.47		210.547

7.2　间接经济效益

（1）据统计，我国每万吨尾矿需堆场 2667~3333m^2，每吨尾矿综合处理费 20~40 元。按照年处理尾矿 10 万吨规模计，则年节约土地 26670~33330m^2，节约尾矿综合处理费 200 万~400 万元。按照每存放 1t 尾矿需用资金 30 元计算，每年至少节约堆存费 10 万吨×30 元/t＝300 万元。

（2）减排与资源综合利用有机结合，实现循环经济延长产业链，符合国家产业政策，从而可获得国家和当地政府其他一系列优惠和扶持政策，例如，可以节约因尾矿堆存污染环境而缴纳的环保税，进一步提高企业的经济效益。

7.3　环境与社会效益

根据工业化试验结论及本次对典型尾矿的试验评价和经济效益分析评价结果，尾矿全量资源化利用技术不仅具有能耗低、生产效率高、原料成本低，以及二次废弃物零排放的明显优势，更为重要的是，能够在取得良好经济效益的同时，获得令人满意的社会环保效益。

（1）向固废要资源，做到变废为宝。将尾矿中的主量元素、微量元素同时实现资源化，实现对固废"吃干榨净式"的处置利用，完全做到无害化、减量化和资源化，全部转化为高附加值产品。

（2）向固废要效益。产品附加值高、经济效益好，可彻底改变现有环保治理只有投入没有产出的局面，使企业对固废的治理由被迫作为转化为积极主动。还可以延长产业链、带动相关产业的发展，增加社会就业渠道。

（3）建立绿色城市、绿色矿山的强有力技术支撑。不仅能从源头上消除固废污染和安全隐患，释放占用土地，实现生态恢复，尤其能够助力绿色城市、绿色矿山建设，有效解决当前能源、矿山、冶金等企业因固废限排导致的不停工停产问题，促进经济的可持续发展。

（4）生态环保效益。彻底消除污染源，无二次固废排放，保证污染治理一劳永逸，不留后患。其中：

1）主量元素分离所得产品，不仅在工农业、军工和日常生活领域应用广泛，更是能源、煤化工、石油化工、有色冶金等各类工业基地污水治理、净化的主要原料，也是大范围实现水土保持、固沙固土和生态修复治理的有用产品。其中，①保水剂可有效解决干旱半干旱区地表水的大量快速蒸发、缓减消除水资源缺乏等问题。保水剂吸水后，形成的水凝胶可缓慢释放水分供作物利用，同时，又能增强土壤保水性，改良土壤结构，影响土壤理化性质、作物根系生长发育等，进而影响水分和溶质在土壤中的运移规律和作物生理机能，提高化肥的利用率（杜建军等，2007）；②净水剂是净化污水的主要产品，可广泛用于冶金、电力、制革、医药、印染、造纸化工等污水处理行业，本技术生产的净水剂，净水速度快、净化效果好、无机、安全性高，不产生二次污染；③水玻璃不仅广泛用于化工、材料、建筑等方面，而且是固砂固土、节水灌溉的主要产品，这对于北方干旱半干旱地区的风沙治理、生态环境恢复治理意义重大；④微细硅酸（白炭黑）是一种重要的工业原料，被广泛应用于橡胶工业、化学机械抛光、塑料工业、制药业、超细复合粒子制备、造纸业、农业以及油漆等多种用途，它还可做黏胶剂、电缆材料与牙膏、食品和化妆品，并在不饱和聚酯树脂、植物保护等方面具多种用途。

2）主量元素分离提取之后，微量元素则同时得到高度浓缩富集，转化为微量元素"精矿粉"，不仅跃升为提取关键、稀缺元素的"新资源"，同时可从源头上消除重金属污染，化害为利，实现环境污染的根本治理。

（5）对保障国家战略矿产资源安全保障意义重大。目前对国防、工业、现代科学技术和民生等有重要影响的铝、铜、镍、铬等关键矿产资源极度匮乏，但大量分散蕴含在尾矿中。因此，尾矿的资源化利用，对保障关键矿产，尤其是涉及国际、工业、现代科学技术及居民基本生活的战略性意义重大。而且能够大幅增加资源储量、减少勘探费用和新矿山建设数量，对保证子孙后代的矿产资源永续利用也意义重大。

因此，本技术是对践行习近平总书记"山水林田湖草沙系统治理"、将"被污染的矿山变为绿水青山"，将污染物变成新类型的矿产资源的有力保障。

参 考 文 献

[1] SIRKECI A, GÜL A, BULUT G, et al. , 2006. Recovery of Co, Ni, and Cu from the tailings of divrigi iron ore concentrator [J]. Mineral Processing & Extractive Metallurgy Review, 27 (2): 131-141.

[2] ABAKA-WOOD G B, ZANIN M, ADDAI-MENSAH J, et al. , 2019a. Recovery of rare earth elements minerals from iron oxide-silicate rich tailings-Part 1: Magnetic separation [J]. Minerals Engineering, 136: 50-61.

[3] ABAKA-WOOD G, ZANIN M, ADDAI-MENSAH J, et al. , 2019b. Recovery of rare earth elements minerals from iron oxide-silicate rich tailings-Part 2: Froth flotation separation [J]. Minerals Engineering, 142: 105888.

[4] AHMARI S, ZHANG L, 2012. Production of eco-friendly bricks from copper mine tailings through geopolymerization [J]. Construction and Building Materials, 29: 323-331.

[5] AHMARI S, ZHANG L, 2015. The properties and durability of mine tailings-based geopolymeric masonry blocks [M]//Eco-Efficient Masonry Bricks and Blocks. Cambridge: Woodhead Publishing: 289-309.

[6] AKAOGI M, TANAKA A, KOBAYASHI M, et al. , 2002. High-pressure transformations in $NaAlSiO_4$ and thermodynamic properties of jadeite, nepheline, and calcium ferrite-type phase [J]. Physics of the Earth and Planetary Interiors, 130 (1/2): 49-58.

[7] ALMEIDA J, RIBEIRO A B, SILVA A S, et al. , 2020. Overview of mining residues incorporation in construction materials and barriers for full-scale application [J]. Journal of Building Engineering, 29: 101215.

[8] ALMEIDA V O, SCHNEIDER I A H, 2020. Production of a ferric chloride coagulant by leaching an iron ore tailing [J]. Minerals Engineering, 156: 106511.

[9] CONCAS A, ARDAU C, CRISTINI A, et al. , 2006. Mobility of heavy metals from tailings to stream waters in a mining activity contaminated site [J]. Chemosphere, 2 (63): 244-253.

[10] ABRAHAM M R, SUSAN T B, 2017. Water contamination with heavy metals and trace elements from Kilembe copper mine and tailing sites in Western Uganda; implications for domestic water quality [J]. Chemosphere, 169: 281-287.

[11] AZCUE J M, MUDROCH A, ROSA F, 1995. Trace elements in water, sediments, porewater, and biota polluted by tailings from an abandoned gold mine in British Columbia, Canada [J]. Journal of Geochemical Exploration, 52 (1/2): 25-34.

[12] AHMARI S, ZHANG L, 2012. Production of eco-friendly bricks from copper mine tailings through geopolymerization [J]. Construction and Building Materials, 29: 323-331.

[13] ARUNA M, 2012. Utilization of iron ore tailings in manufacturing of paving blocks for eco-friendly mining [J]. IC-GWBT2012, Ahmad Dahlan University.

[14] BANDOW N, GARTISER S, ILVONEN O, et al. , 2018. Evaluation of the impact of construction products on the environment by leaching of possibly hazardous substances [J].

Environmental Sciences Europe, 30 (1): 14.

[15] BARCELOS D A, PONTES F V M, DA SILVA F A N G, et al., 2020. Gold mining tailing: Environmental availability of metals and human health risk assessment [J]. Journal of Hazardous Materials, 397: 122721.

[16] BENZAAZOUA M, BUSSIÈRE B, DEMERS I, et al., 2008. Integrated mine tailings management by combining environmental desulphurization and cemented paste backfill: Application to mine Doyon, Quebec, Canada [J]. Minerals engineering, 21 (4): 330-340.

[17] BLIGHT G E, 1997. Destructive mudflows as a consequence of tailings Dyke failures [J]. Proceedings of the Institution of Civil Engineers Geotechnical Engineering, 125 (1): 9-18.

[18] BIRD G, BREWER P A, MACKLIN M G, et al., 2003. The solid state partitioning of contaminant metals and As in river channel sediments of the mining affected Tisa drainage basin, northwestern Romania and eastern Hungary [J]. Applied Geochemistry, 18 (10): 1583-1595.

[19] BOLLER M, 1997. Tracking heavy metals reveals sustainability deficits of urban drainage systems [J]. Water Sci Technol, 35 (9): 77-87.

[20] CASTRO-LARRGOITIA J, KRAMAR U, PUCHELT H, 1997. 200 years of mining activities at La Paz/San Luis Potosí/Moxico-Consequences for environ-ment and geochemical exploration [J]. J. Geochem. Explor., 58: 81-91.

[21] ÇELIK Ö, ELBEYLI I Y, PISKIN S, 2006. Utilization of gold tailings as an additive in Portland cement [J]. WasteManagement & Research, 24 (3): 215-224.

[22] CETIN S, MARANGONI M, Bernardo E, 2015. Lightweight glass-ceramic tiles from the sintering of mining tailings [J]. Ceram. Int., 41 (4): 5294-5300.

[23] CHEN D, MENG Z W, CHEN Y P, 2019. Toxicity assessment of molybdenum slag as a mineral fertilizer: A case study with pakchoi (Brassica chinensis L.) [J]. Chemosphere, 217: 816-824.

[24] CHERO-OSORIO S, CHAVEZ D M, VEGA A, et al., 2021. Reutilization of pyrite-rich alkaline leaching tailings as sorbent must consider the interplay of sorption and desorption [J]. Minerals Engineering, 170: 107019.

[25] COMCAS A, ARDAU C, CRISTINI A, et al., 2006. Mobility of heavy metals froari tailings to stream waters in a mining activity contaminated site [J]. Cheriiosphere, 63: 244-253.

[26] CHANDLER R J, TOSATTI G, 1995. Stava tailings dams failure, Italy, July, 1985 [J]. Proceeding of the Institution of Civil Engineers Geotechnical Engineering, 113 (2): 67-79.

[27] DUDKA S, ADRIANO D C, 1997. Environmental impacts of metal oremining and processing: a review [J]. Journal of Environ-mental Quality, 26: 590-602.

[28] DAS S K, KUMAR S, RAMACHANDRAO P, 2000. Exploitation of iron ore tailing for the development of ceramic tiles [J]. Waste Management, 20 (8): 725-729.

[29] DAVID C, KATH S, 2001. Developments in measurement and models for suspension-dominated wind erosion [C] // Proceedings of International Soil Conservation Organization:

Sustaining the Global Farm-Selected papers from the 1: 0th International Soil Conservation Organization Meeting, Purdue University and the USDA-ARS National Soil Erosion Laboratory, 2001 [C]. West Lafayette.

[30] FOURIE A B, BLIGHT G E, PAPAGEORGIOU G, 2001. Static liquefaction as a possible explanation for the Merriespruit tailings dam Failure [J]. Canadian Geotechnical Journal, 37 (4): 707-719.

[31] FONTES W C, MENDES J C, SILVA S N D, et al., 2016. Mortars for laying and coating produced with iron ore tailings from tailing dams [J]. Construction and Building Materials, 112: 988-995.

[32] GUO W J, DU G X, ZUO R F, et al., 2012. Utilization of iron tailings for high strength fired brick [J]. Advanced Materials Research, 550-553: 2373-2377.

[33] GUO Y X, LI Y Y, CHENG F Q, et al., 2013. Role of additives in improved thermal activation of coal fly ash foralumina extraction [J]. Fuel Processing Technology, 110: 114-121.

[34] GARCIA L C, RIBEIRO D B, DE O R F, et al., 2016. Brazil's worst mining disaster: Corporations must be compelled to pay the actual environmental costs [J]. Ecological Applications A Publication of the Ecological Society of America, 27 (1): 5.

[35] GRIMALT J O, FERRER M, MACPHERSON E, 1999. The mine tailing accident in Aznalcollar [J]. Science of the Total Environment, 242 (1/2/3): 3-11.

[36] GARCIA-GUINEA, HARFFY M, 1998. 玻利维亚采矿污染: 过去、现在和未来 [J]. 张康生, 译. AMBIO 人类环境杂志, 27 (3): 250-252.

[37] HARTMAN K J, HOM C D, MZIK P M, 2010. Influence of elevated temperature and acid mine drainage on mortality of the crayfish Cambarus bartoni [J]. Journal of Freshwater Ecology, 225 (1): 19-30.

[38] HECTOR M C, ANGEL F, RAQUEL A, 2006. Heavy metal accumulation and tolerance in plants from mine tailings of the semiarid Cartagena-La Union mining district (SE Spain) [J]. Science of The Total Environment, 366 (1): 1-11.

[39] HOCHELLA JR M F, WHITE A F, 1990. Minera-l water interface geochemistry: An overview [J]. Reviews in Mineralogy, 23: 1-16.

[40] JIANG X, LIU W, XU H, et al., 2021. Characterizations of heavy metal contamination, microbial community, and resistance genes in a tailing of the largest copper mine in China [J]. Environmental Pollution, 280: 116947.

[41] JORDAN S N, MULLEN G J, COURTNEY R G, 2009. Metal uptake in lolium perenne established on spent mushroom compost amended lead - zinc tailings [J]. Land degradation & development, 20 (3): 277-282.

[42] JU W J, SHIN D, PARK H, et al., 2017. Environmental Compatibility of Lightweight Aggregates from Mine Tailings and Industrial Byproducts [J]. Metals, 7 (10): 390.

[43] JIANG S, CHEN T, ZHANG J, et al., 2022. Roasted modified lead-zinc tailings using alkali

as activator and its mitigation of Cd contaminated: Characteristics and mechanisms [J]. Chemosphere, 297: 134029.

[44] KIVENTERÄ, J, GOLEK L, YLINIEMI, J, et al., 2016. Utilization of sulphidic tailings from gold mine as a raw material in geopolymerization [J]. Int. J. Miner. Process., 149: 104-110.

[45] JANKOVIĆ K, BOJOVIĆ D, STOJANOVIĆ M, et al., 2015. The use of mine tailings as a partial aggregate replacement in scc concrete [J]. Zbornik Radova Gradevin Skog Fakulteta: 62-72.

[46] KEMPER T, SOMMER S, 2002. Estimate of heavy metal contamination in soils after a mining accident using reflectance spectroscopy [J]. Environmental Science and Technology, 36 (12): 2742-2747.

[47] KOLESNIKOV A S, 2015. Kinetic investigations into the distillation of nonferrous metals during complex processing of waste of metallurgical industry [J]. Russian Journal of Non-Ferrous Metals (56): 1-5.

[48] KOVACS E, DUBBIN W E, TAMAS J, 2006. Influence of hydrology on heavy metal speciation and mobility in a Pb-Zn mine tailings [J]. Environmental Pollution, 141 (2): 310-320.

[49] KUNT K, YIDIRIM M, DUR F, et al., 2015. Utilization of bergama gold tailings as an additive in the mortar [J]. Celal Bayar Üniversitesi Fen Bilimleri Dergisi, 11 (3): 365-371.

[50] KURANCHIE F A, 2015. Characterisation and applications of iron ore tailings in building and construction projects [J].

[51] LEMOUGNA P N, ADEDIRAN A, YLINIEMI J, et al, 2020. Thermal stability of one-part metakaolin geopolymer composites containing high volume of spodumene tailings and glass wool [J]. Cement and Concrete Composites, 114: 103792.

[52] LIU D, LI F, GUO Y, et al., 2018. Effects of calcium oxide and ferric oxide on the process of alumina extraction of coal fly ash activated by sodium carbonate [J]. Hydrometallurgy: 179.

[53] LUNA L, VIGNOZZI N, MIRALLES I, et al., 2018. Organic amendments and mulches modify soil porosity and infiltration in semiarid mine soils [J]. Land Degradation & Development, 29 (4): 1019-1030.

[54] MASINDI V, 2016. A novel technology for neutralizing acidity and attenuating toxic chemical species from acid mine drainage using cryptocrystalline magnesite tailings [J]. Journal of Water Process Engineering, 10: 67-77.

[55] Lee M R, CORREA J A, SEED R, 2006. A sediment quality triad assessment of the impact of copper mine tailings disposal on the littoral sedimentary environment in the Atacama region of northern Chile [J]. Marine Pollution Bulletin, 52 (11): 1389-1395.

[56] MEDERMOTT R K, SIBLEY J M, 2000. Aznalcollar tailings dam accident a case study [J]. Mineral Resources Engineering, 9 (1): 101-118.

[57] MENG W, MA Z, SHU J, et al., 2002. Efficient adsorption of methyleneblue from aqueous solution by hydrothermal chemical modification phosphorus ore flotation tailings [J].

Sep. Purif. Technol. , 281: 119496.

[58] MISHRA D P, SAHU P, PANIGRAHI D C, et al. , 2014. Assessment of 222Rn emanation from ore body and backfill tailings in low-grade underground uranium mine [J]. Environ. Sci. Pollut. Res. Int. , 21 (3): 2305-2312.

[59] RICO M, BENITO G, SALGUEIRO A R, et al. , 2008. Reported tailings dam failures: A review of the European incidents in the worldwide context [J]. Journal of Hazardous Materials, 152 (2): 846-852.

[60] NGOLEJEME V M, FANTKE P, 2017. Ecological and human health risks associated with abandoned gold mine tailings contaminated soil [J]. Plos One, 12 (2): 1-24.

[61] KASHANI N, RASHCHI F, 2008. Separation of oxidized zinc minerals from tailings: Influence of flotation reagents [J]. Minerals Engineering, 21: 967-972.

[62] OLUWASOLA E A, HAININ M R, AZIZ M M A, 2015. Evaluation of asphalt mixtures incorporating electric arc furnace steel slag and copper mine tailings for road construction [J]. Transportation Geotechnics, 2: 47-55.

[63] ORESKOVICH J A, 2016. A Brief History of the Use of Taconite Aggregate (Mesabi Hard RockTM) in Minnesota (1950s-2007) [J].

[64] PARK I, TABELIN C B, JEON S, et al. , 2019. A review of recent strategies for acid mine drainage prevention and mine tailings recycling [J]. Chemosphere, 219: 588-606.

[65] RICO M, BENITO G, SALGUEIRO A, et al. , 2008. Reported tailings dam failures: a review of the European incidents in the worldwide context [J]. Journal of hazardous materials, 152 (2): 846-852.

[66] ROY S, GUPTA P, RENALDY A, 2012. Impacts of gold mill tailings dumps on agriculture lands and its ecological restoration at Kolar Gold Fields, India [J]. Resources and Environment, 2: 67-79.

[67] RODRIGUEZ L, RUIZ E, ALONSO-AZCARATE J, et al. , 2009. Heavy metal distribution and chemical speciation in tailings and soils around a Pb-Zn mine in Spain [J]. Journal of Environmental Management, 90 (2): 1106-1116.

[68] RYKAAT M E, FREDLUND D G, WILSON G W, 2002. Spatial surface flux boundary model for tailingsimpoundments [M]//Tailings and Mine Waste' 02. Boca Raton: CRC Press: 283-292.

[69] SILVA R G, SILVA J M, SOUZA T C, et al. , 2021. Enhanced process route to produce magnetite pellet feed from copper tailing [J]. Minerals Engineering, 173: 107195.

[70] SIRKECI A A, GÜL A, BULUT G, et al. , 2006. Recovery of Co, Ni, and Cu from the tailings of divrigi iron ore concentrator [J]. Mineral Processing and Extractive Metallurgy Review, 27 (2): 131-141.

[71] ROY S, ADHIKARI G R, GUPTA R N, 2007. Use of gold mill tailings in making bricks: a feasibility study [J]. Waste Manag. Res. , 25 (5): 475-482.

[72] SHARMA R S, Al-BUSAIDI T S, 2001. Groundwater pollution due to a tailings dam [J].

Engineering Geology, 60 (60): 235-244.

［73］ SHOTYK W, WEISS D, APPLEBY P G, et al, 1998. History of atmos-pheric lead deposition since 12, 370 (14) C yr BP from apeat bog, jura mountains, switzerland ［J］. Science, 281 (5383): 1635-1640.

［74］ SALOMONS W, 1995. Environmental impact of metals derived from mining activities ［J］. Journal of Geochemical Exploration, 53: 53-56.

［75］ TAYLOR S R, 1964. Abundance of chemical elements in the continental crust: a new table ［J］. Geochimica et Cosmochimica Acta, 28 (8): 1273-1285.

［76］ TIAN X, XU W, SONG S, et al., 2020. Effects of curing temperature on the compressive strength and microstructure of copper tailing-based geopolymers ［J］. Chemosphere, 253: 126754.

［77］ VICK S G, 1996. Tailings dam failure at Omai in Guyana ［J］. Mining Engineering, 48 (11): 34-37.

［78］ WANG Y, LAN Y, HU Y, 2008. Adsorption mechanisms of Cr (Ⅵ) on the modified bauxite tailings ［J］. Miner. Eng., 21 (12): 913-917.

［79］ XIONG B, ZHANG T, ZHAO Y, et al., 2020. Utilization of carbonate-based tailings to remove Pb (Ⅱ) from wastewater through mechanical activation ［J］. Sci. Total Environ., 698: 134270.

［80］ YE Z, LI B, CHEN W, et al., 2019. Phase transition and thermoelastic behavior of barite-group minerals at high-pressure and high-temperature conditions ［J］. Physics and Chemistry of Minerals, 46: 607-621.

［81］ ZHENG K, SMART R S C, ADDAI-MENSAH J, et al., 1998. Solubility of sodium aluminosilicates in synthetic bayer liquor ［J］. Journal of Chemical & Engineering Data, 43 (3): 312-317.

［82］ 艾光华, 魏宗武, 2008. 矿山选矿药剂对生态环境的污染与防治探讨 ［J］. 矿业快报 (10): 72-74.

［83］ 敖顺福, 2021. 有色金属矿山尾矿综合利用进展 ［J］. 矿产保护与利用, 41 (3): 94-103.

［84］ 敖顺福, 崔茂金, 石增龙, 等, 2016. 会泽铅锌矿资源综合利用技术的实践与应用 ［J］. 中国矿业, 25 (11): 102-106.

［85］ 白亚菊, 常红盼, 2019. 浅析毕机沟钒钛磁铁矿床成矿模式 ［J］. 科技风 (36): 144-145.

［86］ 蔡创开, 许晓阳, 卢松, 等, 2018. 利用碱性尾矿中和某加压氧化厂酸性废液 ［J］. 矿产综合利用 (5): 131-134.

［87］ 蔡根才, 1989. 黄铁矿、菱铁矿、白云石在不同气氛下热行为的研究——QDTA/T/EGD/GC 在线联用技术 (Ⅶ) ［J］. 矿物学报 (4): 330-337.

［88］ 蔡嗣经, 杨鹏, 2000. 金属矿山尾矿问题及其综合利用与治理 ［J］. 中国工程科学, 2 (4): 89-92.

[89] 蔡永兵，邵俐，范行军，等，2020. 安徽花山尾矿库溃坝污染农田土壤中 As、Sb 的释放及垂向迁移特征 [J]. 环境化学，39（9）：2479-2489.

[90] 北极星固废网，2015. 延边州年产 180 万平方米尾矿微晶玻璃材料项目 [N/OL].［2015-08-28］. https：//huanbao. bjx. com. cn/news/20150828/657931. shtml.

[91] 陈彩霞，2010. 选矿药剂二次污染对尾矿重金属释放与迁移的影响 [J]. 分析试验室，29（11）：80-82.

[92] 陈彩霞，栾和林，2016. 关注选治药剂中的有毒有害物质 [J]. 矿冶，25（2）：67-70.

[93] 陈虎，沈卫国，单来，等，2012. 国内外铁尾矿排放及综合利用状况探讨 [J]. 混凝土，（2）：88-92.

[94] 陈甲斌，李瑞军，余良晖，2012. 铜矿尾矿资源调查评价方法及其应用 [J]. 自然资源学报，27（8）：1373-1381.

[95] 陈建平，宁建民，范立民，等，2014. 陕西省矿山固体废弃物综合利用与治理技术探讨 [C]//陕西环境地质研究——2014 年陕西省地质灾害防治学术研讨会论文集：56-60.

[96] 陈建平，张莹，王江霞，等，2013. 中国铜矿现状及潜力分析 [J]. 地质学刊，37（3）：358-365.

[97] 陈俊涛，郑水林，王彩丽，等，2009. 石棉尾矿酸浸渣对铜离子的吸附性能 [J]. 过程工程学报，9（3）：486-491.

[98] 陈彩华，刘新会，2010. 东秦岭（陕西境内）多金属矿产分布特征及成矿预测研究[J]. 黄金科学技术，18（5）：106-112.

[99] 陈宇峰，陆晓燕，2004. 铜尾矿资源化的现状和展望 [J]. 南通大学学报（自然科学版）（4）：60-62.

[100] 陈家珑，2005. 尾矿利用与建筑用砂 [J]. 金属矿山（1）：71-75.

[101] 陈天虎，冯军会，徐晓春，2001. 国外尾矿酸性排水和重金属淋滤作用研究进展 [J]. 环境污染治理技术与设备（2）：41-46.

[102] 陈昌笃，1993. 持续发展与生态学 [M]. 北京：中国科技出版社.

[103] 陈怀满，2005. 环境土壤学 [M]. 北京：科学出版社.

[104] 陈明，曹晓娟，谭科艳，等，2006. 土壤环境中化学定时炸弹的研究现状与展望 [J]. 地质学报（10）：1608-1615.

[105] 陈其慎，张艳飞，邢佳韵，等，2021. 国内外战略性矿产厘定理论与方法 [J]. 地球学报，42（2）：137-144.

[106] 查建军，孙庆业，徐欣如，等，2019. 酸性矿山废水对稻田土壤元素组成的影响——以铜陵某处硫铁矿为例 [J]. 西南农业学报，32（8）：1817-1824.

[107] 常前发，2010. 我国矿山尾矿综合利用和减排的新进展 [J]. 金属矿山（3）：1-5.

[108] 常前发，2003. 矿山固体废物的处理与处置 [J]. 矿产保护与利用（5）：39-41.

[109] 柴建设，王妹，门永生，2011. 尾矿库事故案例分析与事故预测 [M]. 北京：化学工业出版社：3-32.

[110] 陈滨，2008. 氧化铝生产中熟料溶出二次反应与高浓度粗液制备技术 [D]. 长沙：中南大学.

[111] 陈永贵，张可能，2005. 中国矿山固体废物综合治理现状与对策 [J]. 资源环境与工程 (4)：311-313.

[112] 陈永辉，2017. 陕西洛南 15 公里河水遭废弃尾矿污染多年，当地称已启动治污 [N/OL]. 华商报，[2017-12-25]. https：//www. thepaper. cn/newsDetail _ forward _ 1920689.

[113] 程琳琳，朱申红，2005. 国内外尾矿综合利用浅析 [J]. 中国资源综合利用 (11)：30-32.

[114] 楚敬龙，林星杰，苗雨，等，2020. 岩溶区某锰矿尾矿回填区地下水环境数值模拟预测 [J]. 有色金属 (矿山部分)，72 (1)：88-93.

[115] 崔永琦，蓝卓越，王国彬，等，2021. 用选矿方法回收钼尾矿中非金属矿物的研究现状 [J]. 矿冶，30 (5)：119-127.

[116] 曹耀华，高照国，刘红召，2009. 鞍本地区某铁尾矿制备免蒸免烧砖试验研究 [J]. 矿产综合利用 (6)：41-44.

[117] 曹健，姬俊梅，2009. 铁矿尾矿的综合利用 [J]. 现代矿业，25 (7)：101-102.

[118] 刁凡超，2017. 陕西秦巴山区硫铁矿区污染调查 [J/OL]. 澎湃新闻，[2020-07-04]. https：//www. thepaper. cn/ newsDetail_ forward_ 8122151.

[119] 戴琦，吴云海，胡玥，等，2012. 铅锌矿尾矿吸附水溶液中碱性品绿的研究 [J]. 水资源保护，28 (2)：68-71.

[120] 戴自希，2010. 世界金属矿山尾矿开发利用的现状和前景 [C]//中国实用矿山地质学 (下册)：335-339.

[121] 代宏文，周连碧，乔树潭，1999. 尾矿库复垦与污染防治技术模式研究 [C]//第六届全国采矿学术会议论文集：155-158.

[122] 邓代强，李夕兵，姚中亮，等，2016. 尾砂胶结充填技术在西朝钼矿的应用 [J]. 中国矿业，25 (3)：81-82，92.

[123] 邓红卫，贺威，周科平，2015. 复垦尾矿库重金属分布及生态风险评价 [J]. 中国有色金属学报 (10)：2929-2935.

[124] 邓元良，明平田，王广伟，等，2020. 某金精矿焙烧氧化-氰化尾矿工艺矿物学研究 [J]. 矿产综合利用 (4)：121-125.

[125] 邓文，江登榜，杨波，等，2012. 我国铁尾矿综合利用现状和存在的问题 [J]. 现代矿业，28 (9)：1-3.

[126] 典助，2016. 固体矿山尾矿堆存技术与综合利用分析与研究 [J]. 湖南有色金属，32 (4)：5-8.

[127] 杜艳强，刘炳君，谢冰，等，2019. 金属矿山尾矿库溃坝诱因分析及对策 [J]. 矿业研究与开发，39 (9)：81-83.

[128] 杜艳强，段文峰，赵艳，2021. 金属尾矿处置及资源化利用技术研究 [J]. 中国矿业，30 (8)：57-61.

[129] 段美学，闫传霖，赵蔚琳，2014. 金尾矿焙烧陶粒的制备 [J]. 砖瓦 (7)：52-55.

[130] 29 年前! 甘肃发生特大沙尘暴，亲历者自述 [N/OL]. 网易新闻，[2021-03-18]. https：//3g. 163. com/dy/article/ G5BTFLVU0534B4I0. html.

[131] 范燕青, 胡春联, 陈元涛, 等, 2016. U（Ⅵ）在石棉尾矿酸浸渣上的吸附 [J]. 环境工程学报, 10 (10)：5498-5502.

[132] 樊琳翠, 2018. 有色金属冶炼废渣的循环利用 [J]. 世界有色金属 (3)：1, 3.

[133] 付善明, 周永章, 高全洲, 等, 2006. 金属硫化物矿山环境地球化学研究述评 [J]. 地球与环境 (3)：23-29.

[134] 冯安生, 2013. 我国矿产综合利用技术现状与若干发展方向 [J]. 矿产保护与利用, 1：1-5.

[135] 冯安生, 吕振福, 武秋杰, 等, 2018. 矿业固体废弃物大数据研究 [J]. 矿产保护与利用 (2)：40-43, 51.

[136] 冯宗炜, 2000. 中国酸雨的生态影响和防治对策 [J]. 云南环境科学, 19 (Z1)：1-6.

[137] 方永浩, 庞二波, 王锐, 等, 2010. 用低硅铜尾矿制备蒸压灰砂砖 [J]. 硅酸盐学报, 38 (4)：559-563.

[138] 工业固废网, 2019. 中国大宗工业固体废弃物综合利用产业发展报告 (2018-2019 年度) [M]. 北京：中循新科环保科技 (北京) 有限公司.

[139] 古宇声, 2016. 托克托电厂粉煤灰矿物学特征与氧化铝提取工艺技术研究 [D]. 西安：长安大学.

[140] 谷金锋, 2014. 大兴安岭典型采矿迹地土壤重金属污染分析与生态恢复研究 [D]. 哈尔滨：东北林业大学.

[141] 郭小芳, 王长征, 王兴峰, 2015. 重金属尾矿库的环境影响及防治措施 [J]. 环境与发展, 27 (3)：67-71.

[142] 郭彪华, 2017. 德兴铜矿尾矿中铜的浮选回收及其机理研究 [D]. 福州：福州大学.

[143] 郭彩莲, 成来顺, 宁新霞, 等, 2020. 陕西省洋县毕机沟钒钛磁铁矿中钪的赋存状态研究 [J]. 矿产保护与利用 (5)：54-61.

[144] 郭春丽, 2006. 利用铁尾矿制造建筑用砖 [J]. 砖瓦 (2)：42-44.

[145] 郭建文, 王建华, 杨国华, 2009. 我国铁尾矿资源现状及综合利用 [J]. 现代矿业 (10)：23-25, 60.

[146] 郭雷, 王会来, 孙学森, 等, 2017. 白音查干多金属矿全尾砂膏体充填与膏体堆存联合处置系统设计和建设 [J]. 中国矿山工程, 46 (12)：16.

[147] 郭晓华, 2011. 尾矿砂在道路工程中的应用前景 [J]. 公路交通科技 (应用技术版), 7 (5)：99-101.

[148] 巩敏焕, 2016. 陕西省矿产资源开发与利用研究 [J]. 中国锰业, 34 (6)：76-78.

[149] 巩睿鹏, 2018. 酒钢集团某电厂低铝粉煤灰综合利用技术研究 [D]. 西安：长安大学.

[150] 龚银春, 2010. 含钛高炉渣及其盐酸浸取液中主要组分的分离提取 [D]. 成都：成都理工大学.

[151] 国家发展和改革委员会, 2013. 中国资源综合利用年度报告 (2012) [R]. 北京：国家发展和改革委员会.

[152] 国家发展和改革委员会, 2014. 中国资源综合利用年度报告 (2014) [R]. 北京：国家

发展和改革委员会．

[153] 国家统计局，环境保护部，2010. 中国环境统计年鉴—2010 [M]. 北京：中国统计出版社．

[154] 国家统计局，环境保护部，2011. 中国环境统计年鉴—2011 [M]. 北京：中国统计出版社．

[155] 国家统计局，环境保护部，2012. 中国环境统计年鉴—2012 [M]. 北京：中国统计出版社．

[156] 国家统计局，环境保护部，2013. 中国环境统计年鉴—2013 [M]. 北京：中国统计出版社．

[157] 国家统计局，环境保护部，2014. 中国环境统计年鉴—2014 [M]. 北京：中国统计出版社．

[158] 国家统计局，环境保护部，2015. 中国环境统计年鉴—2015 [M]. 北京：中国统计出版社．

[159] 国家统计局，环境保护部，2016. 中国环境统计年鉴—2016 [M]. 北京：中国统计出版社．

[160] 国家统计局，环境保护部，2017. 中国环境统计年鉴—2017 [M]. 北京：中国统计出版社．

[161] 国家统计局，环境保护部，2018. 中国环境统计年鉴—2018 [M]. 北京：中国统计出版社．

[162] 国家统计局，环境保护部，2019. 中国环境统计年鉴—2019 [M]. 北京：中国统计出版社．

[163] 国家统计局，环境保护部，2020. 中国环境统计年鉴—2020 [M]. 北京：中国统计出版社．

[164] 韩利民，1992. 栗西沟尾矿库排洪隧洞塌陷原因分析 [J]. 中国钼业 (6)：11-16.

[165] 韩张雄，倪天阳，武俊杰，等，2017. 典型金属矿山选矿药剂与重金属污染综述 [J]. 应用化工，46 (7)：1387-1390，1393.

[166] 郝艳，吴小莲，莫测辉，等，2012. 丁铵黑药在水稻土中的降解及其影响因素研究 [J]. 环境科学学报，32 (6)：1454-1458.

[167] 何哲祥，肖祈春，周喜艳，等，2015. 铅锌尾矿制备水泥熟料及重金属固化特性 [J]. 中南大学学报（自然科学版）(10)：3961-3968.

[168] 何小龙，2006. 全高钛矿渣混凝土的研究与应用 [D]. 重庆：重庆大学．

[169] 何光深，2006. HP-1# 对提高硫化锌金属回收率的试验研究 [J]. 云南冶金 (2)：35-36，92.

[170] 胡雅，2020. 矿区污染土体有机重构技术与实施—以潼关金矿为例 [J]. 时代农机，47 (2)：22-23.

[171] 胡宏伟，束文圣，蓝崇钰，等，1999. 乐昌铅锌尾矿的酸化及重金属溶出的淋溶实验研究 [J]. 环境科学与技术 (3)：1-3，37.

[172] 胡春联，2018. 石棉尾矿酸浸渣对重金属离子及放射性核素的吸附 [J]. 广东化工，45

（15）：41-43.

[173] 胡春联，陈元涛，张炜，等，2015. 亚甲基蓝在石棉尾矿酸浸渣上的吸附行为 [J]. 化工进展（7）：2043-2048.

[174] 胡春联，陈元涛，张炜，等，2015. 石棉尾矿酸浸渣作为一种吸附剂去除水溶液中的 Co（Ⅱ）[J]. 化学通报（印刷版），78（11）：997-1005.

[175] 胡际平，1990. 国外充填采矿法的新发展及其借鉴意义 [J]. 铀矿冶（1）：1-8.

[176] 胡神涛，潘爱芳，马润勇，等，2021. 陕西某钒钛磁铁矿选铁尾矿工艺矿物学研究 [J]. 有色金属（选矿部分）（5）：1-5.

[177] 黄伯龄，1987. 矿物差热分析鉴定手册 [M]. 北京：科学出版社.

[178] 黄继武，李周，2012. 多晶材料 X 射线衍射：实验原理、方法与应用 [M]. 北京：冶金工业出版社.

[179] 黄铭洪，骆永明，2003 矿区土地修复与生态恢复 [J]. 土壤学报（2）：162-167.

[180] 纪丁愈，李云祯，邹渝，2021. 铁尾矿制备聚合硫酸铁实验及造纸污水处理效果初步评价 [J]. 无机盐工业，53（8）：96-100.

[181] 景称心，孔秋梅，冯志刚，2020. 中国南方某铀尾矿库周缘土壤重金属污染研究 [J]. 中国环境科学，40（1）：338-349.

[182] 京津冀及周边地区工业资源综合利用典型案例——北京金隅集团股份有限公司着力推进区域工业固废综合利用产业协同发展 [N/OL]. 国家工业和信息化部，[2020-07-28]. https://www.miit.gov.cn/jgsj/jns/zyjy/art/2020/art_2dfc1cf7e0ed49d886e55872663f14b9.html.

[183] 蒋敬业，程建萍，祁士华，等，2006. 应用地球化学 [M]. 北京：中国地质大学出版社.

[184] 贾雪梅，宫亮，2019. 重磁拉磁选机在某钒钛磁铁矿粗粒抛尾中的工业应用 [J]. 现代矿业，35（6）：23-26，33.

[185] 金家康，孙宝臣，2008. 浅谈铁尾矿综合利用的现状和问题 [J]. 山西建筑（14）：26-27.

[186] 靳建平，马晶，郭月琴，等，2012. 我国尾矿资源的利用现状 [C]//第五届尾矿库安全运行技术高峰论坛论文集：166-169.

[187] 况琪军，夏宜琤，李植生，1992. 六种选矿药剂对藻类的毒性比较 [J]. 水生生物学报（3）：245-250.

[188] 冷启超，2016. 铬铁矿硫酸浸出过程及废渣循环利用研究 [D]. 沈阳：东北大学.

[189] 蓝崇钰，束文圣，张志权，1996. 酸性淋溶对铅锌尾矿金属行为的影响及植物毒性 [J]. 中国环境科学（6）：461-465.

[190] 李瑞娟，周冰，2021. 安徽铜陵铜尾矿土壤污染评价及综合利用研究 [J]. 矿产综合利用（4）：36-40.

[191] 李国昌，王萍，2006. 黄金尾矿透水砖的制备及性能研究 [J]. 金属矿山（6）：78-82.

[192] 李江，张福宏，2005. 有效延长矿山服务年限的探索 [J]. 中国矿业，14（10）：38-41.

[193] 李萍，王明珍，2008. 大西沟菱铁矿尾矿再回收试验研究［J］. 矿业快报（12）：75-76.

[194] 李生全，王军，李向军，2018. 柞水大西沟菱铁矿床地质特征及成因探讨［J］. 地质与勘探，54（S1）：1373-1382.

[195] 李胜荣，2008. 结晶学与矿物学［M］. 北京：地质出版社：1-335.

[196] 李颖，张锦瑞，赵礼兵，等，2014. 我国有色金属尾矿的资源化利用研究现状［J］. 河北联合大学学报，36（1）：5-8.

[197] 李文超，王海军，王雪峰，等，2020. 全国矿产资源节约与综合利用报告（2020）［M］. 北京：地质出版社.

[198] 李小虎，2007. 大型金属矿山环境污染及防治研究——以甘肃金川和白银为例［D］. 兰州：兰州大学.

[199] 李晓艳，刘荧红，2020. 尾矿中重金属迁移固化的研究现状和意义［J］. 采矿技术，20（2）：89-93.

[200] 李章大，周秋兰，1992. 尾矿资源的综合开发与利用［J］. 中国有色金属学报（2）：80-83.

[201] 李智，邱高会，2004. 硫铁尾矿制备聚合氯化铝铁及其应用研究［J］. 矿业研究与开发，24（4）：34-36.

[202] 李广运，2013. 陕西白河县大葫芦沟铅锌矿控矿地质条件及成因机制探讨［J］. 矿业论坛（7）：421-422.

[203] 李清宇，2017. 山东某低品位铝土矿矿物学特征及氧化铝提取工艺研究［D］. 西安：长安大学.

[204] 李振乾，邹定朝，2017. 磁—浮联合工艺回收某钒钛磁铁矿石中钛铁矿试验［J］. 金属矿山（1）：67-72.

[205] 黎彤，1976. 化学元素的地球丰度［J］. 地球化学（3）：167-174.

[206] 立木信息咨询，2022. 2022 年中国铷铯及其化合物行业市场发展概况［J/OL］. 百度网，［2022-03-06］. https：//baijiahao. baidu. com/s?id＝1726522390749899856&wfr＝spider&for＝pc.

[207] 林海，周义华，董颖博，等，2015. 浮选药剂对铅锌尾矿中重金属微生物溶出的影响［J］. 中国环境科学，35（11）：3387-3395.

[208] 林美群，马少健，王桂芳，等，2008. 环境因素对硫化矿尾矿重金属溶出影响的模拟试验［J］. 金属矿山（6）：108-115.

[209] 梁雅雅，易筱筠，党志，等，2019. 某铅锌尾矿库周边农田土壤重金属污染状况及风险评价［J］. 农业环境科学学报，38（1）：103-110.

[210] 梁友伟，2008. 某堆存尾矿浮选金的试验研究［J］. 矿产综合利用（4）：38-40.

[211] 雷力，周兴龙，李家毓，等，2008. 我国矿山尾矿资源综合利用现状与思考［J］. 矿业快报（9）：5-8.

[212] 罗仙平，严群，卢凌，等，2005. 江西有色金属矿山固体废物处理与处置存在的问题与对策［J］. 中国矿业，14（2）：24-26，64.

[213] 罗仙平，严志明，陈华强，2007. 会理锌矿尾矿中氧化锌的综合回收 [J]. 金属矿山 (8)：86-89.

[214] 吕晶晶，2014. 广西大新县某铅锌矿对周边环境与人群健康影响研究 [D]. 南宁：南宁师范大学.

[215] 刘炳华，闫新勇，2012. 尾矿砂填筑公路路基的物理力学性质及参数研究 [J]. 郑州铁路职业技术学院学报，24 (3)：26-28.

[216] 刘志强，郝梓国，刘恋，等，2016. 我国尾矿综合利用研究现状及建议 [J]. 地质论评，62：1277-1282.

[217] 刘娥，卢庆阳，2017. 陕西凤县铅锌矿尾矿性能与应用研究 [J]. 佛山陶瓷，27 (9)：21-23，26.

[218] 刘桂华，范旷生，李小斌，2006. 氧化铝生产中的钠硅渣 [J]. 轻金属 (2)：13-17.

[219] 刘海营，杨航，钱志博，等，2020. 铜尾矿资源化利用技术进展 [J]. 中国矿业，29 (z2)：117-120.

[220] 刘建平，马子龙，孙士强，等，2015. 旋流-静态微泡浮选柱在钼精选尾矿再选中的应用 [J]. 中国钼业，39 (3)：29-33.

[221] 刘雷，李向明，杨华清，等，2021. 不同破坏模式下尾矿库溃坝模型试验研究 [J]. 矿业研究与开发，41 (6)：36-42.

[222] 刘恋，郝情情，郝梓国，等，2013. 中国金属尾矿资源综合利用现状研究 [J]. 地质与勘探，49 (3)：437-443.

[223] 刘倩，常亮亮，陈凤英，2016. 铅锌尾矿对 Cr(Ⅵ) 吸附性能的研究 [J]. 广州化工，44 (13)：66-69，75.

[224] 刘三军，刘永，李向阳，等，2020. 用铝土矿选矿尾矿制备聚合氯化铝及污水处理试验研究 [J]. 湿法冶金，39 (6)：539-542.

[225] 刘同有，2001. 采矿充填技术与应用 [M]. 北京：冶金工业出版社.

[226] 刘文博，姚华彦，王静峰，等，2020. 铁尾矿资源化综合利用现状 [J]. 材料导报，34 (S01)：3.

[227] 刘文刚，魏德洲，高淑玲，等，2007. 苄基丙二酸与羟肟酸类捕收剂组合使用的浮选效果 [J]. 中国矿业 (8)：99-105.

[228] 刘振国，于德福，2016. 全国找矿突破行动第三阶段将以"三深"战略为驱动 [J]. 国土资源 (12)：32.

[229] 刘雁鹰，杨秦莉，2004. 金堆城钼尾矿中铜铁硫的综合回收 [J]. 中国矿山工程，33 (3)：15-17.

[230] 刘玉林，刘长森，刘红召，等，2018. 我国矿山尾矿利用技术及开发利用建议 [J]. 矿产保护与利用 (6)：140-144，150.

[231] 刘宗超，1995. 中国可持续发展的战略抉择——"21 世纪中国的环境与发展"研讨会专题评述 [J]. 大自然探索，14 (1)：1-6.

[232] 刘志远，刘明宝，王建英，等，2014. 中国矿山尾矿资源利用的技术与对策 [J]. 煤炭技术，33 (6)：1-3.

[233] 罗立群，舒伟，2014. 利用矿山尾矿制备加气混凝土技术现状 [J]. 中国矿业，23 (12)：140-146.

[234] 路畅，陈洪运，傅梁杰，等，2021. 铁尾矿制备新型建筑材料的国内外进展 [J]. 材料导报，35 (5)：5011-5026.

[235] 马波，陈聪聪，李仲学，2021. 尾矿库事故隐患及风险表征与防控方法 [J]. 中国安全生产科学技术，17 (8)：11-17.

[236] 马芳芳，2012. 陕西银硐子银铅多金属矿床地质特征及矿化富集规律研究 [D]. 长春：吉林大学.

[237] 马鸿文，苏双青，王芳，等，2007. 钾长石分解反应热力学与过程评价 [J]. 现代地质 (2)：426-434.

[238] 马红艳，2007. 陕西凤县铅锌尾矿库复垦作物重金属污染研究 [D]. 西安：西安科技大学.

[239] 马钊，2015. 灰场粉煤灰提取氧化铝和白炭黑 [D]. 安徽：安徽理工大学.

[240] 孟跃辉，倪文，张玉燕，2010. 我国尾矿综合利用发展现状及前景 [J]. 中国矿山工程，39 (5)：4-9.

[241] 孟浪，1999. 环境保护事典 [M]. 长沙：湖南大学出版社.

[242] 毛景文，袁顺达，谢桂青，等，2019，21 世纪以来中国关键金属矿产找矿勘查与研究新进展 [J]. 矿床地质，38 (5)：935-969.

[243] 毛景文，杨宗喜，谢桂青，等，2019. 关键矿产——国际动向与思考 [J]. 矿床地质，38 (4)：690-698.

[244] 梅国栋，云海，2010. 我国尾矿库事故统计分析与对策研究 [J]. 中国安全生产科学技术，6 (3)：211-213.

[245] 牟联胜，2011. 某铅锌尾矿综合回收铅锌硫的生产实践 [J]. 中国矿山工程，40 (4)：16-19，31.

[246] 牛桂强，2009. 焦家金矿尾矿综合利用的试验研究与生产实践 [J]. 黄金，30 (4)：41-42.

[247] 牛桂强，邱立明，綦开祥，2008. 焦家金矿尾矿资源综合利用与生产实践 [J]. 金属矿山 (11)：159-160.

[248] 澎湃新闻，2020. 平均每年发生近 7 起事故的尾矿库是什么？ [J/OL]. 澎湃新闻，[2020-08-04]. https://baijiahao.baidu.com/s? id = 1674096496546201406&wfr = spider&for = pc.

[249] 潘德安，王腾起，顾一帆，等，2021. 典型废旧复合材料循环系统综合绩效评价与政策模拟 [J]. 环境保护，49 (5)：21-28.

[250] 潘瑞桃，许国璋，2013. 尾矿再浮选回收金的生产实践 [J]. 现代矿业 (3)：106-107.

[251] 彭利冲，李素芹，2018. 绿泥石矿制备 Na-X 分子筛 [J]. 化学通报，81 (8)：713-719.

[252] 彭杨，2021. 攀西地区钒钛磁铁矿尾矿选冶分离钛、钪新工艺及机理研究 [D]. 绵阳：西南科技大学.

[253] 秦传明，李晓瑜，王漪靖，等，2016. 钼尾矿中非金属矿物的回收利用研究 [J]. 中国钼业，40（3）：9-13.

[254] 秦玉芳，李娜，王其伟，等，2021. 白云鄂博选铁尾矿稀土的工艺矿物学研究 [J]. 中国稀土学报，39（5）：796-804.

[255] 邱允武，周怡玫，汤小军，等，2007. 新型螯合捕收剂 E-5 浮选氧化锌的研究 [J]. 有色金属（选矿部分）（4）：43-46，37.

[256] 新京报，2012. 河北涞源"头顶"30 座尾矿库堵塞河道加重洪灾 [N]. 中新网，[2012-08-02]. http：//chinanews. com. cn.

[257] 任心豪，贺飞，陈乔，等，2020. 凤县某铅锌尾矿库周边土壤镉污染特征及风险评估 [J]. 陕西科技大学学报，38（6）：24-29.

[258] 任涛，郑江江，2019. 陕西省华县金堆城钼矿床北露天深部矿体地质特征 [J]. 世界有色金属（19）：252-254.

[259] 任轲，付渝，王育龙，2021. 陕西旬阳泗人沟铅锌矿成矿地质特征及成因探讨 [J]. 中国金属通报（10）：94-95.

[260] 邵厥年，陶维屏，2014. 矿产资源工业要求手册（2014 年修订本）[M]. 北京：地质出版社.

[261] 尚锦燕，2020. 选矿药剂中的环保问题 [J]. 现代矿业，36（2）：212-215.

[262] 李伯英，张少英，2019. 陕西永恒矿建公司双河钒矿尾矿库泄漏事故透析 [J]. 中国应急管理（10）：2.

[263] 陕西镇安一金矿尾矿库发生溃坝事故 [J/OL]. 新华社，2006. http：//www. gov. cn.

[264] 沈立义，2008. 大红山铁矿 400 万 t/a 选矿厂尾矿再选试验及初步实践 [J]. 金属矿山（5）：143-145，148.

[265] 申少华，李爱玲，2005. 湖南柿竹园多金属矿石榴石资源的开发利用 [J]. 矿产与地质，19（4）：432-435.

[266] 史国义，2020. 两组分烧结法赤泥制备水玻璃及净水剂的试验研究 [D]. 西安：长安大学.

[267] 舒敏，刘昆，李德军，等，2021. 铁尾矿资源化利用标准化现状及对策研究 [J]. 中国标准化（11）：154-158.

[268] 舒真，2011. 陕西省矿产资源开发利用中存在的问题及法制环境构建 [J]. 法制与经济（下旬刊）（6）：108-109.

[269] 孙丰龙，赵中伟，2020. 从学科交叉角度看地学周期表——地球化学与冶金学的相似性与联系 [J]. Engineering，6（6）：262-280.

[270] 孙蓟锋，王旭，刘红芳，等，2017. 我国土壤调理剂中重金属元素及其相关原料农业资源化利用现状 [J]. 中国土壤与肥料（6）：149-154.

[271] 孙旭东，刘晓敏，龚裕，等，2020. 黄金尾矿建材化利用的研究现状及展望 [J]. 金属矿山（3）：12-22.

[272] 孙燕，刘和峰，刘建明，等，2009. 有色金属尾矿的问题及处理现状 [J]. 金属矿山，（5）：6-10，15.

［273］孙悦，2018. 几内亚某高铁铝土矿综合利用工艺技术研究［D］. 西安：长安大学.

［274］孙涛，樊会民，柏千惠，2018. 陕西金堆城钼矿地质—地球化学找矿模式［J］. 矿产勘查，9（4）：577-582.

［275］陕西省自然资源厅，2010. 陕西省国土资源公报（2008 年度）［R/OL］.［2010-03-08］. http：//zrzyt. shaanxi. gov. cn/ info/1026/2942. htm.

［276］陕西省应急管理厅，2021. 全省尾矿库安全生产包保责任人名单.

［277］宋小文，侯满堂，陈如意，2003. 陕西省矿床成矿系列的初步划分［J］. 陕西地质，（2）：1-18.

［278］宋书巧，周永章，2001. 矿业废弃地及其生态恢复与重建［J］. 矿产保护与利用（5）：43-49.

［279］宋凤敏，张兴昌，王彦民，等，2015. 汉江上游铁矿尾矿库区土壤重金属污染分析［J］. 农业环境科学学报，34（9）：1707-1714.

［280］宋永胜，李宾，辛云霞，等，2009. 旋流喷射浮选机回收金川尾矿资源的工业试验研究［C］//2000 年全国选矿学术会议论文集：342-346.

［281］束文圣，张志权，黄立南，等，2000. 双穗雀稗重金属耐性种群在铅锌尾矿生长的野外实验研究［J］. 中山大学学报（自然科学版）（4）：95-98.

［282］束永保，李培良，李仲学，2010. 尾矿库溃坝事故损失风险评估［J］. 金属矿山.（8）：156-159.

［283］石娟华，2008. 铁尾矿坝沙棘—桑树人工混交林生物量及元素积累与分布研究［D］. 保定：河北农业大学.

［284］广西商检局，1987. 散装矿产品取样、制样通则 粒度测定方法 手工筛分法：GB/T 2007. 7—1987［S］. 国家标准局.

［285］檀竹红，郑水林，刘月，2008. 石棉尾矿酸浸渣对铬离子的吸附性能［J］. 过程工程学报，8（1）：48-53.

［286］檀竹红，郑水林，张娟，2007. 石棉尾矿酸浸渣对废水中 Zn^{2+} 的吸附性能研究［J］. 非金属矿，30（6）：44-46，52.

［287］潼关县广鹏金矿尾矿库长期以来污染环境［N/OL］. 陕西民生热线网，［2021-02-04］. http：//rexian. cnwest. com/data/html/content/2021/02/share_175822. html.

［288］唐汉贵，李昌元，杨志洪，等，2015. 不同尾矿处理方式的效益分析及未来展望［J］. 现代矿业，31（4）：132-135.

［289］唐宇，吴强，陈甲斌，等，2012. 提高我国尾矿资源综合利用效率的思考［J］. 金属材料与冶金工程，40（3）：59-64.

［290］滕应，黄昌勇，骆永明，等，2004. 铅锌银尾矿区土壤微生物活性及其群落功能多样性研究［J］. 土壤学报，41（1）：113-119.

［291］佟志芳，曾庆钋，王佳兴，等，2021. 利用尾矿制备地聚物研究现状及展望［J］. 有色金属科学与工程，12（4）：96-103.

［292］万海涛，方勇，肖广哲，等，2009. 充填采矿法的应用现状及发展方向［J］. 世界有色金属，（8）：26-28.

[293] 王安建, 王高尚, 等, 2002. 矿产资源与国家经济发展 [M]. 北京: 地震出版社.

[294] 王彩薇, 黄剑锋, 刘锦涛, 等, 2017. 商洛柞水小岭工业园区尾矿综合利用的研究[J]. 陶瓷 (3): 42-45.

[295] 王陈颐, 2012. 废弃尾矿库安全治理实践 [C]//2012 中国矿业科技大会论文集: 435-436.

[296] 王海军, 王伊杰, 李文超, 等, 2020. 全国矿产资源节约与综合利用报告 (2019) [M]. 北京: 中国自然资源经济研究院.

[297] 王海军, 薛亚洲, 2017. 我国矿产资源节约与综合利用现状分析 [J]. 矿产保护与利用, 2: 1-5, 12.

[298] 王海军, 薛亚洲, 雷平喜, 等, 2016. 全国矿产资源节约与综合利用报告 (2016) [M]. 北京: 地质出版社.

[299] 王佳东, 申晓毅, 翟玉春, 等, 2010. 硅酸钠溶液分步碳分制备高纯沉淀氧化硅 [J]. 化工学报, 61 (4): 1064-1068.

[300] 王彪, 肖泽天, 孙国鹏, 2016. 高速公路尾矿渣填筑路基施工技术 [J]. 施工技术, 45 (24): 75-78.

[301] 王晶, 2014. 铁尾矿在国内外道路工程中的应用 [J]. 环境与发展, 26 (7): 51-55, 100.

[302] 王金龙, 2003. 路软土地基的处置方法 [J]. 科技情报开发与经济 (6): 236, 238.

[303] 王道芳, 2013. 粤西某矿山周边部分重金属元素的分布状况和迁移特征 [D]. 广州: 广州大学.

[304] 王庆仁, 刘秀梅, 崔岩山, 等, 2002. 我国几个工矿与污灌区土壤重金属污染状况及原因探讨 [J]. 环境科学学报 (3): 354-358.

[305] 王运敏, 常前发, 1999. 当前我国铁矿尾矿的资源状况利用现状及工作方向 [J]. 金属矿山 (1): 1-6.

[306] 王瑞廷, 任涛, 李建斌, 等, 2010. 柞水银洞子银铅多金属矿床地球化学特征、成矿模式及找矿预测 [J]. 地质学报, 84 (3): 418-430.

[307] 王雪峰, 薛亚洲, 2018. 全国矿产资源节约与综合利用报告 (2018) [M]. 北京: 地质出版社.

[308] 王贤来, 姚维信, 王虎, 等, 2011. 矿山废石全尾砂充填研究现状与发展趋势 [J]. 中国矿业, 20 (9): 76-79.

[309] 王湘桂, 唐开元, 2008. 矿山充填采矿法综述 [J]. 现代矿业, 24 (12): 1-5.

[310] 王文华, 赵晨, 赵俊霞, 2017. 包头某稀土尾矿库周边土壤重金属污染特征与生态风险评价 [J]. 金属矿山 (7): 168-172.

[311] 王仁东, 杨小峰, 邓毅, 等, 2008. 氧化锌矿全泥浮选新药剂工业试验研究 [J]. 有色金属 (选矿部分) (3): 46-48.

[312] 王少华, 杨劼, 刘苏明, 等, 2011. 铜陵狮子山杨山冲尾矿库重金属元素释放的环境效应 [J]. 高校地质学报, 17 (1): 93-100.

[313] 王振刚, 何海燕, 高兆华, 等, 1999. 环境砷污染致居民慢性砷中毒病区判定标准

（现行）：GB/T 7714—2015［S］.北京：中华人民共和国卫生部.

［314］王又武，袁平，陈珂佳，等，2009.尾矿库溃坝有关问题探讨［J］.工程建设，41
（5）：35-41.

［315］王树新，2013.矿山尾矿资源化综合利用途径及未来趋势［J］.中国科技信息
（14）：43.

［316］王林，屈笑冬，2019.陕西旬阳泗人沟铅锌矿地质特征及找矿标志［J］.甘肃冶金，41
（6）：92-95.

［317］吴大清，刁桂仪，等，2000.矿物表面基团与表面作用［J］.高校地质学报（2）：
225-232.

［318］吴杰，陈珺，薛春华，等，2020.云南某含锡尾矿再选试验研究与生产实践［J］.云南
冶金，49（4）：35-38.

［319］吴连贵，李兴尚，戴水平，2019.全尾砂胶结充填技术在悦洋银多金属矿的应用［J］.
有色金属（矿山部分），71（1）：20-22，26.

［320］武俊杰，王虎，孙阳，等，2018.陕西省尾矿堆存及综合利用现状分析［J］.矿冶，27
（3）：100-103.

［321］武俊杰，李青，翠刘杨，2017.陕西某铜金矿矿石性质研究及对选矿工艺的影响［J］.
有色金属（选矿部分）（5）：1-5，13.

［322］武双磊，沈池清，陈胡星，2017.尾矿砂与天然细砂在干混砌筑砂浆中的应用［C］//
第七届全国商品砂浆学术交流会论文集：369-374.

［323］吴熙群，胡志强，王立刚，等，2019.我国硫化铜矿选矿技术现状及进展［J］.有色金
属（选矿部分）（5）：9-14.

［324］魏德洲，刘文刚，孙亚光，等，2007，苄基丙二酸的合成及捕收性能研究［J］.东北大
学学报（自然科学版）（8）：1187-1189.

［325］魏勇，许开立，郑欣，2009.浅析国内外尾矿坝事故及原因［J］.金属矿山（7）：
139-142.

［326］蔚美娇，孔祥云，黄劲松，等，2022.我国尾矿固废处置现状及建议［J］.化工矿物与
加工，51（1）：34-38.

［327］国家标准局，2010.尾矿堆积坝岩土工程技术规范：GB 50547—2010［S］.北京：中国
计划出版社.

［328］西安矿源有色冶金研究院，2020.我国铁尾矿的综合利用方式［J/OL］.［2020-07-31］.
https：//www.xakyys.com/woguotieweikuangdezongheliyongfangshi.html.

［329］肖骏，2019.盘龙铅锌矿尾矿浮选回收重晶石工业试验研究［J］.化工矿物与加工，48
（4）：65-67，71.

［330］谢本贤，吴国珉，杨清平，2000.膏体泵送胶结充填工艺及应用前景［J］.世界采矿快
报，16（7）：226-228.

［331］谢建宏，崔长征，宛鹤，2009.陕西某铜尾矿资源化利用研究［J］.金属矿山（4）：
161-164.

［332］徐惠忠，1996.黄金尾矿用于生产建筑材料的技术和经济可行性研究［J］.黄金（10）：

17-20.

[333] 许文远，郭利杰，杨小聪，等，2015. 甲玛铜多金属矿高海拔大流量充填技术研究 [J].
中国矿业 (11)：99-103.

[334] 谢学锦，1993. 化学定时炸弹研究 [J]. 中国地质 (11)：18-19.

[335] 夏勇，邵卫卫，2018. 一场本可以避免的灾难——山西尾矿库溃坝事故调查 [J]. 现代
职业安全 (10)：18-21.

[336] 夏平，李学亚，刘斌，2006. 尾矿的资源化综合利用 [J]. 矿业快报 (5)：10-13.

[337] 杨保疆，黎谊错，2005. 浅谈尾矿整体利用与矿山环境综合治理 [J]. 南方国土资源
(12)：16-18.

[338] 杨昌志，2020. 磷尾矿充填对地下水毒性影响的研究 [J]. 科技创新与应用 (24)：
59-61.

[339] 杨根生，1996. 中国西北地区黑风暴与农业防灾减灾措施 [J]. 中国沙漠，16 (2)：8.

[340] 薛亚洲，王海军，2014. 全国矿产资源节约与综合利用报告 (2014) [M]. 北京：地质
出版社.

[341] 薛亚洲，王海军，汤家轩，2015. 中国矿产资源节约与综合利用报告 (2015) [M]. 北
京：地质出版社.

[342] 薛亚洲，王雪峰，王海军，2017. 全国矿产资源节约与综合利用报告 (2017) [M]. 北
京：地质出版社.

[343] 肖军辉，彭杨，陈涛，等，2021. 含钪钒钛磁铁矿尾矿焙烧-浸出提取分离钪 [J]. 中
国有色金属学报，31 (6)：1611-1620.

[344] 严光生，谢学锦，2001. "化学定时炸弹" 与可持续发展 [J]. 中国地质 (1)：13-18.

[345] 阳京平，2021. 全尾砂膏体充填采矿技术现状及展望 [J]. 中国矿业，30 (S01)：7.

[346] 杨雅秀，1992. 绿泥石族矿物热学性质的研究 [J]. 矿物学报 (1)：36-44.

[347] 杨志强，高谦，王永前，等，2014. 金川镍矿尾砂膏体充填采矿技术进步与展望 [J].
徐州工程学院学报（自然科学版），29 (3)：1-8.

[348] 杨重愚，中南工业大学，1993. 氧化铝生产工艺学 [M]. 北京：冶金工业出版社.

[349] 杨青，潘宝峰，何云民，2009. 铁矿尾矿砂在公路基层中的应用研究 [J]. 交通科技
(1)：74-77.

[350] 杨晓红，2013. 陕西秦岭金属矿产的成矿条件研究 [J]. 科技风 (16)：149.

[351] 杨维鸽，赵培，李美兰，等，2021. 秦岭山区尾矿库周边耕地土壤重金属污染特征研究
[J]. 辽宁农业科学 (3)：16-21.

[352] 杨进平，刘敬思，云南磷化集团，2020. 创新技术 转型升级 走出矿产开发复垦新路子
[J]. 中国高新科技 (7)：39-40.

[353] 杨合群，苏犁，宋述光，等，2013. 论陕西毕机沟钒钛磁铁矿床成因 [J]. 地质与勘
探，49 (6)：1036-1045.

[354] 杨伟卓，2015. 钒钛磁铁矿尾矿中金银镍钴铜的综合回收利用工艺 [D]. 长沙：湘潭
大学.

[355] 印万忠，2016. 尾矿堆存技术的最新进展 [J]. 金属矿山 (7)：11-19.

［356］于元进，2016. 毕机沟钒钛磁铁矿选铁流程优化研究［J］. 矿冶工程，36（1）：59-62.

［357］于元进，2015. ZCLA 磁选机在低品位钒钛磁铁矿磨前预选中的应用［J］. 现代矿业，31（5）：180-181，184.

［358］于元进，曾尚林，曾维龙，2015. ZCLA 选矿机在毕机沟钒钛磁铁矿尾矿综合回收铁、钛中的应用［J］. 现代矿业，31（3）：47-49，52.

［359］喻晗，2005. 典型矿山化学药剂与重金属复合污染的成因与迁移规律研究［D］. 武汉：武汉大学.

［360］袁剑雄，刘维平，2005. 国内尾矿在建筑材料中的应用现状及发展前景［J］. 中国非金属矿工业导刊（1）：13-16.

［361］颜学军，2005. 矿山尾矿资源的综合利用和环境保护［J］. 稀有金属与硬质合金（3）：23-25.

［362］阎竹斌，1986. 陕西潼关金矿地质特征及其成因问题［J］. 黄金（4）：5-8，15.

［363］张彪，张晓文，李密，等，2015. 铀尾矿污染特征及综合治理技术研究进展［J］. 中国矿业（4）：58-62.

［364］章海象，2018. 以尾砂为骨料的湿喷混凝土技术在锦丰金矿的应用［J］. 黄金，39（1）：40-43，51.

［365］张锦瑞，2002. 金属矿山尾矿综合利用与资源化［M］. 北京：冶金工业出版社.

［366］张力霆，2013. 尾矿库溃坝研究综述［J］. 水利学报，44（5）：594-600.

［367］张其勇，徐郡，赵蔚琳，2018. 轻质陶粒的制备与性能研究［J］. 砖瓦（8）：18-22.

［368］张乾伟，任瑞晨，李彩霞，2013. 从选钼尾矿中回收金云母试验研究［J］. 非金属矿，36（2）：72-74.

［369］张欣，彭小勇，黄帅，2014. 铀尾矿库尾矿砂大气污染的控制研究［J］. 环境科学学报，34（11）：2878-2884.

［370］张晓健，2016. 甘肃陇星锑污染事件和四川广元应急供水［J］. 给水排水，52（10）：9-20.

［371］张金青，2007. 我国矿山尾矿二次资源的开发利用［J］. 新材料产业（5）：18-24.

［372］张金青，2017. 我国矿山尾矿生产微晶材料产业化现状与前景［J］. 矿产保护与利用（4）：94-97.

［373］张兵，王勇，吴爱祥，等，2021. 谦比希铜矿东南矿体大流量膏体自流充填技术及应用［J］. 采矿技术，21（1）：160-163.

［374］张保义，石国伟，吕宪俊，2009. 金属矿山尾矿充填采空区技术的发展概况［J］. 金属矿山（S1）：272-275.

［375］张江，郑保成，董省元，等，1988. 陕西省柞水县大西沟铁矿床磁铁矿体补充评价地质报告［R］.

［376］张小永，封东霞，柏林，等，2021. 硫化矿尾矿资源化利用研究现状及展望［J］. 矿冶，30（3）：51-62.

［377］张悦，林海，董颖博，等，2016. 包钢稀土尾矿中稀土矿物的浮选再回收［J］. 金属矿山（3）：176-179.

[378] 张云艳,郑峰伟,张加明,等,2018. NaHCO₃改性粉煤灰热力学分析及焙烧工艺条件的研究 [J]. 硅酸盐通报, 37 (12): 3751-3757, 3763.

[379] 张招崇,李厚民,李建威,等,2021. 我国铁矿成矿背景与富铁矿成矿机制 [J]. 中国科学：地球科学, 51 (6): 827-852.

[380] 张有军,2009. 大石峡尾矿库与黑山沟铁矿采空区之间渗漏情况分析 [J]. 中国科技信息 (24): 70-71.

[381] 中华人民共和国自然资源部,2021. 中国矿产资源报告 (2021) [M]. 北京：地质出版社.

[382] 郑昭炀,罗磊,刘宁,等,2017. 湖北大冶铜绿山铜铁矿尾矿库溃坝动力特性分析[J]. 金属矿山 (12): 136-141.

[383] 郑唯,田卫军,1988. 栗西尾矿库 "88·4·13" 塌方事故的责任分析 [J]. 水土保持通报 (6): 30-36.

[384] 郑忠林,董彩盈,王鹏,等,2019. 陕西毕机沟钒钛磁铁矿床地质特征与找矿前景[J]. 矿产与地质, 33 (1): 83-88.

[385] 郑敏昌,廖九波,马驰,2011. 浅析黑山沟铁矿贫化损失的原因及其控制对策 [J]. 现代矿业, 27 (7): 77-79.

[386] 赵晖,2019. 尾矿回填及综合利用是大势所趋 [J]. 卷宗 (22): 364.

[387] 赵明,2010. 矿物学导论 [M]. 北京：地质出版社: 1-225.

[388] 赵武魁,杜平,2021. 铁尾矿砂取代砂岩及部分钢渣煅烧熟料的实践 [J]. 新世纪水泥导报, 27 (5): 26-29.

[389] 赵怡晴,2016. 尾矿库隐患与风险的表征理论及模型 [M]. 北京：冶金工业出版社.

[390] 赵甫峰,刘显凡,朱赖民,等,2009. 陕西省略阳县杨家坝多金属矿田成矿流体地球化学示踪 [J]. 吉林大学学报 (地球科学版), 39 (3): 415-423.

[391] 赵甫峰,2010. 南秦岭杨家坝多金属矿田深部地质与成矿地球化学示踪 [D]. 成都：成都理工大学.

[392] 周伟伦,廖正家,陈涛,等,2021. 利用铁尾矿制备烧结砖的可行性及烧结固化机理 [J]. 环境工程学报, 15 (5): 1670-1678.

[393] 周咏,田艳红,2019. 研山铁矿综合尾矿再选试验及生产实践 [J]. 金属矿山 (5): 188-191.

[394] 周毅,2015. 中国矿产资源可持续发展战略研究 [M]. 北京：新华出版社.

[395] 周永诚,童雄,2009. 尾矿选矿利用的国内外研究概况 [C] //全国选矿学术会议论文集: 60-66.

[396] 朱明,刘吉祥,李书昌,等,2021. 全尾砂胶结充填系统在锡铁山铅锌矿的应用 [J]. 中国矿山工程, 50 (2): 9-12.

[397] 左正贵,郑玉虎,吴明洲,2019. 某有色金属尾矿库复垦对下游耕地及农产品的影响及污染防治措施探讨 [J]. 地下水, 41 (6): 51-54.

[398] 邹知华,1994. 加强矿山环境保护促进矿业持续发展 [J]. 中国矿业 (2): 9-13.

[399] 翟明国,吴福元,胡瑞忠,等,2019. 战略性关键金属矿产资源：现状与问题 [J]. 中

国科学基金，33（2）：106-111.

［400］翟明国，胡波，2021.矿产资源国家安全、国际争夺与国家战略之思考［J］.地球科学与环境学报，43：1-11.

［401］祝玉学，1998.关于尾矿库工程中几个问题的讨论［J］.金属矿山（10）：7-10.

［402］朱俊士，2000.钒钛磁铁矿选矿及综合利用［J］.金属矿山（1）：1-5，11.

附　件

检 验 报 告

样品名称： 白炭黑（沉淀水合二氧化硅）

送样单位： 陕西省地质调查实验中心

项目名称： 陕西省秦岭地区多金属尾矿高效资源化新技
术研究—多金属尾矿综合利用工艺试验研究

检验类别： 委托检验

报告日期： 2021 年 6 月 30 日

北京蔚然欣科技有限公司陕西分公司

地址：陕西西咸新区沣东街办北槐村　　　　　　　邮编：710000
电话：029-33198045

序号	检验项目		测定值	检验标准
1	DBP 吸收值	cm^3/g	3.11	HG/T 3072—2008
2	二氧化硅含量（干品）	%	94	HG/T 3062—2008
3	灼烧减量（干品）	%	5.0	HG/T 3066—2008
4	加热减量	%	6.9	HG/T 3065—2008
5	总铜含量	mg/kg	1	HG/T 3068—2008
6	总锰含量	mg/kg	5	HG/T 3069—2008
7	总铁含量	mg/kg	125	HG/T 3070—2008
8	45μm 筛余物	%	0.01	HG/T 3064—2008
9	水可溶物	%	1.1	HG/T 3478—2008
10	pH 值		7.3	HG/T 3067—2008
11	氮吸附比表面积	m^2/g	410	GB/T 10722—2014
12	颜色		试样等于标样	HG/T 3036—2008

（以下空白）